高职高专汽车类专业课改系列教材

汽车服务企业管理

（第二版）

朱建柳　编著

西安电子科技大学出版社

内 容 简 介

　　本书根据汽车服务企业的特点，以汽车服务企业管理具体项目为单元进行编写，重点突出学生职业能力的培养。全书包括七个模块及九个学习任务，主要内容分别为汽车服务市场发展现状，汽车服务企业相关岗位的核心业务、其他业务、人力资源管理，经销商内部管理，汽车服务企业财务管理，客户满意度管理。学习任务主要用于培养学生的实践能力。

　　本书可作为高等职业院校汽车类相关专业的教学用书，也可供汽车服务企业的管理人员和有关从业人员参考使用。

图书在版编目(CIP)数据

汽车服务企业管理/朱建柳编著. —2 版.
—西安：西安电子科技大学出版社，2015.6(2021.7 重印)
ISBN 978–7–5606–3721–1

Ⅰ. ①汽⋯　　Ⅱ. ①朱⋯　　Ⅲ. ①汽车企业—工业企业管理—高等职业教育—教材
Ⅳ. ①F407.471.6

中国版本图书馆 CIP 数据核字(2015)第 105366 号

策　　划　马晓娟
责任编辑　马　琼　马晓娟
出版发行　西安电子科技大学出版社（西安市太白南路 2 号）
电　　话　(029)88202421　88201467　　邮　　编　710071
网　　址　www.xduph.com　　　　　电子邮箱　xdupfxb001@163.com
经　　销　新华书店
印刷单位　咸阳华盛印务有限责任公司
版　　次　2015 年 6 月第 2 版　　2021 年 7 月第 4 次印刷
开　　本　787 毫米×1092 毫米　1/16　印张 15.5
字　　数　368 千字
印　　数　9001～10 000 册
定　　价　33.00 元
ISBN 978 – 7 – 5606 – 3721 – 1 / F

XDUP 4013002–4

＊＊＊ 如有印装问题可调换 ＊＊＊

前　言

　　近年来，汽车后市场的繁荣发展急需大批理论知识扎实、实践技能熟练的汽车售后服务管理综合型人才，而目前，汽车售后服务企业从业人员的文化水平和接受系统专业培训的比例偏低，该群体急需进行专业培训。本教材以汽车服务企业管理具体项目为单元进行编写，重点突出学生职业能力培养。全书分汽车服务市场发展现状，汽车服务企业相关岗位核心业务、其他业务、人力资源管理，经销商内部管理，汽车服务企业财务管理，客户满意度管理七个模块和九个学习任务，内容深入浅出，理论与实践相结合，注重学生实践能力的培养。

　　本教材第一版由上海交通职业技术学院朱建柳老师独立编写，于 2013 年出版，因市场需求量较大，编者于今年启动修订工作。在编写和修订的过程中，编者参考了很多相关文献资料，其中包括一汽大众、上海大众、上海通用、丰田等国内外汽车售后服务企业的大量相关资料，还得到了上海通用、一汽丰田等售后服务企业的鼎力支持，在此表示由衷的感谢！

编　者

2015 年 3 月

第 一 版 前 言

近年来，汽车后市场的繁荣发展急需大批理论知识扎实、实践技能熟练的汽车售后服务管理综合型人才，而目前，汽车售后服务企业从业人员的文化水平不高，受系统专业培训的比例较低，因此，该群体急需进行专业培训。本书以汽车服务企业管理具体项目为单元进行编写，重点突出学生职业能力的培养。全书分汽车服务市场发展现状，汽车服务企业相关岗位的核心业务、其他业务、人力资源管理，经销商内部管理，汽车服务企业财务管理，客户满意度管理共七个模块和九个学习任务。内容深入浅出，理论与实践相结合，注重学生能力的培养，实用性较强。

本书由上海交通职业技术学院朱建柳老师独立编写。在编写本书的过程中，编者参考了很多相关文献资料，包括一汽大众、上海大众、上海通用、丰田等国内外汽车售后服务企业的大量相关资料。本书的编写得到了上海通用、一汽丰田等售后服务企业的鼎力支持，在此表示由衷的感谢！

编 者

2012 年 9 月

目 录

模块一　汽车服务市场发展现状

【教学目标】

最终目标：对目前汽车服务市场现状能进行分析。

促成目标：

(1) 能分析国内汽车生产厂家的现状；

(2) 能分析汽车服务企业运作模式；

(3) 能分析国内汽车服务行业渠道模式。

单元一　汽车服务市场现状分析

【案例介绍】

基于"用户满意"的汽车营销管理——上汽大众。

资料来源：全国企业管理现代化创新成果审定委员会办公室，中国企业联合会管理现代化工作委员会. 国家级企业管理创新成果集(第九届). 北京：企业管理出版社，2003。

上海上汽大众汽车销售有限公司(简称"上汽大众"、SVWSC)成立于 2000 年 8 月，是由上海汽车工业(集团)总公司、大众汽车(中国)投资有限公司、上海大众汽车有限公司三方共同出资组建而成的一家大型合资企业。此公司负责上海大众汽车有限公司生产的全系列轿车产品在全中国的营销服务和售后服务，是位居中国大陆轿车贸易服务领域首位的企业。

上汽大众目前拥有国内最为完善的轿车销售和售后服务网络，每天为超过 200 万的上海大众用户提供一流的服务。随着桑塔纳轿车(SANTANA)年产量从 1993 年的 10 万辆增长到 2000 年上汽大众成立之前的 23 万辆，上汽大众的分销网络遍布全中国，其触角延伸到了每一个县市，品牌能见度和经销商接触方便性达到了空前的高水平。伴随着第一代桑塔纳的下线与全球同步技术制造的 POLO 轿车的上市，上汽大众初步形成了具有企业特点和时代特征的、基于用户满意的"服务营销"文化。2001 年，该公司销售 24.2 万辆轿车，营业收入为 350 亿元。该公司在 2002 年实现轿车销售 30 万辆，创造了当时中国汽车销售的历史纪录。该公司的良好业绩和销售服务理念得到了市场的广泛认可，先后被授予全国五一劳动奖状、全国实施用户满意工程先进单位、上海市文明单位、上海市工业企业优秀形象单位、上海市最佳工业企业形象单位等荣誉称号。

随着我国正式成为 WTO 组织的第 143 个成员国，国外的汽车厂商在中国获得了贸易权和分销权，因此，中国汽车业不仅在制造领域，而且在流通领域也将呈现全新的竞争格局。相对于汽车制造工业，我国的汽车销售与售后服务产业显得更为稚弱。由于历史的原因和环境的限制，汽车租赁、汽车金融服务、二手车经营等许多领域，均处于层次非常低的发展阶段。汽车销售与售后服务也是近年来才由低阶段的批发零售为主转向特许销售服务为主，国内对于汽车营销理念的认识与探索尚处于国外经验与国内环境逐渐相结合的初级阶段。

在这样的市场环境中，对于专业从事整车销售与售后服务的上汽大众而言，面对的是前所未有的压力与挑战。市场对企业的要求就是在最短的时间内汲取国外先进的营销管理方法，结合国内长期的销售经验，营造符合竞争要求、满足用户需求的营销管理模式。而在构建先进营销模式的同时，维系用户的成功与否、新老用户的满意与否，就成为上汽大众营销部成功与否的关键。在营销实践与理念不断磨合的过程中，使用户满意的服务攻略已逐渐成为公司发展的方向标，并成为企业的营业宗旨。公司的网络建设、经销商管理、营销技术的个性化、营销理念的提升等各项经营管理活动，都直接或间接地围绕"用户满意"服务战略进行不断的改进与完善。基于"用户满意"的汽车营销管理，就是在这样的背景下产生的。

基于"用户满意"的汽车营销管理的内涵是，企业的一切经营理念和活动，都以用户满意为出发点来进行规划、建设、实施和推广，最后仍以用户满意为终点。因而，用户满意是企业的一项核心宗旨。企业应围绕这一核心宗旨，进行营销理念、营销体制、营销方式、营销渠道、营销技术以及人力资源管理的创新。

一、营销理念创新

营销理念创新，就是企业极力培育核心能力，进一步强化竞争优势。

上汽大众的核心能力是以用户需求为出发点、以用户满意为目标的多种技术系统、管理系统和技能的有机组合及创造有竞争优势的知识体系。根据汽车营销企业的特点，上汽大众致力于确立个性化的营销理念、变革营销体制、革新营销方式、发展渠道策略、创新营销方法、开发人力资源、建设学习型组织及重组核心业务。这一切活动形成的知识体系、协调作用和有机结构，便构成了上汽大众在营销方面的核心能力。

上汽大众的核心能力具备五大特性：其一，它具备高价值，可以帮助企业在创造价值和降低成本方面，比他们的竞争对手做得更好。其二，它具备独特性，是汽车销售企业差异化的有效来源。其三，它难以被模仿，因为核心能力是特定企业文化背景下形成的企业自我组织能力。其四，它具有一定的延伸性，即能够为企业打开多种产品市场提供支持，对企业一系列产品或服务的竞争力都有支撑作用。其五，它是难以被替代的，核心能力作为企业的独特资源，并非是短期内快速形成的，而是企业长期的经验与知识积累的结果，所以，其"寿命"大大长于这种能力所产生的产品或服务，因此在较长的时期内很难被替代。核心能力的这些特征，决定了它对企业建立长期稳定的竞争优势具有超乎寻常的战略意义。

1. 发展精益销售，突出服务销售

1) "要素优化"，"效率优先"

上汽大众精益销售的精髓在于："要素优化"、"效率优先"，且精益销售的实施也以用户满意为基准。

"要素优化"是指运用多种管理方法、手段，对汽车销售过程中的人、财、物诸要素

进行优化组合，做到以最少的行动，在最短的时间内，按必要的数量销售出商品。"要素优化"可消除销售过程中的无效劳动，以达到提高服务质量、降低销售成本的目的。

"效率优先"是指重视汽车销售活动中的投入产出比，即通过对销售活动进行精心设计和规划，用最小的投入、最低的风险，取得最佳的经济效益；同时运用库存管理技术，提高物流的运用效率。

2) 理念渗透，实现"五化"

上汽大众倡导精益销售的理念，并将这一理念渗透到具体的销售实践之中，努力实现"五化"。

上汽大众以精益销售为指导、以"五化"为目标，规划和开展各项具体销售活动。如在储运体系的建设实践中，重点加强了"集约化储运体系"的建设，优化储运方式，调整库存结构，强化作为产品质量保证体系延伸的PDI工作(售前车辆检查，如有不合格则在维修恢复前禁止销售)，有效控制成本。目前，PDI工作已由上海总库扩展至各中转库，并在全国建立中心分流库，发挥其辐射作用，加速资源流转，保证对分销中心的资源供应。同时，一方面根据库存情况，结合市场需求，制定合理的收购计划；另一方面提高分销中心要货计划的准确度，双管齐下，以达到调整库存结构、降低库存量的目标。

2. 开展服务销售，提高客户满意度

1) 销售的不只是产品，更是服务

随着经济和社会的发展，人们在追求高品质物质生活的同时，对文化、精神生活方面的追求越来越多，品味也越来越高。人们对消费品的追求不仅重视其物质方面的属性，而且越来越重视其精神与文化方面的属性。汽车作为大众消费品，已由纯粹的运输工具转化为移动的生活空间，因此，汽车已不再是通常意义上的商品，而是充分考虑顾客物质和精神需求、根据客源定制并包括服务在内的产品系统。顾客更加重视品牌形象、产品性价比、服务质量等综合因素。购车行为主要取决于客户自己，所以顾客需要更加具体且定价合理的多种服务选择。

在这样的市场背景下，汽车销售已由传统的4P因素(产品Product、价格Price、渠道Place、促销Promotion)转向了4C因素(用户需求与欲望Customer's needs，用户购买及使用费用Cost，售前、售中及售后服务或便利Convenience，厂商与客户之间的信息交流Communicotion)，"客户第一，服务至上"的理念已深入到人们的心中，并化为具体的商业行为。

不仅如此，在新的市场环境下还需要对服务进行全新的定义。服务不再是商品与品牌的附属品，也不再是经营活动的副产品，而是产品、品牌和营销活动本身。一种能满足客户购买欲望的产品是提供最好服务的体现，反过来讲，对客户最好的服务就是提供令他们满意和认同的产品。所以，公司销售的不仅是商品，更是服务。这就要求在进行产品设计、改型和引进前，要对市场的走势和消费者的需求进行调查和分析，对不同消费者的消费需求和不同区域市场的消费状况应了如指掌，对竞争对手的产品性能、市场定位、市场分布和营销策略要心中有数。只有以此为基轴，方可制定出符合消费者需求和市场需要的产品规划和营销战略，方可使服务理念转化为顾客的满意和市场的认同，从而提高"产品的用户满意度"和"销售服务的用户满意度"，进而提升顾客忠诚度，创造出上汽大众营销网络新的竞争优势。

2) 实施顾客满意工程，推进服务营销

经研究，获得新顾客的成本大约为保持现有顾客的 5 倍。所以，实施顾客满意工程，推进服务营销，获得更高的顾客满意度，最终的目标在于顾客的重复购买和吸引潜在顾客购买，从而提高运营效率，降低成本，以获得更好的效益。实践证明，只有顾客满意的企业，才是最具市场竞争力的企业；只有顾客满意的产品，才是最具市场竞争力的产品。因此，提高顾客满意度是提升用户忠诚度的基础，是"留住顾客"的首要途径。

早在 1998 年，上汽大众总公司就在整个销售网络中全面启动了"顾客满意工程"。作为"顾客满意工程"的一项重要工作，顾客满意度调查活动全面展开。通过调查，对全国各地 200 余家经销商进行了"售前服务"、"售中服务"、"售后服务"、"用户档案卡回馈率"四大部分、19 小项内容、52 个因素的综合评价，使经销商明确自身在销售服务方面应该加强和改进的方向，以此提高经销商的营销服务能力，并将其作为评定经销商等级的重要标准。

从 1998 年起，每一辆桑塔纳轿车都随车附带一份《用户跟踪服务卡》，用户在购车后即可填写并直接寄回总公司市场部。以该卡为主要内容，每一位用户都在总公司的计算机系统中拥有一份"用户档案"。"用户档案"可使公司为用户提供更具针对性的服务。

在 2001 年，上汽大众更是把"顾客满意工程"作为生命工程来抓，通过加强销售服务平台和售后服务平台两个平台的建设，全面推进了"顾客满意工程"的建设。

有竞争力的产品是顾客满意的基础，而不断向市场推出有竞争力的产品，是企业赢得市场的关键。2001 年，上汽大众协助生产厂家推出了 1.6 升普桑、电喷+LPG 出租专用车、1.8T 帕萨特、2.8V6 帕萨特等改进型产品和新产品；在 2002 年 4 月，上汽大众首辆使用全球同步技术制造的紧凑型轿车 Polo 面市。这些产品的推出扩展了产品的宽度，丰富了产品的品种，更好地满足了用户日益增长的需求。

在加快产品更新换代的同时，企业要在优化库存结构的基础上，根据市场的需求，提高产品品种的"满足率"。商场如战场，时机往往是御敌至胜的关键，因此产品的品种、颜色必须以市场需求为导向。从另一个角度讲，提高产品的"满足率"，也是提高经销商对上汽大众的满意度。

3) 建立新型价值链，关注客户的客户

传统的价值链模型主要是从供应商、制造商、销售商到顾客，企业最终根据顾客的需要进行定义、检查并制成产品或开发服务，这种模型可以称为"顾客需要驱动"方式。新型的价值链在这个模型的链尾再加上"顾客的顾客"，其特点是企业不仅为顾客定制产品和服务，而且同顾客一起去满足他们的顾客的需求。

上汽大众将传统的价值链加以延伸。一方面，上汽大众将经销商和维修站作为客户，为他们提供高质量的服务。2011 年上汽大众改革、改进了物流配送体系，并在全国范围内设立多个分流仓库，加快维修配件的周转，减轻维修站的资金压力，并逐步推行 24 小时送货上门服务。此外，上汽大众还为经销商提供系统的营销培训，推动经销商向专业化迈进。另一方面，上汽大众采取各种措施强化对经销商和维修站的支持功能，与经销商、维修站一起满足最终用户的需求。上汽大众还在各分销中心设立服务经理，加强对维修站的技术支持，有些在当地可以解决的问题就在当地解决，缩短为用户解决问题的时间。上汽大众正是在这种新型的价值链系统中不断创造价值、不断满足用户的需求的。

4) 服务营销的要点

(1) 理解承诺。上汽大众要求在营销方案实施之前，认真考察方案的准确性，并要求执行人员能够全面、深刻地理解对客户所作的承诺。为此，上汽大众十分重视对营销人员的培训。2000 年上汽大众进行了特许经销商"助理式销售方式"的培训，并取得了一定效果。由于"助理式销售方式"将有关影响用户满意度的因素标准化、程序化，因此通过培训，有助于经销商理解自身角色定位及对客户的承诺。

(2) 量化服务。上汽大众指定服务标准来进一步完善经销商的经营管理标准，将满意度指标量化，落实到具体标准上，以利于执行和考评。

(3) 促进沟通。上汽大众要求经销商与老客户保持沟通的同时，也走访新的潜在客户，向其介绍上汽大众的新产品、新服务或新政策，并了解客户需求，听取客户对产品或服务质量的意见，且积极为客户出谋划策。同时，上汽大众要求营销人员在沟通中注意向客户传递企业对客户关心和重视的信息。

(4) 超越期望。上汽大众鼓励经销商向客户提供出色的服务，力争在提供服务的过程中给客户惊喜。上汽大众不断强化这样的认识，即把服务过程中发现的问题看做是超越期望的机会。

(5) 完善评估。上汽大众不断评估并改进自己的服务，以超越顾客的期望，并采取措施鼓励经销商提供出色的服务。上汽大众逐步完善考评体系，对经销商进行科学、有效的评估。如服务毛利便是对经销商服务质量考评的重要指标之一。2012 年企业会进一步提高服务毛利，加大奖励力度。

二、营销体制创新

营销体制创新主要体现在实现网络的扁平化与功能整合方面。

1. 营销体制由产业沟通分离到产销信息一体

近年来，国际跨国汽车集团已通过合资合作等形式，参与了国内的轿车销售服务体系。国际厂商一方面物色国内的汽车零售商，使入选者成为他们的品牌经营代理人，一方面加强自身营销网络对中国市场的渗透力度。国际厂商的这些做法，客观上使国内轿车企业的危机感陡增，促使轿车销售、流通体制进行改革。2000 年，上汽大众组建成功，并从体制和机制上进行了一系列的革新，目的是进一步密切与上海大众的沟通和协调，第一时间传递市场信息，将用户需求及时提供给上海大众，使上海大众能够更直接地面对国内外的市场竞争，从而提高上海大众的市场反应速度和市场应变能力，使产品和服务更能满足消费者的需求。

2. 销售网络由多极化到扁平化

上海大众多年来一直由上汽大众(前身为上海汽车工业销售总公司)行使产品的总经销权，并由其在全国各地建立多级销售网络，进行产品的批发与零售。这种多级化的销售网络建设，不仅增加了销售成本，也增加了管理的难度。现在，通过建设直接面向客户的扁平式营销网络，可减少管理层次，提高对市场的反应速度，降低销售成本。

3. 销售与服务由多功能分离到功能整合

上汽大众改变了过去的销售网络与售后服务分离的状况，将二者融为一体，建设功能完备、运作高效的营销服务网络，实现整车销售和售后服务功能的整合。营销体制的变化，使得产销衔接迅速、产品的可供性增强，使新品种帕萨特 B5、00 款自动挡成为桑塔纳汽车销售中新的增长点。目前，上汽大众在市场营销、整合销售和售后服务资源等方面均显示出良好的发展态势。

三、营销方式创新

上汽大众的营销方式创新是指公司提倡以"四位一体"为核心的特许经营方式。

1. 推广"四位一体"，整合业务网络

在国内汽车流通领域中，上汽大众最早提出变革传统汽车销售方式的观点，实行以整车销售、配件供应、维修服务和信息反馈"四位一体"为核心的特许经营销售方式，此方式充分调动一切有利的资源并将实现其最优化的组合。截至 2011 年 10 月，"四位一体"的特许经销商已有 200 余家。这种特许经营销售方式，为上汽大众带来四大优势：科学化销售网络、发挥上海大众的整体品牌优势、增强上汽大众的营销管理能力、保证信息的快速流动。

为进一步完善以"四位一体"为核心的特许经营体系，上汽大众鼓励没有维修职能的经销商建立维修站，没有销售职能的特约维修站进行整车销售，从而促进整车销售网络与维修服务网络的整合，使经销商的业务结构更加合理。在部分经销商和维修站的密度已经较大的城市里，不再增设新点，而是通过已有的经销商和维修站之间的相互合作、相关重组，充分发挥各自的专长，在共同发展中取得"共赢"。

2. 建立信心合作关系，实现"平等、互动、共赢、俱荣"

建立与经销商的新合作关系是营销网络建设的重点。在新的竞争情况下，上汽大众与经销商形成"平等、互动、共赢、俱荣"的战略伙伴关系。平等，即相互尊重，平等合作；互动，即优势互补，相互促进，相互提高；共赢，即共同赢得市场、赢取利润；俱荣，即携手并进，共同发展。在具体实施方面，上汽大众遵循三大基本原则：一是合理规划，在充分调研的基础上，根据各地市场的具体情况，科学合理地做好前期规划工作；二是严格审批，对于新发展的网点，无论是特许经销商还是特约维修站都要严格审批，激励"优者"、扶持"弱者"、淘汰"劣者"；三是慎重发展，无论选点、选址，还是投资规模，都要认真操作。

3. 实施"三毛利制"，建立激励机制

为规范经销商的经营行为，提高营销网络的整体竞争力，上汽大众在实践中逐渐摸索出一套完整的经销商费率制度：三毛利制。三毛利制，不同于过去经销商单纯从进销差价中获取利润的方式，是指经销商的利润来源包括三部分：销售毛利、投资毛利和服务毛利。

销售毛利是指经销商从进销差价中获取的利润；投资毛利是指经销商按照总公司有关标准对服务硬件进行投资建设，不断提高服务硬件质量，而获得的总公司的奖励；服务毛利是指经销商按照总公司的有关标准，通过提高服务水平不断提高用户满意度，而获得的

总公司根据年度"用户满意度"考评结果所给予的奖励。

三毛利制作为一个多目标体系，有利于克服经销商的短期行为，促进上汽大众与经销商的长期合作与发展。三毛利制的实施，有效地激发了经销商的积极性，使其不断规范经营行为和服务，改善自身的软、硬件设施，从而促进汽车的销售。

上汽大众吸纳德国大众经销商的标准和规范中的精华，对原先的特许经销商标准、特许经销商管理条例进行修订，制订科学的、行之有效的考核标准，并引入"第三方考评"机制，公平、公正、公开地对经销商的业务操作、培训、用户服务等方面进行量化考核，从而以此作为投资毛利、服务毛利发放的依据。同时，在特许经销商建设上不搞"终身制"，对销售业绩好、管理优秀的特许经销商要重点扶持，对销售能力差、扰乱市场的特许经销商该撤的就撤，以保证营销网络具有良好的"代谢机制"。

四、营销渠道创新

上汽大众的营销渠道创新是指创立"分销中心"、强化"差别优势"。

1. 建设分销中心，完善网络功能

2000 年 8 月以后，上汽大众大力开展了销售网络和售后网络的整合工作。到 2013 年 12 月，已基本形成"以分销中心为主干，以特许经销商、特约维修站为主体，具备四位一体功能"的营销网络。根据各区域市场的特点，上汽大众实施了有针对性的区域营销和区域管理。在 2000 年，上汽大众重点加强了分销中心的建设，不仅数量达到 24 家，而且功能得到进一步完善，基本具备了八大功能，即销售管理、售后管理、市场营销、物流规划、资金结算与管理训练、经销商培训、经销商评估和信息系统。

随着时间的推移，分销中心的作用日益明显。在没有新产品、新销售政策的情况下，分销中心细致、扎实的工作，有力地促进了产品的销售。

2. 设立"现场代表"，提高管理效率

为了进一步贴近市场、贴近用户，上汽大众率先建立了"现场代表"制度，即对分销中心下属的大区域再进行区域细分，由现场代表分别负责管理和支持。其中，售后服务现场代表将对维修站的突发问题进行及时处理，并指导维修站的技术工作和管理工作，从而大大提高管理效率。

3. 发展渠道策略，强化支持系统

上汽大众渠道策略的发展，大体上可分为三个阶段：扩张阶段、规范阶段和提升阶段。目前正处于提升阶段，目标是建立全方位的经销商支持系统，使上汽大众与经销商互动发展，从而整体提高。

五、营销技术创新

上汽大众的营销技术创新是指运用灵活策略，引入 IT 技术。

1. 实施"品牌联动"策略，开展"服务促销"

从与方正电脑、摩托罗拉等著名品牌联合开展宣传"品牌联动"的营销策略，到开展购车送保险、库存车促销等，上汽大众在"简单价格战"和"传统促销方式"以外创新实

施了有效的促销策略，不仅增强了产品宣传的渗透力度，而且将原先单一的实物促销转向服务促销，即采用批量奖励的方法鼓励经销商扩大市场，在促销中充分兼顾经销商和用户的利益。这些灵活的营销策略，有力地支撑了销售任务的完成。

2．提高传播有效性，注重促销协调性

上汽大众在产品宣传上，一方面，在内部成立了各品牌小组，实施内部竞争，开展多品牌的宣传战略；另一方面，加大了广告宣传力度，使产品宣传更加到位，以提高广告传播的有效性。同时上汽大众的广告和展示工作与经销商的经营配合得更加紧密，二者的协调性得到加强，使促销活动在各区域市场中均取得了良好的效果。

3．借鉴国外经验，推行"条块结合"

学习借鉴德国大众的营销经验，上汽大众从 2000 年下半年起推行了"条块结合"工作方法，加强了销售一线同各职能部门之间的信息沟通，提高了销售组织的效率，形成了"全员营销"的工作局面。前后方协同作战，使公司真正由"经营型公司"向"营销型公司"转变，同时也很好地解决了工作中的责任分工问题，做到了"千斤重担大家挑，人人头上有指标"。

4．实施"客户关系管理"，实现个性化服务

由于竞争的不断加剧，企业不仅迫切需要不断提高劳动生产率，精简内部业务流程，更好地利用人力资源，需要即时的报告来对快速变化的市场作出反应，而且还需要管理分散在各地的员工和客户数据以及日益复杂的工作流程。建立包括销售、市场、客户支持和电子商务等在内的客户关系管理(CRM)系统，可以满足上述需要，并帮助企业将售前与售后的活动联系起来，调整新的和已有的销售渠道，提供个性化的服务，增加客户忠诚度，从而扩大销售量，提高销售额，并获得有竞争力的市场份额。

CRM 在市场管理方面，可以有效地增加客户线索；在销售管理方面，利用那些客户线索和共享信息使潜在客户成为有效客户；在客户支持管理方面，可以帮助企业收集其他的客户信息，使他们不断购买公司的产品。

2001 年，上汽大众正式启动客户关系管理系统，通过建立 Call Center(呼叫中心)、客户数据库和完善公司的网站(Website)，形成与经销商、维修站、用户的沟通平台，实现"一对一个性化服务"。此系统对于经销商、维修站以及用户的需求，可在第一时间作出反应，从而提升上汽大众的服务营销管理水平。

5．利用 IT 技术，增强反应能力

利用 IT 技术，增强反应能力，主要包括以下四个方面。

一是总公司采用目前最先进的二维条形码认读系统，在全国范围内对商品车从总库至经销商的流向进行全程监控管理。条形码包含的信息有：车辆、颜色、底盘号、发动机号。可根据条形码跟踪每一辆车从入库、流转、运输直至出售的全过程，真正做到对物流的动态控制。在条形码系统的有力支持下，"要货制"的执行越来越准确，物流运转效率大大提高。

二是总部与分销中心和中转仓库全部实现卫星数据传输，提高了数据通信的可靠性和及时性，实现对一线销售工作的即时监控与管理。

三是仓库定置定位管理及 PDI 信息实时反馈系统得到推广和应用。

四是参照国外对特许经销商的先进管理模式，在信息系统建设中引进了先进的电子商务技术，开发出特许经销商电子商务信息系统，加大对特许经销商的管理力度。

六、人力资源管理的创新

上汽大众人力资源管理创新的目的是为各类人才提供更好的舞台，培育更优的人才。

1. 独特的人才观

通过选拔、教育、培养和委以重任的过程，建立完善的人才培养机制，培育适合人才生长的一方热土，最终实现人力资本的持续增值。物尽其用、人尽其才，使每个员工的潜力得到最大限度的发挥。

(1) 选才："适才"是选才的最高原则。

(2) 用才：合理配置，用人所长。

(3) 育才：人才与事业共成长。

(4) 留才：让每一位员工都拥有梦想。

2. 完善的培训体系

上汽大众将人力资源开发的目标确定为"四个一流"：一流的培训体系、一流的营销队伍、一流的薪酬体系、一流的营销水平。

为了使"四个一流"落到实处，上汽大众与同济大学联合创办了我国第一所汽车营销管理学院。总部构筑人才高地，形成高素质、复合型人才的金字塔型分布结构；建立科学有效的员工绩效考评体系；对经销商员工进行系统的专业化培训，提高经销商的专业服务水平。

正是通过基于"用户满意"汽车营销管理的探索和创新，上汽大众从经营理念、营销模式、营销技术、渠道建设、人力资源等各方面大力塑造以用户满意为基石的企业文化、经营理念、组织架构、运营模式和管理方式。

基于"用户满意"的企业建设也大大增强了上汽大众对市场的快速反应能力和顾客需求响应能力，从而提高了顾客满意度指数和企业的综合竞争力。在竞争日益激烈的国内市场，上汽大众将继续依托基于"用户满意"的企业宗旨，不断地提升企业的管理力、经营力和竞争力。

与此同时，上汽大众在前所未有的压力和挑战面前，勇于抓住机遇、迎接挑战，在借鉴国际公司成功经验的基础上，结合我国汽车工业与汽车市场的实际情况，探索出一条既与国际商务惯例接轨，又符合中国国情的基于"用户满意"的汽车营销模式。这也是上汽大众在多年营销实践中所追求的目标。

【知识点】

一、汽车服务市场的发展现状

1. 国内汽车工业的发展历程

要全面了解国内汽车行业的整体情况，就要先了解汽车行业的发展历程。总体来说，国内汽车行业的发展可以分成如表 1-1 所示的四个阶段。

表 1-1　国内汽车行业发展的四个阶段

发展阶段	发 展 历 程
20 世纪 50 年代到 60 年代初的汽车行业创建阶段	1953 年 7 月在长春打下第一根桩,拉开了国内汽车工业的序幕。国产第一辆汽车于 1956 年 7 月下线,结束了国内不能制造汽车的历史。20 世纪 50 年代后期,国内基本形成了长春、北京、上海、南京和济南 5 个较有基础的基地,同时各地方也建立了自己的汽车生产基地,国内汽车工业开始发展
20 世纪 60 年代末到 80 年代初的国内汽车行业成长阶段	政府建立了东风汽车制造厂,同时对五大老厂进行全面投入和改造。国内汽车生产向多品种、专业化方向发展,到 1980 年,国内民用车保有量达到了 170 万辆
20 世纪 80 年代初到 90 年代末的国内汽车行业发展调整阶段	国内汽车生产厂家逐步调整生产结构,推进技术改革,产品结构逐步走向合理化,同时推进国内汽车行业标准的建设,实行规范化管理。从 20 世纪 90 年代初开始,逐渐出现私人购车
21 世纪初至今,预计会发展到 2015 年,市场进入快速发展竞争阶段	国际绝大多数的汽车巨头相继来到中国,国内汽车集团也开始全面发展。一汽、上汽、广汽、东风以及长安等国内汽车巨头与国际知名汽车品牌全面合作,国内汽车工业进入了一个急速成长和急剧变化的市场发展期

估计到 2015 年,国内汽车行业可以发展到稳定发展阶段。到那时,国内汽车行业最多是 3 + 6 格局,谁坚持到最后,谁将笑到最后,汽车生产厂家在国内市场将经历无情的考验。

2. 中国汽车市场变化的规律性特征

国内汽车市场的变化,存在着明显的结构性特征波动,变化轨迹如表 1-2 所示。

表 1-2　国内汽车市场的变化轨迹

发展阶段	发 展 历 程
20 世纪 50 年代到 60 年代末	汽车主要是军用,基本上是载货车
20 世纪 70 年代到 80 年代初	汽车从军用车逐步向民用车转移,乘用车的比例有较大上升
20 世纪 90 年代	农用车大幅增长,轿车开始起步,汽车工业从载货车向客车和轿车方向转变
从 21 世纪开始	国内汽车市场进入轿车快速发展时期,轿车开始占据国内汽车行业的大半份额,同时轿车开始逐步进入家庭

3. 汽车服务市场的发展历程

国内汽车服务市场经历了以下三大主要发展阶段。

第一阶段是 20 世纪 80 年代初到 90 年代末,这是国内汽车服务市场的开始阶段,服务对象基本是公务车,私家车很少。

第二阶段从 1999 年国内开始建立第一家汽车 4S 店起,预计到 2015 年。这是汽车服务市场的高速发展变化阶段,服务对象中公务车的比例逐步下降,而私家车比例逐步上升,市场急剧变化,客户需求不断提高。该阶段的国内汽车服务企业基本上是在摸索中前进的。

　　第三阶段预计是 2015 年以后，这是汽车服务市场的平缓发展阶段。服务对象将以私家车为主，每个地区有 2～3 家区域性的汽车服务龙头店与汽车 4S 店并行，同时国外汽车服务连锁巨头将会全面进入中国，因此国内其他个体店要选择好自己的发展道路。

　　了解国内汽车行业的整体发展成长历程之后，让我们把目光投向汽车生产厂家，从汽车的生产源头了解汽车行业。接下来将分析国内汽车生产厂家的现状。

二、 国内汽车生产厂家的现状分析

　　目前，基本上全球知名的汽车生产厂家都已进入中国，形成了全面竞争的市场格局。国内三大汽车集团都分别与至少两个国际汽车巨头联手建立了合资企业，另外广汽、长安、北汽也有自己的合作伙伴。目前国内已经形成六大汽车集团的大分布战略。对国内汽车巨头市场状况的分析如下。

1. 大众汽车的市场状况分析

　　大众凭着最先在中国建立合资企业的优势，并深谙国内政府采购的战略和程序，不仅在政府公务用车方面一直雄踞榜首，而且在出租汽车方面也占着很大一部分市场。但对于从 2006 年开始，国内私家车购买量已经超过 50%市场需求量的这一情况，大众汽车基本上没有任何有效的策略。无论是宝来还是 POLO 的改款，其市场销量仍停步不前。另外大众汽车混乱的销售服务网络加上零配件市场的渠道失控，使得大众汽车的销售服务网络的营运情况很一般。在(8～10)万元与(11～15)万元区间分别重磅推出一款适合国内市场需求的车型，是大众目前要重点考虑的问题。

2. 本田汽车的市场状况分析

　　本田汽车在中国建立首家汽车 4S 店，其在中国的汽车服务市场独领风骚。这说明本田汽车已经了解了中国汽车市场的整体消费习惯，同时也深谙国内公务人士的购车心理。让客户买车放心、修车更放心的销售理念，也让广州本田创造了一个奇迹。雅阁车用了不到八年的时间，就突破了 60 万辆大关。另外，本田任何款式的汽车都非常有针对性，基本上能满足目标客户群的需求。

3. 通用汽车的市场状况分析

　　通用汽车凭着对中国汽车消费群体的充分认识，同时结合自己实际情况，合理地制定适合自己的、同时又适合中国市场的车型。无论是私家车的主推车型凯越，还是先人一步推出的商务车 GL8；无论是其针对二线城市和县城的市场运作，还是同时将上海通用与上海雪佛兰分开运作，都可以说明通用汽车是国内汽车行业的市场认知高手、市场定位高手和市场运作高手。

4. 丰田汽车的市场状况分析

　　丰田汽车是最晚来到中国投资的跨国汽车巨头，其高姿态地进入中国市场，然后放下身段专心研究中国汽车市场。从与天津夏利合作开始，用了不到三年的时间联手一汽，同时又联手广汽，这使人不得不佩服丰田高层敏锐的眼光。如此快速地熟悉国内汽车行业的整体状况，加上其高超的政治游说能力，丰田在中国建立了自己的三大营销网络，也让业界不得不感到其运作手法之高明。

5. 日产汽车的市场状况分析

日产汽车虽与东风汽车集团合作，生产基地却在广州。日产汽车深深体会到在湖北襄樊与东风合作失败的教训，同时也了解标致—雪铁龙与东风合作不太顺利的现状，最终找到了一个更好的合作模式：自己全面控制，仅仅向东风分红。日产近几年几乎没有大的市场动作，却一直保持着稳健的市场增长。其对渠道的管控能力以及新车型的推出速度，都让业界称赞。

6. 福特汽车的市场状况分析

福特汽车从最初在中国寻找合作伙伴开始，就已经处于下风。因为中国的三大汽车集团已经名花有主，所以最后福特选择了长安集团。其首先推出的嘉年华轿车，未能适应当时中国汽车市场客户的需求；其后蒙迪欧的紧急推出，又赶上中国汽车大降价，导致在同级车中基本上没有任何竞争力。好在一款与欧洲同步上市的福克斯，凭着欧洲的血统、稳重的外观和灵活的操控性几乎获得了国内从 20～60 岁所有客户的普遍认可。加上合适的价格定位，福克斯的市场前景一片光明。2007 年 11 月，新蒙迪欧—致胜上市，其现代化、时尚化的外观却没能赢得中国中级车消费者的认可。究其原因，大体是中国中级用户喜欢的是中庸大气，而新蒙迪欧—致胜的市场定位有待商榷。

7. 标致—雪铁龙汽车市场状况分析

标致—雪铁龙从 1997 年广州标致的惨败，到后来联手东风继续合作，除去雪铁龙先期的车型在出租车市场有部分份额之外，无论公务用车还是私家车，雪铁龙基本上都是空白。东风标致从推出 307 开始，就把自己定位于商务用车，并把两厢车改为三厢车，成为失败的市场定位的开始。2008 年推出了雪铁龙世嘉，可惜已经错过了两厢车的最佳发展时机。雪铁龙缺乏对中国汽车行业全面的、深层次的、系统化的了解，更缺乏对中国汽车行业快速变化的客户需求的掌握，导致其推出的任何一款车型不是已落后于行业发展，就是大大超前于中国汽车的市场需求。如何了解中国汽车行业发展的真谛，值得标致—雪铁龙认真探索。

8. 现代汽车的市场状况分析

现代汽车凭着一款伊兰特的凌厉攻势，用不到三年的时间便进入了中国汽车行业的前十强，同时把索纳塔定位于 15 万以下的政府采购用车的范围，既充分说明现代汽车对中国汽车业整体发展情况的了解，也说明现代知道自己车系的特点：大气的外观、宽敞的室内空间和较低的价格。但现代汽车车辆的不稳定性较高，这已经让不少客户抱怨。现代汽车未来如何发展，值得期待。

9. 马自达汽车的市场状况分析

马自达汽车自被福特控股之后，便开始复苏，但其与中国汽车生产厂家的合作一直不太顺利。与一汽合作，仅推出一款 M6，随后与海南汽车分家。马自达现在最大的希望是与长安福特马自达进行全面系统的合作。随着长安马自达 M3 成功上市，其销售网络逐渐建立。2007 年底马自达又推出 M2 车型，但此时马自达也在一汽马自达推出了进口 M5 和进

□ M3 两厢汽车，如何能同时让两个合作方都满意，马自达也需好好斟酌。

10．梅赛德斯—奔驰汽车的市场状况分析

梅赛德斯—奔驰从与北汽合作开始，就一直不太顺利，几经周折，还是没有任何大的举措。值得庆幸的是原上海通用的元老、深谙中国汽车行业布局和市场现状的墨菲开始掌控梅赛德斯—奔驰，但愿经验老到的墨菲能够从销售网络布局到车型推出以及如何处理与南北奔驰老的总代理的关系等方面拿出自己独到的、能够令各方都满意的策略。

11．克莱斯勒汽车的市场状况分析

从进入中国市场开始，克莱斯勒汽车的发展一直不太顺利。从 300C 和铂锐的销量平平来看，克莱斯勒未来在中国市场的发展仍然不会一帆风顺。

12．宝马汽车的市场状况分析

宝马汽车刚进入中国，便犯下了两宗大错：一是选择与华晨合作，二是使宝马的中文标示让别人抢注。好的一点是，宝马在选择自己的经销网络之时，只选最强的、高端的汽车服务企业。此时宝马才真正开始了解中国汽车行业的现实状况，才开始用符合中国市场的运作手段开发运作中国汽车市场。经过事实证明，这一招确实不错，值得奔驰效仿。

13．其他汽车品牌的市场状况分析

三菱仍然没有确定在中国如何布局，而铃木和菲亚特车型的定位以及网络运作都有很多值得改进之处。

国内汽车的后起之秀奇瑞汽车，从零起步至 2011 年，短短不到十年的时间，已经有 100 万辆车下线，这不能不说是一个奇迹，也让国内外汽车巨头刮目相看。对国内消费市场较深的洞察能力，对汽车行业政策的良好把握能力，对国内外汽车巨头极强的学习能力，加上灵活的市场运作能力，使奇瑞汽车不仅在私家车市场拥有一席之地，而且在出租车市场也有相当份额，同时奇瑞也在向公务车市场推进。

反观国内的一汽、上汽，只有近两年才推出一汽奔腾、上汽荣威；上安近年推出奔奔，而东风、广汽推出新车的动作是什么，大家都还在期待。

三、汽车服务企业运作模式分析

随着国内汽车行业整体的发展，消费者购车也日趋理性。目前国内汽车销售已进入微利时代，这给原本以新车销售利润为主导的汽车 4S 店带来不少经营困境。西方成熟市场汽车 4S 店的经营盈利模式是大约 30% 来源于整车销售、60% 来源于售后服务、10% 来源于其他收入。国内的汽车 4S 店要及时调整现有服务体系，降低服务成本，增加服务项目，避开与汽车美容养护维修连锁店的直接竞争，形成自己的服务特色，才能走的更远、更健康。毕竟目前车主还是比较信任汽车 4S 店提供的相关服务。

国内目前的汽车服务市场处于汽车 4S 店、大量自生自灭的单店、专业化汽车后市场服务店以及大型的汽车维修厂四足鼎立的形势中。汽车服务市场已经逐渐表现出大型化、连锁化、品牌化、集中化、专业化和系统化布局等特点。同时国际知名的汽车服务连锁品牌已经在走全国化路线，开始建立自己全国性的市场网点，为未来在中国汽车服务行业立足作准备。国内汽车服务市场区域品牌是先抓局部市场，建立局部品牌优势，在当地市场密

集布点, 在产品的供应商中占据相当优势的市场份额, 能够实现与汽车服务巨头分庭抗衡, 并逐渐向周围辐射, 直到覆盖全国。

现在全国性的汽车服务品牌店与各个地区当地排名前三位的地方性品牌进行着激烈的市场竞争, 有的当地品牌原来所产生的客户忠诚度和品牌优势逐渐被弱化, 而有的当地品牌看准国际品牌的弱点, 逐渐弱化国际知名品牌在当地的市场影响力; 有的市场还在进行着白热化竞争, 而部分更有眼光的汽车行业人士则牵手国际知名品牌, 取得自己所辖区域连锁加盟的市场开发商、产品供货商、加盟店服务和系统培训商等授权, 与国际知名品牌共同开发市场, 从而实现共赢。

国内汽车服务市场是一个朝阳市场, 汽车产业链中这一最稳定的市场已经日益成为国外投资者眼中的金矿。汽车服务市场的服务成熟之后, 它占汽车行业价值链上的利润比例将会越来越高, 最高可以达到汽车行业利润的 70%。在过去的几年内, 很多的国内外知名汽车服务品牌开始在国内市场布局。但到 2013 年 12 月为止, 尚无一家全国知名性服务品牌占有较大的市场优势和消费者认知度。经过市场综合调查, 对目前国内汽车市场模式运作的现状分析如下。

1. 汽车 4S 店模式

汽车 4S 店模式的红火是国内汽车市场特定阶段的特定产物。由于广大的车主对路边维修店以及大部分的汽车维修厂的不信任, 导致了车主宁肯多花钱, 也要买得放心, 用得安心。但随着市场的进步, 知名快修、快保店以及专业钣喷店的兴起, 汽车 4S 店 80% 的老客户都会流失。汽车 4S 店的投资方应尽快抓住这几年难得的历史机遇, 加强内部的管理和控制, 加大对汽车用品、汽车装饰以及车主个性需求等需求的满足。汽车 4S 店可以把此类项目和产品划归到汽车维修项目中, 这是国内汽车 4S 店特有的优势。同时也可以在 4S 点无法覆盖的区域, 建立品牌快修店, 这也是发展的方法之一。

2. 汽车和车主用品大卖场模式

日本的奥特巴克斯、黄帽子是汽车和车主用品大卖场模式的代表。此类模式在日本等汽车服务市场已基本成熟的国家已经成为主流模式。此模式可以满足汽车本身以及车主全面的、全方位的多种需求。奥特巴克斯、黄帽子现在在上海、北京和郑州等汽车业发展较好的城市已经开设了部分店面, 但运行不甚理想, 主要原因有: 店面位置没有满足车主的就近原则; 店面内部的布局以零售汽车用品为主, 缺乏合理有效的施工工位布局; 缺乏成熟老练的技术施工人员; 缺乏既懂技术又懂管理的管理人员。此类店面应加强媒体的宣传, 拉动车主来店体验, 加强施工项目的投入, 尽快培养一批既懂管理又懂技术的管理层。

3. 加盟合作模式

加盟合作模式是以博世等为代表的既研发产品, 同时又建立加盟店的合作模式。原则上任何一个公司很难做到既是成功的生产研发商, 又是很好的模式管理运营商。博世是借助较早进入中国汽车后市场的优势和品牌在消费者心中有较高的认知度来运营的服务模式。此类模式的厂家缺乏全面系统的服务, 特别是店面选择、店面规划、店面管理和店面日常的运作等。这些厂家除关注全系列产品研发、全系列服务项目外, 更应多关注整体店面的持续健康发展。毕竟让广大的车主切实地享用过产品和项目, 车主才能体验到产品的优点, 才能体会其给自己带来的好处。未来博世的快修模式如何在国内推广, 尚待市场验证。

4．零售终端店面模式

零售终端店面模式是以霍尼维尔为代表的模式。此模式在国外比较成功，但面对中国如此辽阔的疆域，区别如此之大的市场发展运作模式，落差如此之大的车主消费理念，此模式进行全国推广时应分阶段进行。霍尼维尔已经建立了自己庞大的、系统的培训中心，但面对种类繁多的汽车品牌和汽车车型，需要对众多的培训师进行分类培训。当霍尼维尔进行中国市场的全面开发时，又必须加强物流的配送能力，完善各地区不同店面同一时间主推项目的不同应变能力、总部对各地区店面的管理控制能力，还有广告促销的同步与如何区分等能力。采用这种自建终端模式时，最好在当地找到一个合适的合作投资人，即选择在汽车行业内很熟悉政府机构设置的投资人。股份的分配，可以依情况不同灵活应对。2008 年 8 月，霍尼维尔上海直营店的转手，标志着此模式在中国市场暂时以失败结束。

5．以品牌为导向的单向专业服务店

全球知名的埃索美孚润滑油品牌以及固特异轮胎均建立了以品牌为导向的单向专业服务店。此类模式的优点是品牌知名度较高，客户认知度高，店面前期投入较少，对技术要求较低。此模式的缺点是服务项目单一，无法满足客户全方位的需求。此类店面应加强洗车美容项目以及车主个性化需求项目等服务。

6．专业汽车钣金喷漆模式

专业汽车钣金喷漆模式是以美鹰—杜邦、杭州车骑士为代表的模式。此模式是随着汽车保有量的加大特别是私家车比例的增加、汽车 4S 站所处位置的不便以及钣金费用的偏高等实际情况应运而生的。此模式的优点是不论车的品牌为何，可按车主选择的钣喷项目所用的产品类别定价，不仅降低了车主的汽车维护成本，还让车主明明白白消费，真正做到"一分价钱一分货"，从而获得广大私家车的广泛认同。此模式经营者应加强内部管理，使店面服务做到统一化，这样才比较容易进行复制推广。

7．销售模式

销售模式以特福莱、驰耐普为代表。此类模式做大的卖点是自己有成熟的发展模式，可以提供整套的开发、管理运作方案等全方位支持。但其最大的不足是缺乏人才，即缺乏把自己成形的模式推广出去的人，因为国内汽车行业人才奇缺，懂技术、懂管理，又擅长培训的人才更是缺乏。此类企业应先练好内功，再去考虑推广。

8．自建汽车服务网络，然后转让服务网络模式

自建汽车服务网络、然后转让服务网络的模式以广州黄菠萝为代表。要运作这种模式，要求其企业自身必须在国内的汽车行业有很好的知名度和影响力，前期不用花费太大的精力就可以建立至少 30 个以上并且分布在绝大部分沿海地区的加盟网络。同时能与国外的汽车服务商建立较好的沟通合作机制，选择合适的机会出手转让就可获得较为丰厚的利润。

9．购买土地或门面房建立汽车用品卖场和施工工位，并复制自己的模式

购买土地或者门面房，建立自己的汽车用品卖场和施工工位，并且复制自己的模式以上海美车饰为代表。此类模式的投资方只要能够维持店面的正常运营，仅仅土地和门面房价的飞速上涨，就可以使自己赚取一桶金。关键是投资方何时去经营，用合作的方式还是转让的方式去赚取。有条件的汽车服务店的投资者，可以在合适的机会，购买门面自己使

用，做到进退自如，而且一份投资两份回报。

10. 品牌汽车专业维修模式

此模式主要是奔驰、宝马、奥迪等高端品牌的专业维修厂在使用。部分有眼光的投资方看到国内高端汽车品牌 4S 店的维修利润后，自己投入、自己开发高端汽车品牌的 2S 维修模式，维修厂内的配套设施完全仿照 4S 店设立，但其配件成本、工时成本比汽车 4S 店降低了 40%，以此拉动许多私家车主来维修保养。同时还设立高端汽车陈列区，特别是在当地还没有建立销售终端的进口品牌，陈列区分阶段租赁给高端品牌使用。这样，高端品牌汽车在宣传自己的同时，也宣传了维修厂，从而达到双赢的目的。接下来国内汽车市场会不会建立起本田、丰田、现代和通用等品牌的专业维修模式，让我们拭目以待。

目前，国内的汽车行业、全球知名的汽车品牌都已经在国内市场安营扎寨，丰田、本田、通用、福特、日产、大众、现代、菲亚特、奔驰和铃木等品牌都已经在国内运行多年，国内汽车品牌，如奇瑞汽车和吉利汽车等新兴的汽车企业也正稳步前进。目前的中国汽车服务市场的市场参与者分国际知名品牌和国内品牌两大类别。国际知名品牌主要有：博世、AC 德科、奥特巴克斯、黄帽子、3M 和霍尼维尔等。国内品牌主要有：元征、蓝星、车路饰、快车手、新焦点和月福等。另外，中石油和中石化目前正在各自遍布全国的加油站内建立自己的汽车服务店面，为广大加油车主提供更多的附加服务，为加油站创造更多的附加价值。

四、汽车服务企业业务分析

从新车下线之时起，一直到车辆报废，汽车服务陪伴汽车走完"一生"的路。通观目前国内汽车服务市场的服务业务，通过对国内汽车市场整体分析可得出汽车服务企业主要有八大业务。以下分别对这八大业务进行说明。

1. 新车销售

新车销售主要是做好潜在客户的开发工作。客户上门提车，实际上已是销售的收尾工作了。作为汽车服务企业，应该建立一套完善的新车销售流程和系统的车辆信息服务制度，只有这样才能得到客户的信赖，才能拉动客户进店买车。新车销售不仅仅是推销，更重要的是拉动客户主动到企业来。汽车服务企业应该逐步展示企业实力、合作品牌、服务内容、增值服务内容、在行业中的地位、所受到的奖励、企业的美誉度和企业与众不同的特色，将这些信息等传递出去，告诉潜在的客户，如此将会拉动更多的客户来购车。目前，汽车服务企业大约有 30% 的利润来自新车销售。未来如何给客户定制其喜欢的车型和配置是新车销售应重点考虑的问题。

2. 车辆保险

在国内车辆保险市场中，大约 50% 的新车保险是客户在购车时购买的。保险到期后，大约有 30% 的客户会选择仍然购买原有保险公司的保险。作为汽车服务企业，应该与保险公司建立更深的合作关系，力争让客户在自己企业购买的保险价格比较合理，并且做到发生事故时，客户不用支付费用，而由企业与保险公司直接结算。如果汽车服务企业能够成为保险公司的车辆定损点，将会拉动更多的客户，同时增加企业的收入。目前一个运行良好的汽车服务企业，其 10% 的利润来自车辆保险。

3. 汽车美容

汽车美容包括车表美容护理、车内翻新护理和高级护理三大主要项目。其中，车表美容护理主要有：无水洗车、泡沫精致洗车、全自动电脑洗车、底盘清洗、漆面污渍处理、漆面飞漆处理、新车开蜡、氧化层去除、漆面封蜡、漆面划痕处理、抛光翻新、金属件抛光增亮、轮胎增亮防滑和玻璃抛光等项目。车内翻新护理主要包括：车内顶棚清洗、车门衬板清洗、仪表盘清洗护理、桃木清洗、丝绒清洗、地毯除臭、塑料内饰清洗护理、真皮座椅清洗和全车皮革养护等项目。高级护理主要有：漆面封蜡、漆面镀膜、汽车桑拿、底盘封塑、臭氧消毒和划痕修复等项目。在目前的汽车服务企业，仅有少数企业能把汽车美容项目运营好，因为一方面企业对汽车美容系统化认识不足，另一方面目前国内缺乏全方面的汽车美容系列产品。因此汽车服务企业应至少建立三套汽车美容项目，针对高、中、低三类客户进行汽车美容服务。这里举一个简单的例子：一辆车做一次全车的镀膜服务，收费 588 元，其中材料成本仅仅 58 元，工时成本 30 元，毛利 500 元。即使做一次 1988 元的全车美容护理服务，成本也不会超过 200 元。利润如此之高，希望广大的汽车服务企业尽快开始系统化运作。

4. 汽车装饰

汽车装饰主要指新车装饰，其主要项目有：全车贴膜、铺地胶、铺地垫、装挡泥板、装扶手箱、装行李箱开启器、装桃木内饰、加装轮眉、装防撞胶条、更换拉手、安装门碗、加装晴雨挡、加装尾喉，另外还有部分客户要求真皮座椅、豪华天窗、隔音工程等项目。随着新车配置的不断完善，车主对新车装饰的需求比例逐渐在降低，但随着新车销量的不断增加，车辆装饰还是有相当大的市场份额的。作为汽车服务企业，要适时地调整装饰项目，以符合不同阶段不同客户的需求。

5. 汽车养护

汽车养护主要有日常养护和附加保养两大类别。日常养护属于必须进行的项目，而附加保养则是客户自己选择要做的项目。日常养护项目主要有：换机油、加防冻液、更换三滤、更换刮水器、变速器止漏、清洗更换制动片、空调检测及加氟利昂、检查蓄电池电解液配比、蓄电池维护等；而附加的项目主要有燃油系统免拆清洗、润滑系统免拆清洗、进气系统免拆清洗、自动变速器清洗、冷却系统免拆清洗、电脑检测及解码、发电机维护、发动机维护和尾气达标等项目。

在私家车比例越来越大的今天，汽车日常养护的需求也越来越大，市场也逐渐过渡到三分修七分养的阶段。对于汽车服务企业，如何调整日常养护项目，如何建立日常养护的专业工位，如何培养专业的养护技术人才，如何针对不同车辆的不同阶段推出不同的养护套餐，是其必须要直接面对的问题。另外，如何推出针对客户的养护促销活动，以及企业内部如何对养护产品的推广进行奖励更是汽车服务企业管理层要面对的问题。

6. 汽车改装

汽车改装项目主要包括汽车外观改装、汽车性能提高改装和赛车按标准改装三大类别。其中，汽车外观改装主要有：改装包围、更换转向盘、增加个性贴纸、更换轮胎、更换仪表等；汽车性能提高改装主要包括：增加氙气灯、改装进气系统、改装排气系统、改装点火系统、改装供油系统等；赛车按标准改装主要有：车内头盔、防滑架、赛车服饰、避振器、悬挂加强赛车安全带等。

国内汽车改装还处于市场萌芽期。一方面国家相关部门还没有制定车辆个性改装的相关法律、法规；另一方面，国内绝大部分车主还没有个性化的需求。但随着市场的发展进步，当一个家庭开始购买第二部车的时候，车主的个性化需求将会凸显，所以汽车服务企业要做好满足汽车改装需求的准备。

7. 二手车业务

二手车业务主要包括以下类别：二手车直接购买、销售，二手车中介，二手车评估，二手车暂保管，二手车代过户，二手车置换，二手车代保养装新等。但由于目前中国缺乏真正的二手车评估系统和评估人员，并且缺乏相关的法律依据，因此二手车业务市场仍处于无标准的模糊状态。

随着车主的换车和汽车原厂对二手车业务的重视，二手车市场已经快速成长，所以汽车服务企业应建立自己的二手车部门，逐步进入二手车市场。

8. 汽车金融

汽车金融包括汽车信贷和消费信贷两大类别，而汽车消费信贷在中国仍处于起步阶段。各大汽车生产商基本上已经建立了自己的汽车金融公司，有独资和合资两种形式。汽车原厂已经开始全面介入汽车信贷和消费信贷两大领域。

汽车金融在国内市场仍然处于摸索阶段，一是国内金融系统对个人信用的体系刚刚建立，还不够完善，二是对于信贷产生纠纷之后如何处理，以及如何进行责任认定和补偿都比较繁琐和模糊。国家应尽快出台这方面的法律文本，从而加快汽车金融的发展。

五、目前国内汽车服务行业的渠道模式分析

从 20 世纪 80 年代德国大众进入中国、使用新车销售和售后分开运营的模式，到 1999年本田进入中国采用汽车 4S 模式，国内汽车服务市场在这 20 多年发生了巨大的变化。而到目前，国内汽车服务行业渠道模式主要如表 1-3 所示。

未来国内汽车服务市场将会形成汽车 4S 模式、汽车快修养护模式和汽车产品大卖场模式共存的局面。路边店以及专项服务店如何在市场发展的过程中找到自己合适的位置，如何进行企业方向定位，值得汽车行业人士好好思考。

表 1-3　国内汽车服务行业渠道模式

汽车服务行业 渠道模式	优　点	缺　点
汽车 4S 店服务模式	整体形象好，服务系统化、周到化、专业化，同时内部人员素质较高，并且受过厂家系统的培训；服务流程系统化、标准化；汽车维修、配件质量有保证，同时有生产厂家的支持和监督	地理位置有一定的局限性，同时投资成本较高；运作成本较高，其服务费用也较高；维修车型比较单一；除大修外，靠日常保养留住超过保修期的客户有较大的难度

续表

汽车服务行业渠道模式	优　点	缺　点
传统大、中型汽车维修企业模式	面积大、设备多，人员维修经验丰富，并且有一大批公司和政府客户，同时和保险公司有较好的合作关系，其投资成本低，服务收费也较低	服务意识较差，管理机制不够灵活，客户休息区环境较差，施工较慢，客户等待时间长
汽车服务路边店	收费低，日常保养服务快；位置便利，能够满足车主就近服务的要求；占地少，投资低	人员少，素质低，技术水平落后；整体形象差；使用产品的可靠性及维修质量难以保证
汽车服务专项店（轮胎店、换油中心等）	店面形象较好，服务快捷；投资较少，场地及人员要求较低；专项服务标准化、系统化，服务质量有保障	服务项目比较单一，投资回报比较慢
美容快修养护连锁店	店面形象好，客户信任程度高，连锁网点多，并且靠近车主活动区域；投资适中，人员及场地的要求一般；通常有统一的服务收费标准、服务质量承诺	连锁企业目前也存在美容、维修、保养水平不一的现象
汽车产品大卖场模式	汽车类产品丰富，可以满足车主系统全面的需求；管理服务系统化、内部运作流程化	店面运作费用较高，内部管理人才缺乏

【拓展知识】

《2012 年度中国汽车售后服务市场评价报告》全文。

一、研究背景

1.1　中国汽车售后服务质量评价中心简介

为积极谋划汽车企业可持续发展，树立汽车企业以人为本的服务文化，摸底汽车市场服务质量水平，总结先进的汽车服务理念与服务管理案例，推动建设和谐社会，2011 年，中国汽车售后服务质量评价中心正式成立。

作为中国企业改革与发展研究会分支机构，中国汽车售后服务质量评价中心在中国企业改革与发展研究会领导和中国汽车工业经济技术信息研究所的技术指导下，对在中国境内注册，提供汽车销售、服务的所有企业开展服务质量评价相关工作。

1.2　中国汽车售后服务质量评价活动意义

随着近年我国汽车市场的飞速发展与汽车保有量的快速增长，消费者的消费意识和观念也随之发生改变，由之前单纯追求品牌与质量向既追求品牌、质量，又追求良好的售后服务体验转变。汽车售后服务水平的高低，正成为影响汽车品牌提升的一个重要因素。

近年来，尽管各车企的服务理念与服务意识也在逐步提升，但总体看，与汽车产业、汽车市场的发展和汽车用户的要求仍存在较大差距，服务水平参差不齐，各类售后服务问题凸显。

2012 年，中国汽车售后服务质量评价中心依据《2012 中国汽车售后服务行为准则》（白皮书）推出"2012 汽车企业服务品牌调查活动"，调查中国汽车售后服务领域的现状和存在的问题,以期对推动我国汽车售后服务市场未来的健康发展起到积极作用。

二、调查活动介绍

2.1　调查项目构成

调查项目包括服务满意度调查、汽车用户投拆回访满意度调查与媒体暗访团投票评价三部分。具体说明如图1.1所示。

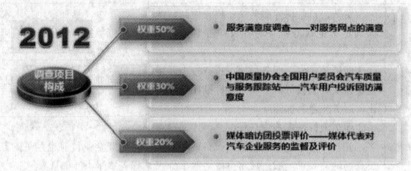

图1.1　调查项目构成说明图

2.2　调查内容

调查内容分为五大部分,包括保修政策与承诺兑现,维修保养(含预约、接待、服务启动、配件供应)、价格透明度、客户关怀(含400/800客服电话、免费道路救援、季节性免费检测活动)与投诉处理。具体说明如图1.2所示。

图1.2　调查内容说明图

2.3　分项调查情况

2.3.1　服务满意度线下调查(权重30%)

调查城市:全国15座主要城市,包括北京、石家庄、太原、济南、郑州、成都、合肥、重庆、长沙、武汉、上海、南京、杭州、广州、深圳。城市布局如图1.3所示。

调查采样地点主要为当地大型商业中心、有形汽车市场及品牌旗舰店、4S店周边。

调查时间:2012年4月~6月底

调查方式:随机拦截访问,填写调查问卷

实际采样数量:总计发放调研问卷3万份,回收有效问卷25402份。

2.3.2　服务满意度线上调查(权重20%)

通过新浪汽车、腾讯汽车、网易汽车等活动战略合作媒体刊登调查问卷。

调查时间:2012年10月~12月

实际采样数量:有效数据12016份。

2.3.3 汽车用户投诉满意度(权重 30%)

调查时间：2011 年 12 月～2012 年 11 月

调查方式：数据信息以中国质量协会全国用户委员会唯一汽车质量与服务跟踪站——车人网收集整理的汽车用户投诉为基本来源，结合企业及服务商对用户投诉的解决情况、用户满意情况等方面，做出综合评价。

实际采样数量：8407 例。

图 1.3 调查城市布局图

2.3.4 媒体暗访团投票评价（权重 20%）

评价时间：2012 年 10 月～12 月

评价方式：由新浪汽车、寰球汽车传媒旗下《汽车商报》、《中国汽车市场》等媒体共同发起，全国 20 多家主流汽车媒体共同参与的"汽车售后服务媒体暗访团"根据《2012 中国汽车售后服务行为准则》（白皮书）对汽车企业及服务商在服务承诺、服务时效、服务质量、服务收费及增值服务等方面及落实情况的暗访报道；根据车人网收集的汽车用户投诉案例，对投诉内容进行跟踪调查和暗访后进行评价打分。

暗访团成员：

网络媒体：人民网汽车、新浪汽车、腾讯汽车、网易汽车、雅虎汽车、中华网汽车、车讯网、汽车点评网、车天下、盖世汽车网、第一车网、汽车探索网、车人网、中国 SUV 网、大车网、汽车人之家、车网中国、大河车城

平面媒体：中国经营报、中国经济时报、中国质量报、中国汽车市场、华夏时报、每日经济新闻、汽车商报、北京晨报、重庆晚报、北京娱乐信报、北京商报、参考消息、北京参考

三、调查数据与分析

3.1 汽车用户服务满意度调查

3.1.1 保修政策知晓

87.6%的车主称，除厂家公布的整车保修年限与行驶公里数外，不了解具体的保修内容

及细节；仅有 7.7%的车主称，了解易损件的含义与构成。

车主抱怨主要有：

(1) 车辆出现异常时，4S 店常以该配件"不在保修服务范围内"、"虽然整车保修期未到，但该配件保修期已过"或"未按厂家规定保养，视为自动放弃保修服务权利"等说法，告知车主无法保修、只能自费修理。

(2) 对于一些通常难以界定是用户使用不当还是本身质量问题造成的损坏，如玻璃、灯泡、雨刮、刹车片等易损件损坏问题，4S 店常以"是由于车主使用不当造成损坏"为由，不予保修。

(3) 当前，只有少数汽车企业将轮胎、音响等易损件纳入保修范围，不过其保修期相对较短，不足 3 个月到 1 年，甚至更短。

调查声音：

(1) 半年多的新车在洗车时发现左前大灯灯罩下部出现开裂，裂痕有十几条，在阳光照射下尤其明显。4S 店经检查后承认属于质量问题，留底并反馈给厂家，随后厂家回复称前大灯的质保期只有 7 天，已出保，无法保修……

(2) 我去首保时，4S 店告诉我过期了，得自费。问题是在这期间与买车时，4S 店与销售部从未给我打过电话，也从未有过提醒。今天却叫交钱，合理吗？

3.1.2 服务承诺兑现

36.8%的车主表示，遭遇过 4S 店予以承诺后的不兑现行为。

车主抱怨主要有：

新车优惠缩水、节能补贴拖欠、提车日期拖延、生产日期与新车不符、维修交车慢、频繁返修、小故障不予处理及问题拖沓不回复等。

3.1.3 配件供应情况

15.7%的车主认为，车辆维修期间非常备件的等待时间过长，影响车辆的正常使用；仅有 12.8%的车主表示，有能力辨认出伪劣配件。

车主抱怨主要有：

非常备件无库存，需要订货时的等待时间偏长，甚至无法做到一次到位，需要反复订货，严重影响了车辆使用。

另外，车主清楚地知道一旦使用伪劣配件可能会造成更为严重的后果，因此对于无法保证配件质量的非指定维修站，不会贸然选择前去维修。

调查声音：

车内主驾驶座扶手内的塑料圈坏了，因为库存无货进行登记调货。过了一个月无人理，4S 店解释说来货了但没通知车主，那就尽快安装吧，结果又说调错了型号，于是继续调货。等呀等呀，又过了一个月，还是没人理，再到 4S 店，说还没货。不管怎样，这么长的时间该告知一下。又等了两个月，还是没人回复。拨打厂家 400 投诉热线，打四五六个，历经十几天，还是没人回复……

3.1.4 价格透明度

82.6%的车主认为，4S 店的配件价格及工时费没有做到透明；仅有 6.4%的车主称，了解工时费计算方式。

车主抱怨主要有：

4S 店工时费偏高，甚至高于配件费用的情况也屡见不鲜。由于不甚了解，只能默默承受。

调查声音：

去 4S 店进行车辆保养。其间 4S 店换了一根空调管。看单子发现，换空调管的材料费是 145 元，可是工时费却高达 280 元。他们居然解释说是换空调管需要 10 倍工时，我要求出示收费标准，但他们拿不出……

3.1.5　400/800 客服电话

84.6%的车主认可 400/800 客服人员的服务态度；38.7%的车主称，接到过企业或 4S 店打来的服务评价和回访电话。

车主抱怨主要有：

(1) 部分汽车企业官方网站发布的客服邮箱已停用，基本无法收信。

(2) 拨打客服电话咨询车辆问题或反映 4S 店服务问题时，客服人员通常表示会向上级汇报，之后便不了了之，很少给车主电话反馈。

调查声音：

车辆出现问题后，我主动电联 4S 店服务顾问，答复是叫我等待……再次拨打 400 客服电话，答复会催促 4S 店马上给我答复。我以为是当天会有回复，结果还是没有得到回复……再次拨打 400 客服电话，回答还是等待。我问她处理投诉是否有失效期，回答还是会催促 4S 店马上给我答复，还是叫我等待，那个回答跟录音电话几乎没有区别……

3.1.6　投诉处理

仅有 26.4%的车主表示，在车辆问题反馈后的 24 小时内会接到企业或 4S 店的反馈，而多数通常需要 3-7 天时间不等；61.9%的车主称，在向 4S 店或企业反馈车辆问题后没能得到一次性解决。

调查声音：

购车两年中，车辆出现过方向盘抖动、跑偏、车门异响、啃胎等等，经 30 余次维修，但问题依旧存在。像车门异响，就在 4S 店处理至少 15 余次，至今未果，而且越来越严重……

3.2　汽车用户投诉处理满意度调查

3.2.1　服务投诉问题

我们将汽车用户投诉的服务问题分为：服务态度问题、人员技术问题、服务收费问题、配件争议、销售欺诈行为、服务承诺不兑现及其他问题。其中，服务态度问题投诉比例最高，占到投诉总量的约 1/4；而在 2012 年有关销售欺诈、服务收费问题投诉上升明显，两者之和占比接近 3 成；此外，人员技术和更换配件争议也是常见的服务问题。具体如图 1.4 所示。

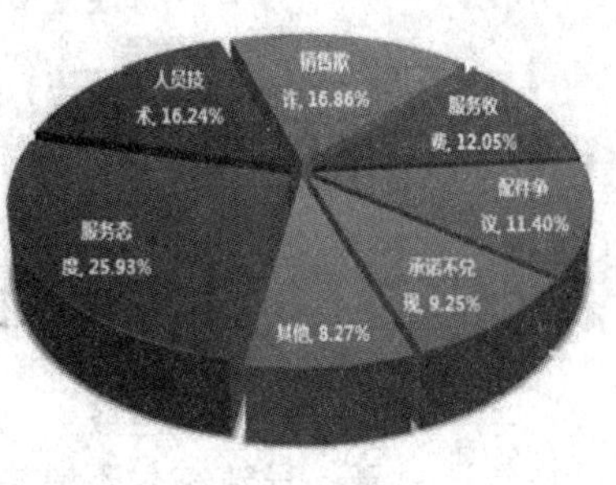

图 1.4　服务投拆问题分类与比例

1. 服务态度问题

服务态度问题是汽车用户针对服务问题投诉最多的方面，超过总量的约 1/4。多是在车辆出现质量问题后，汽车用户在与维修站甚至企业客服的沟通过程中出现问题，产生了不满情绪。这也体现出汽车用户在看重产品质量和维修结果同时，对厂家服务水平，尤其是服务站的服务要求越来越高。

特别是 4S 店,作为与车主沟通的第一道屏障,其服务质量的好坏将有可能直接影响车主的投诉与否。

2. 销售欺诈行为

由于车市销量走低,欺诈销售类投诉屡见不鲜,常见的如暗自加装配置当顶配车辆卖、二手翻新车当新车卖;购车后长期拖延不给车辆合格证,导致无法上牌;惠民补贴发放不到位等等。

而在维修保养方面,常有配件以次充好、只换不修收费高等等情况。而由于配件费、工时费偏高,计算方式也鲜有车主清晰了解,加之用户对于 4S 店的信任度并不高,便导致对 4S 店收费过高的质疑,存在认为其有欺诈行为的看法。这也导致广大汽车用户在售后市场消费时更加敏感和谨慎。而对于出现的这些不诚信行为,用户维权的要求也更强烈。

3. 服务收费不合理

对于服务收费的问题,用户反映 4S 店的维修和配件费用偏高,特别是对出保后的自费维修,一个刹车片、飞轮齿圈,动辄就是成百上千元,而对于导致故障的原因,多数车主认为是部件本身质量不过关,不应由消费者买单而导致投诉,希望能免费维修和换件。

4. 服务承诺不兑现

"服务承诺"是影响用户满意度的重要因素,与服务态度一样,是用户的最直接感受。兑现承诺和良好的服务态度往往能很大程度上提高用户满意度。相反,车辆的一次性修复率和配件更换等,在用户看来是最基本的服务要求,做好了客户认为是应该的,做不好就会引发投诉。

因此,车企及服务商应该在保证车辆修复率的基础上,尽量提升客服接待人员的服务态度,履行服务承诺,加强主动的客户回访,这将对客户服务满意度的提升大有帮助。

3.2.2 用户满意度

投诉解决满意情况是用户对汽车企业/服务站处理投诉问题的反应,分为满意、认可、不满意三种。车人网针对 2011 年 12 月至 2012 年 11 月之间的用户投诉的回访率是 71.4%。在接受回访调查的车主当中,车主满意占 21.6%,认可的比例是 37.2%,不满意的为 41.2%。统计结果如图 1.5 所示。

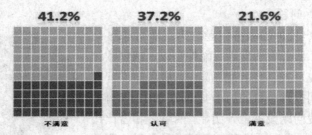

图 1.5 用户满意度调查结果

统计显示,导致车主不满意的原因主要有服务站解决态度不积极、问题处理时间久、对于车主提出的换件或赔偿要求不能满足等。

分析发现,针对用户投诉问题,除高效快捷的解决问题之外,企业是否能主动联系用户是影响用户评价的重要因素之一。客户回访是现代汽车售后服务过程中,增加用户满意感知度的重要一环。特别是针对遇到车辆问题或对服务不满的用户,不仅可以体现出厂家的服务关怀，也可以从用户口中得到有关产品最真实的信息，对于企业改进产品性能和提高服务质量起到重要作用。

3.3 汽车售后服务媒体暗访团评价

与评价中心2011年组织的售后服务总调查相比，本次调查活动的最大变化在于，首次采取了与媒体进行联合暗访，即成立"媒体暗访团"的方式对汽车企业及服务商在服务承诺、服务时效、服务质量、服务收费及增值服务等方面及落实情况的暗访报道，并以投票方式对汽车企业服务满意度进行评价，最终结果记入本次年度总评。

1. 店内服务态度感知度很好

调查中，此项是完成度和满意度评价最高的一项。

目前国内的4S店硬件水平普遍良好，服务环境舒适，功能区分清楚，员工着装干净统一，客户休息区也向着清洁、温馨方向发展，很多4S店都提供了类型多样的娱乐设施和影视观看区，尽量让客户享受到家的感觉。

2. 暗访足迹之北京博瑞汽车园

在调查过程中发现，豪华品牌和自主品牌在工时费的价格公示上存在显著差异。一些豪华品牌，如奥迪、奔驰的4S店中并没有工时费价格的公示牌；反之，一些自主品牌和相对亲民的合资品牌，比如东风标致和东风雪铁龙等都明确公示了工时费价格。

在媒体团此次暗访的9家4S店中，无一家4S店明示工时费的计算方式，更为离谱的是一汽丰田4S店的工时费是根据所做项目打包计算，打包价格的具体内容并没有详细告知广大车主。此外，媒体暗访团还对9家4S店的配件价格公示情况进行了调查。结果显示，除了奔驰4S店外，其他品牌都在店内明显位置悬挂了配件价格公示牌。广汽本田4S店在此基础上还进一步公示了配件价格的最近更新时间。

3. 暗访足迹之广州AEC汽车园

在暗访团走访的4S店中，仅有4家店内公示了工时费价格表。其中，一汽大众和长安福特公示的项目比较明确。其余品牌只是公示了部分常规保养的工时费价格。但是，这些4S店中没有一家向车主详细呈现工时费的计算方式。

同样，仅仅有四家店内悬挂了基本配件价格公示牌。在这四家4S店中，只有一家公示了配件价格的更新时间，而其余店家均未明示配件价格。只有两家4S店为车主提供了真假配件对比窗。而其余店内更多的展示窗被商家用来展示店内精品商品，并未给车主提供真假配件对比。

令人欣慰的是，暗访团走访的10余家4S店都能够按照厂家规定的流程来为车主服务，且店内的接待人员态度较好。

结论：广州AEC汽车城内的4S店整体透明度较低，很难做到让车主修车"心知肚明"。

四、调查总结

4.1 汽车售后服务评价总结

近年来，汽车企业在服务管理体系建设及售后服务保障方面确实做了大量的工作。国内主流汽车企业已构建起相对完整的售后服务管理体系及独立运作的服务品牌，并通过服务网络、配件供应网络的扩张与完善，提升针对用户的快速服务保障能力。

通过本年度汽车售后服务调查，我们找到了汽车售后服务的典型和标兵企业，这些企业在售后服务的努力有目共睹，弘扬了售后服务优秀企业的服务理念与服务精神。

但同时我们也清楚的看到，当前的汽车企业售后服务总体质量水平参差不齐，作为实际消费者的车主群体总体满意度水平偏低，汽车售后服务相关投诉量持续、快速上升。具体地讲，当前汽车企业售后服务现状存在两个趋势。

1. 汽车企业售后服务"销售化"

汽车企业售后服务愈发呈现出销售化的趋势。

一是拿服务品牌搞噱头、博眼球，成为吸引大众关注进行带动新车销售的手段。另一种是在利益的驱动下，打着服务品牌的旗号、服务用户的口号，诱导顾客更换不必要换的零配件，从而增加消费者的使用成本，出现问题，更多的对客户和主机厂进行双向欺诈，从来不会考虑服务业的发展。甚至还会有 4S 店与保险公司串通一气，不透明、不公开、不告知，以赚取用户口袋的钱为目的。

2. 汽车企业售后服务"店内化"

目前，汽车企业售后服务的关注点过于店内化，硬件设施、服务顾问等 4S 店内体验成为售后部门关注和投入的重点，而在一些可能涉及用户更多切身利益的方面却持续不作为。如前所述，对于易损件、伪劣配件的车主告知与讲堂培训，对于配件价格及工时费的公示明示，对于车辆故障处理、投诉处理及服务承诺的兑现，当前的企业服务行为与消费者的实际要求还有很大的差距。

4.2 汽车售后服务重要性

2012 年，中国汽车市场的新车销售增长创下了近年来的新低，我们也感受着汽车行业发生的变化，包括像销售、价格、制造的变化，也包括汽车"三包"、广州限购这样的市场动态。一系列的变化深刻反映出，中国汽车市场的主体正在从以新车销售为主的市场占有阶段转向售后服务为主、拼服务拼品牌的成熟市场发展阶段，可以说，下一个十年的中国汽车市场，将成为汽车企业拼服务质量、拼用户体验的全新时代。

从消费者的层面来看，在产品同质化日益严重的今天，售后服务作为市场营销的一部分已经成为众多厂家和经销商争夺消费者心智的重要领地，良好的售后服务是下一次销售前最好的促销，是提升消费者满意度和忠诚度的主要方式，更是树立企业口碑和传播企业形象的重要途径。

售后服务做的好，顾客的满意度自然会不断提高；反之售后服务工作做的不好或者没有去做，顾客的满意度就会降低，甚至产生极端的不满意。

汽车售后服务规范化关系到每一个汽车用户的切身利益。中国汽车售后服务质量评价中心希望通过每年与广大汽车用户的沟通，了解汽车行业的实际情况和服务水平，为汽车生产制造企业和经销商改进提升服务水平提供重要依据，并为消费者提供消费指引。

单元二　汽车服务企业现状分析

【案例介绍】

G 公司汽车售后服务质量的现状和问题分析。

一、G 公司简介

G 公司隶属于 GH 集团，从事本田系列轿车销售代理及售后服务工作，该公司占地面积 12180 平方米，总投资 2500 万元人民币，是严格遵照本田技研全球统一规范而建立的集整车销售、售后服务、纯正零部件供应和信息反馈"四位一体"的本田系列车型特约销售服务店。

服务项目包括：广州本田/HONDA 汽车免费首次保养服务；广州本田/HONDA 汽车定期保养服务；广州本田/HONDA 车辆索赔服务；汽车的机电、钣金、油漆、修理服务；汽车美容服务；24 小时救急、拖车服务；代办保险及保险索赔服务；免费技术咨询服务；维修预约服务；汽车精品销售与安装服务；上门保养服务(对边远地区)；定期保养提醒服务。GH 售后服务部总人数 60 余人，其中工程师 8 名，高级及中级技师 30 名，占总人数 50%以上，这些专业技师及质检员均经过广州本田专业培训及国家相关部门培训考核合格。公司备有专用急救车、客户服务车，24 小时急救热线随时准备解决车主所遇到的困难。对边远地区的车主，还提供上门保养服务。顾客的接待及休息环境明亮、舒适，电视、报刊杂志、各种饮料、糖果一应俱全，让客户自得其所；透过宽敞的全景玻璃和车辆维修状况滚动显示屏，客户对自己车辆的维修情况一目了然。

通过前面对中国汽车产业现状和维修行业服务质量的分析，不难看出对于 G 公司而言，有机遇也有挑战，虽然 G 公司现在在行业内售后服务工作情况总体居中上水平，但由于其代理的品牌特点掩饰了很多在服务质量方面的问题，因此，有必要通过对其现状进行分析，形成对 G 公司服务质量存在的缺陷和问题的深刻认识。

汽车售后维修服务基本是一个顾客全程参与的过程，服务质量的好坏取决于顾客的亲身体验。根据汽车售后维修服务的特点，我们可以看到，提高汽车售后维修服务质量的关键就在于对服务质量的评估，优化服务流程，对服务流程中可能产生的失误点进行保证设计，并设计一套行之有效的服务补救系统。图 1.6 为 G 公司汽车售后服务质量分析模型。

图 1.6　G 公司汽车售后服务质量分析模型

上述模型说明了下面几点：

(1) 服务质量评估是提高服务质量的前提，发现影响服务质量的原因，对关键因素进行分析，找出服务质量存在的差距，才能有的放矢地提升服务质量。

(2) 在质量因素评估的基础上进行服务流程分析，这是汽车售后服务质量的关键。拥有一个完善的服务流程不仅能够主动减少服务质量事故发生的可能性，增强企业的控制能力，而且可极大地提高顾客感知的整体服务质量。

(3) 分析了公司的服务流程后，还应该对流程中容易出现服务失误的关键点进行研究，以求将汽车售后服务中可能出现的失误降低到最小。

(4) 任何组织都不可能百分之百地确保不发生任何服务差错，一旦差错出现，就意味着服务失败，为消除质量事故所带来的顾客不满，必须设计行之有效的"补救服务"。

(5) 员工提供的实际服务与顾客的服务需求能否符合，需要严格遵照流程要求。注意对关键点的控制，及时实施服务补救，这样才能提供优质的服务质量。

二、G 公司售后服务质量衡量

顾客感知服务质量是决定企业服务质量的重要因素，但是，在关注顾客的同时，不能忽视了企业在服务质量形成过程中的作用，因为企业不只是作为服务提供者在互动过程中产生作用，其自我认识、自我评判标准也决定了企业服务质量的高低。从前文对中国汽车维修市场和 G 公司的具体情况分析中不难看出，中国汽车维修市场缺乏话语权，顾客缺乏知情权。具体体现在 G 公司上，就是企业没有自己的服务质量评价体系，一切质量标准和运作模式都是厂商由国外引入的。而因为这种体制的原因，顾客也被迫遵守由厂商制定的运作规则，对于自己应该享受的服务标准与内容并不知情，所以，对 G 公司的服务质量衡量采取从顾客感知服务质量和公司服务质量自我评价两个角度进行，目的是对后面的质量差距和流程等分析工作提供数据支持。

G 公司 2012 年 1 月用户满意度调查情况如表 1-4 所示。

表 1-4　G 公司 2012 年 1 月用户满意度调查情况

满意度	等待维修	用户接待	故障诊断	估价	说明	结算交车	维修质量	跟踪服务	总评
自店得分	8.6	8.9	8.56	8.2	8.5	8.7	8.4	8.2	82.85
全国平均	8.7	8.7	8.2	7.7	8.2	8.2	8.4	7.6	81.3
单项最佳	10	9.9	9.75	9.1	9.7	9.8	9.8	9.7	

G 公司 2012 年 1 月用户满意度比较图如图 1.7 所示。

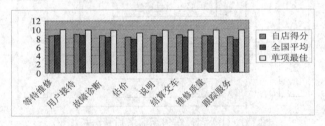

图 1.7　G 公司 2012 年 1 月用户满意度比较图

三、G 公司服务流程分析

G 公司顾客服务流程图如图 1.8 所示。

良好的服务流程设计是规范员工、引导顾客的有效手段，对各部门服务质量问题的分析也需要从基本服务环节出发，因此通过对 G 公司的服务流程进行详细分析后，发现存在的问题主要是部分阶段的服务环节有遗漏，部分工作内容与执行人不匹配，部门之间缺乏有效的沟通，具体到每个阶段的服务流程及要点分析如下。

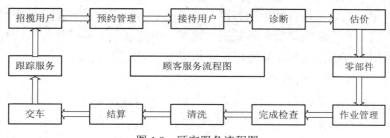

图 1.8　顾客服务流程图

1．招揽用户

招揽用户过程中的不足之处及改进方法如下。

(1) 由市场部通过广告宣传方式进行广泛招揽；由售后服务信息员对管理内用户进行定期保养电话招揽。在这个阶段，公司忽略了销售部的职责，其实影响管理内用户数量的一个重要部门是销售部，他们是很大一部分顾客的首要接触者，对顾客信息的了解与收集更为准确，并且他们的专业素质直接影响到首保的实施率，当然也影响到后续的客源。

(2) 联系形式单一。从定期保养成功率低下可以看出电话预约的效果不够好，沟通内容简单，因此可以搭配预约通知函的形式，延长与顾客交流沟通的时间，让顾客对公司的服务印象更深刻。售后部信息员在对客户进行定期保养的招揽过程中，一定要对定期保养的好处进行专业宣传，注意消除用户的不安全感，建立信任关系。

2．预约管理

(1) 公司在预约管理流程中缺乏预约邀请。由信息员和前台接待员负责受理用户的预约，前台人员负责管理，并且对预约客户要优先安排诊断和作业。因为开展预约是解决业务量分布不均、避免高峰拥堵、减少用户等车时间、增加用户满意度的有效途径，所以预约已逐渐成为特约站服务流程中最重要的环节之一，预约用户也日益在特约站的业务中占据重要位置。在预约工作开展相对较成功的特约站，预约量已经达到 30%，而德国的特约站，预约用户已达到 60%～70%。另外，开展规范服务、标准化作业也能有效提升服务水平、提高服务效率。

(2) 顾此失彼。要在预定交车时间内完成工作，这是对所有顾客的承诺。优先安排预约客户的时间，也要在不影响其他已承诺顾客时间的前提下完成。

(3) 忽略了车间人力确认环节。对预约管理来讲，满足顾客需求的前提是车间有空余生产力，否则承诺只能是空谈。

3．接待管理

(1) 接待管理准备阶段的任务不完整，准备阶段只强调头天下班前对文字资料和工具做好准备，而对当天车间维修车位现状，第二天的预约维修情况，前天的遗留工作等都没有详细要求，这些因素的遗漏势必会影响到服务质量。

(2) 在引导顾客前往接待台和决定要做工作之间，差了一个环节，即前台人员应调出顾客档案，快速浏览顾客的维修记录，对其车辆状况有较全面的掌握，必要时应打印出来，便于和顾客甚至维修技师一同进行车况诊断，做出正确判断。前台人员的工作实际是详细了解顾客所遇到的问题和顾客希望接受的服务内容，这需要服务顾问具有熟练的聆听技能和提问技巧，正确的问题将有助于把握汽车的真正症状以便向修理技师做出解释。而公司对前台这方面的要求更多的是聆听和记录，这样一方面加大了修理技师的理解难度，而且耽误了维修时间，有可能顾客还需要再对技师描述一遍问题与需求。

4. 诊断

无需路试诊断的，由前台人员安排好顾客后，制作管理卡牌，将车开进车间，连同问诊表、管理卡牌交给调度，直接由调度安排技工诊断；需要路试诊断的，由前台将问诊表、管理卡牌交给调度，由调度安排有路试资格的人员到接待处和顾客面谈并一起路试。就 G 公司 2014 年的操作流程看，前台人员与诊断人员之间缺乏顾客维修档案记录内容的沟通。诊断人员要对顾客的车辆有准确的认识，以前的维修记录会有一定的帮助。

5. 估价、估时

由前台人员根据作业项目和收费规定，逐项估计修理费和零件费并根据作业量大小和车间实际情况确定交车时间，必要时与车间调度一起确定。

(1) G 公司在这个阶段缺少了维修方案设计环节，因为在维修项目确认并取得客户认同后，如何设计出科学、高效、经济的维修工艺技术方案，是服务质量高低的又一体现。其指标是在满足相关技术质量标准的前提下，尽最大可能地降低客户的货币成本、时间成本和精力成本。所选方案应当向客户耐心讲解，取得客户认同，从而，"合理"的计费预案也就产生了。这是重要的服务环节，客户在这个过程中往往会改变他的预求目标和衡量标准，这同时也考查了企业的服务水平、实力和诚信程度。

(2) 从 2012 年 2 月维修前价格说明的调查结果看，存在着执行不足，公司在业务流程上缺乏监督机制。可采取一定的方式加强顾客的监督。因为维修车辆的工时费是确定的(除外表外)，而零件费可能会因为零件部门没有存货而无法当场确定，但是在前台人员与零件部交涉的环节上只是口头联系，没有书面文字说明，这很容易使各部门之间互相推诿责任。

6. 作业管理、作业、完工检查、清洗车辆

公司的要求是由车间调度安排合适的作业班组进行作业，并将作业班组号通知前台人员；车间调度负责作业进度确认，并及时与前台联系；前台人员负责检查作业进程，如有变化，及时通知顾客；由车间负责车身保护，故障核实，车辆维修，如有作业内容变动，及时通知前台；前台联系顾客，取得顾客同意；作业班组自检、互检合格后，由总检员检查，如合格交清洗组，如不合格，通知调度返修；清洗组负责清洗车辆，并将钥匙交与前台；由前台负责检查洗车质量。质量控制用检验的方式固然能发现问题，但公司的互检程序形同虚设，也就是把质量控制力度放在了自检和总检阶段，产生这种问题的原因，一方面是员工的质量意识不够，还有就是在经济上没有相应的奖励和惩罚制度。另外，由于当今汽车检测诊断技术属不解体状态下的检测诊断技术，发展至今仍还存在局限性，对车辆实际存在的故障或隐患还不可能完全地在这一环节中予以确认。一些车辆新的故障和隐患是在下一步的拆解中得以发现的，但是因为顾客不在现场，而如果仅由前台与顾客电话联系确定，容易发生顾客怀疑从而不予承认事件。

7. 结算、交车

流程要求由前台准备和确认交给顾客的资料，通知顾客取车，并告诉顾客最终费用。由前台向顾客解释维修情况与费用，展示所做工作的质量，提醒顾客保养、检查时间，陪

同顾客去收银处交费，送别顾客。相比较之下，国外很多维修企业在这个阶段会由该车的主修技工与顾客见面，解释维修过程，回答顾客疑问，特别对顾客维修后的车辆使用问题要给顾客详细介绍，因为他们对车况更为了解，而且对于车辆保养知识比较缺乏的顾客来讲，这样也会保护他们自身的安全，延长车辆的使用寿命，相应地提高顾客满意度。

8. 跟踪服务

公司 2014 年的跟踪服务是由市场部负责的，通过电话回访，确认维修效果，征求意见，输入计算机系统。如顾客不满意，填写好《服务跟踪意见反馈单》后，交由前台主管负责处理。前台主管负责整理、统计和跟踪，并上报服务经理针对存在的不足制定改善方案并实施。其实市场部人员对于车辆维修状况、顾客信息从始至终并不了解。这样，彼此之间沟通有障碍，反馈的信息就可能会出现偏离，有些问题本来可以直接电话解决，只因为接触的人员增加，可能会影响整个服务的效果。前台主管对于该车状况和顾客情况也不了解，对反馈信息的了解应该是前台人员的责任。作为前台主管应该只是统计信息情况，对于重点问题进行分析，并提交报告给服务经理。

四、G 公司质量保证分析

G 公司对服务质量的管理更多采取的是质量跟踪的方法，主要是以服务提供者为主，因此质量保证的效果不佳。并且从前面对顾客感知服务质量分析中也可认识到这种方法无法消除顾客的不满意因素，而如果采用的是缺陷预防法，一方面可以节约成本，因为它只需要一些软件或程序性的手段就可以实现，另一方面它可以从服务提供者和顾客两个不同的角度出发来考虑。

服务保证设计法源于制造业，若将其应用于服务业，还需先区分制造业与服务业的不同生产特征。其主要有两个方面的区别，一是服务业必须将顾客的参与行为考虑进来。作为维修企业，在服务提供中，顾客是作为"合作生产者"出现的，他们也可能出现"生产错误"，而在制造业中则无此可能性。二是服务业中顾客与服务者发生接触的方法有多种，因此，服务保证设计法重点应用于服务的前台区域，即服务接触区。服务中的保证设计按错误发生的主体不同而分为两类：服务者保证设计和顾客保证设计。服务者保证设计可被进一步划分为服务任务型、服务接待型和有形因素型。而顾客保证设计则可分为服务接触前型、服务接触中型和服务接触后型，如图 1.9 所示。

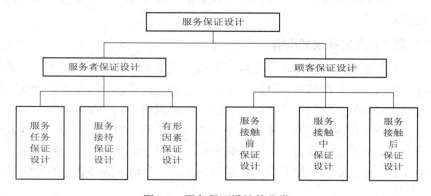

图 1.9　服务保证设计的分类

1. 服务者保证设计

服务任务中出现错误十分常见，如 G 公司没有在预定交车时间内完成维修项目，主要是由于这种工作的服务任务发生了下列错误：工作程序不对；顾客没要求维修的内容却在任务中出现；工作日程安排错误等。服务接待过程中由于前台人员的不小心或其他原因也会出现失误。这些失误包括不能及时将信息传递到消费者，没有认真地听取顾客的服务要求，对顾客的要求做出了不正确的反应。在提供有形因素方面也有犯错，如设施的清洁度差、制服不干净、车辆没有完全清洁、服务文件不清楚等。

2. 顾客保证设计

在服务接触发生前，顾客可能会犯错，如没有携带必要的文件或其他材料，时间紧迫而没有提前预约。服务接触时顾客可能由于注意力不集中、误解或忘记等原因发生错误，如没有清晰地表述车辆状况，未能明示自己的特殊服务要求等。服务接触结束后，顾客一般会回顾和评估这一段服务体验，调整对下次服务的期望，有时还会反馈一些意见给公司。在这一过程中，顾客会犯一些错误，如预留电话无法联系，不愿意指出服务失误，不能采取正确的维修结束后应有的行动等。

【知识点】

一、目前汽车服务企业的现实困境

目前国内汽车行业正处于巨变之中，作为汽车行业一部分的汽车服务企业，大都面临许多困境，面对市场的变化，不知如何应变。下面就汽车服务企业面对的困境进行分析。

1. 汽车服务企业自身定位模糊

企业处于自身发展的什么时期？处于局部区域市场的什么位置？核心竞争力是什么？企业营运状况如何？作为汽车服务企业的管理层，应该为其所在企业设定一个清晰的市场定位，因为只有找准企业所处的位置，才能够为企业设定符合自己发展的良好规划。

国内的多数汽车服务企业没有制定全面的发展策略，内部服务项目不够全面，新项目的规划运作不太合理。他们仅仅是靠差价赚取利润，而不是根据企业的特点、客户的需求引进新产品和新项目以促使企业全面发展。汽车服务企业没有形成具有自身特色的服务模式，其经营管理模式、业务流程和岗位的设置都没有进行针对自身特色的设定和修改，仅仅是照搬成形的模式。

2. 汽车服务企业发展规划不清

许多汽车服务企业没有设定未来三年、五年乃至未来十年的发展蓝图。许多管理者抱着走一步看一步的想法和能赚多少就赚多少的态度来运作自己的汽车服务企业。每个人，要有自己的理想和目标，作为企业更要有自己的发展规划。汽车服务企业，只有制定合适的发展规划，才会有前进的道路，才会在企业内部形成向心力，才能最大化地发挥团队协同工作的能力，才能稳定企业员工，减少流失率，从而一步步实现企业的目标。

制定企业的发展战略，一般而言，要根据企业的实际情况选择合适的发展战略。

3．汽车服务企业对外合作单一

目前大多数的汽车服务企业把 80%以上的精力放在与上游生产厂家的合作上，除此之外，与其他行内同业者合作很少。汽车服务企业与上游厂家的关系是合作关系而非伙伴关系。汽车服务企业应该与同一区域、同一品牌、竞争品牌、不同模式的企业都有合作关系，关键是如何设定计划去把握。因为存在的就是合理的，存在的就会有其特点，所以每个汽车服务企业都应该从行内其他企业身上学到别人的闪光点，并拿来使用，采用适合自己企业的措施和方法，促进企业更快地进步。比如：大的美容装饰店系统化、流程化的美容装饰服务项目，音响店内成熟化的音响改装，快修店内特殊的轮胎机油更换服务，汽车 4S店内舒适的客户休息场所，大修厂与单位客户良好的合作关系等。如果每个汽车服务企业都能够放下自己的身段，谦虚地向其他企业学习，不仅会提高自己企业的竞争力，而且会提升整个汽车服务企业的平台，让汽车服务整体平台提升一大步。

4．汽车服务企业内部管理混乱

汽车服务企业缺乏内部流程化管理，大部分靠一两个专业人才管理和运作。如果发生中高管理层辞职的情况，该企业最少在半年内都处于动荡之中。同时，在内部管理中没有设定程序化、系统化的管理，导致人浮于事，缺乏凝聚力和向心力。

汽车服务企业员工内部争斗激烈，缺乏团队合作精神。随着行业的进步，汽车服务行业也在发展进步，但在许多的汽车服务企业中，部门之间、部门内部、企业上下层之间，以及股东之间形成较强的内部争斗，缺乏同心协力一起向前的团队精神。

5．汽车服务企业大部分靠经销品牌赚钱

汽车服务企业经营状况的好坏，60%依赖于所经营的品牌，品牌好就赚钱，品牌不好就不赚钱。同时同一品牌不同的汽车服务企业还得依赖其与厂家的关系，关系好厂家给予的相关资源就多，利润的空间也越大。汽车服务企业，应该学会逐步建立自己企业的知名度和美誉度，逐步从靠经营品牌盈利向靠自己的服务盈利过渡。

6．汽车服务企业的经营成本偏高

汽车服务企业的经营成本有：前期的固定投入、折旧成本、日常的运营成本、对外的公关成本、内部专业的人才队伍素质不高和团队不稳定造成的偏高的人才成本，同时日常还会发生不可预计的损坏成本，这些都会造成成本偏高。

7．汽车服务企业领导层缺乏紧急事件的应对能力以及自身修炼能力

汽车服务企业的决策层没有给企业制定紧急情况的应对措施，如果发生紧急事件，应对起来非常棘手，也比较混乱。汽车市场在进步，汽车行业在巨变，汽车服务企业决策层只有不断地进行自身能力的修炼，才能应对市场的变化，才能在市场竞争中站住脚。

二、汽车服务企业应对市场变化的措施

处于国内汽车行业巨变中的汽车服务企业，如何根据现有的竞争局势去寻找自己的发展空间？面对当前激烈的竞争环境应该实施哪些举措？如何做大做强自己的企业？如何将企业经营得与众不同、特色鲜明？汽车服务企业的决策层针对上述问题，应该制定合理有效的，并且适合自己企业的应对措施。

1. 设定企业未来中长期的发展目标，制定比较完善的发展规则

对于汽车服务企业，如果没有自己的发展目标和计划，就如同无头的苍蝇，到处碰壁；就会导致军心涣散，员工离职率较高，客户满意度降低；最后导致大量客户流失，企业将会面临倒闭的危险。

任何汽车服务企业，都要根据自己的实际情况，结合当地以及当前市场的实际情况，制定自己企业短、中、长期的发展目标，并在不同的阶段，制定合理的发展规划。比如在发展初期，应该设定达到盈亏平衡点的时间，制定内部的激励措施，进行成本分析、计算折旧等。进入盈利阶段之后，应该考虑内部的核算措施是否应该修订，内部的激励措施是否应该调整，内部的折旧计算是否应该加快等。如果企业已进入稳步发展阶段，那管理层考虑是否应该扩大规模，是否消减成本，是否应该建立更加稳重的发展措施等。

如果汽车服务企业仅有不到三个店面的经营规模，建议企业发展到成熟阶段之后，要么直接转让；要么对其他汽车服务企业进行收购，形成自己的集团规模；要么加入大的集团，自己占有部分股份。因为当汽车行业发展到一定时期之后，汽车服务企业仅仅靠自身的力量将无法应对市场的变化和竞争对手的冲击。

2. 与合作伙伴建立共赢的战略合作关系，共同挖掘汽车行业的大金矿

汽车服务企业最关键的是要与上游生产厂家建立合作共赢的伙伴关系。汽车服务企业不仅要学会与直接负责自己企业的区域负责人建立良好的合作关系，而且还要与上游厂家的管理高层以及市场部等其他部门建立良性的互动关系。这样便于了解上游厂家未来的发展规划和战略决策以及现在的市场措施，以便企业设定与之匹配的运营计划、制定合适的运作措施，力争成为上游厂家树立的样板企业，或者成为上游厂家新策略运行的试验田。无论是样板间还是试验田，自己企业都将获得许多额外的支持，汽车服务企业的管理层也将结识许多上游厂家的管理层，从而形成合作共赢的良好关系。

汽车服务企业可以通过在竞赛中获奖、在单一项目中获得好的排名、事件营销或通过提供良好的建议等手段加强与上游伙伴的合作关系，同时进一步得到上游厂家市场部和管理层的重视。

3. 加强内部系统化管理，实现管理流程化

(1) 树立以客户服务为中心的经营理念。客户是上帝，企业经营得好坏，很大程度上取决于客户。

(2) 努力打造企业的服务品牌，从汽车服务这个产品的创造者——企业员工身上着手。从企业的经营理念、企业文化、服务意识、服务态度、服务专业水平和专业技术等多方面对员工进行培训，且企业应建立一套完整的服务培训体系及相关的教材。培养团队中的经验分享和共同提高氛围，可分销售、客服、维修和美容加装等团队小组进行成功案例分享会，要求大家对工作进行总结、交流和提升。保持服务团队的稳定性，因为优秀服务人员的流失，会造成公司的顾客流失，这对公司是一个莫大的损失。公司要从员工的待遇、培训晋升和激励制度等方面服务好员工。汽车服务企业要树立"只有公司服务好员工，员工才会服务好本公司的顾客"的理念来打造服务团队的稳定性。

(3) 加强客户关系管理，留住老客户，增加新客户。挖掘客户资源，建立客户关系管理系统和相关的管理制度并提高执行力，做好顾客由销售客户及时转化为售后客户的工作，对客户做到有效的沟通和管理以及及时有效的"一对一"服务。

（4）严格控制成本和费用。要在全员中树立成本观念，将成本和费用控制指标化，直接分到相关责任人，同时建立相应的激励政策，将成本与费用的控制与员工的奖金必然地联系起来。

（5）要使汽车服务企业的利润来源多元化，除了车辆销售利润之外，要加强售后服务——维修、保养和美容加装，特别是美容装饰等方面的利润来源。深入挖掘与汽车相关的服务，增加新的服务项目，做到人无我有，人有我精。另外二手车交易也可以作为利润的增长点。

（6）建立售后服务专家顾问团队。售后服务顾问团队的水平直接关系到企业的维修业务量，要从服务态度、专业水平、产值和接车台次等方面制定相关的激励政策，提高服务顾问的积极性和业务能力。

（7）打造和培养维修保养明星工程师。汽车服务企业不仅要激励和评比销售方面的人才，也要对汽车维修工程师加大评比和激励力度。可以通过打造维修服务明星工程师，向客户展示优质的维修技术和服务水平。这有助于企业美誉度的提升，减少汽车维修保养方面的投诉，打消客户的顾虑，促进店内维修保养量的稳步增长。同时加强内部激励制度建设，对于维修车间的管理制度，厂家都有详尽的规定，但制度的执行力则不尽相同。特别是维修保养车间，要向顾客展现本店的服务、技术水平。维修保养车间必须按要求将看板管理、工艺流程、质量监控、工具机及物料管理等方面融入到日常经营活动中，使之成为维修车间的行为习惯，这样顾客才能感受到服务井井有条、工作有节奏，也就自然放心在此消费。

（8）加强对企业各团队成员的培训，提高其技术能力和执行能力。加强销售培训、客户服务培训、投诉处理培训、增值服务培训、公关培训和市场推广宣传培训等，以提高企业整体的能力和水平，从而提高企业的竞争力。

（9）加强各部门之间和部门内部沟通，尽量减少内部矛盾与斗争。制定各部门的奖励制度、定期(每年一个月)轮岗制度(特别是非技术岗位)和各部门负责人轮流主持的月会制度；制定针对不同层面和不同目的的奖励制度；定期进行各部门中层之间、部门内部或全体成员聚会，增进员工的相互沟通以减少矛盾。

（10）努力打造自己的服务品牌。在服务企业内部可以为知名的维修、保养、美容、装饰、汽车电器和汽车音响等品牌设立单独车间，适时地建立自己品牌的维修保养装饰分店体系，逐步打造自己的品牌。

4. 汽车服务企业内部人力资源的全面提升

（1）经营者需要更多地深入了解行业，分析产业政策，建立正确的营销理念，掌握汽车营销手段，全面了解汽车上、中、下游产品及相关服务的运作，如信贷、保险、租赁和置换等。经营者也需要不断调整产品和服务策略，以引导或适应消费需求的变化。

（2）管理者需要建立目标管理体系和绩效评估系统，并贯彻实施。除此之外，必须学会成为一名出色的教练，这需要有销售服务的基本功、很好的团队管理工具、较高的销售技能、到位的员工培训技巧，同样需要合理的人际关系处理艺术。

（3）员工，不论是产品销售者还是服务者，都必须全面了解产品，这就要求你要有一定的技术基础，还必须了解顾客心理，并且具备销售或服务的技能技巧。员工只有充分了解产品，才能成为产品专家，专家卖产品无论如何都不易失败。

5. 设立系统的服务补救方案，提升客户满意度

汽车服务具有无形性、异质性、不可复制性以及生产与消费的同时性等特点。在服务的过程中，难免会出现一些令车主不满或引起车主投诉的事情发生，这就要求汽车服务企业制定系统的服务补救方案，当出现服务失误之后，采取系统的服务补救措施，纠正错误，提升客户的满意度，从而提升企业的口碑和形象。

对于服务失误，无论是企业的内部原因，还是客户方面的原因，或者是不可分辨的其他原因造成的，汽车服务企业都要针对三个原因造成的失误制定三个灵活机动的处理方案，力争第一时间内进行服务补救，使客户满意，同时也避免给自己企业造成较大损失。

6. 设定一套紧急情况处理方案，应对突发事件

对于突发事件的发生，需设立突发事件应急处理小组，可由总经理、服务经理、销售经理、财务经理、客户关系经理、对外合作专员和技术总监等组成。对于发生的突发事件，视事件的性质来确定小组的组长，但尽量由客户关系经理担任组长。设立一套事件处理流程，具体限定当事人、中层主管、总经理和应急事件处理小组有多大的权力，在何种情况下要向董事会汇报，何种情况下要向厂家汇报。对于这些问题，均应制定相关的制度和措施。

三、汽车服务企业的危机预防与处理

汽车服务企业的经营活动总伴随着企业与外部世界的交流以及内部员工与股东利益的调整行为。由于不同的企业与企业之间、个体与个体之间、企业与个人之间的利益取向不同，从而不可避免地导致它们之间的各种冲突。

汽车服务企业的危机管理就是对企业的公关关系危机的预防和处理。汽车服务企业在日常的经营活动中，必然要处理其与消费者、媒体、合作伙伴、政府相关部门等不同部门之间不同类型的关系，这就是公关。

当一个汽车服务企业与公众的关系恶化到对企业自身的机构构成重大破坏性的威胁之后，危机管理的作用就会开始显示出来。在目前汽车市场逐渐成熟，消费者日趋理性，国家尚没有汽车赔偿的相关法律文件的情况下，汽车服务企业危机管理的重要性也逐步开始显现。

如果说"汽车服务企业危机"一词对大多数汽车服务企业中高层管理者来说比较陌生的话，那么对"3·15曝光"、"企业员工罢工"、"商业机密泄露"、"行业监管封门"、"媒体曝光"、"客户抱怨堵门"、"客户当众砸车"、"车辆自燃"、"车辆失控事故"、""税务特别稽查"、"债主聚众上门催债"等一定不会陌生。事实上，上面这些词汇就是对汽车服务企业在经营活动中所面临的危机的描述。另外轰动国内行业内外的"锐志漏油事件"、"雅阁拦腰折断婚礼门事件"、"霸道广告事件"等，汽车行业人士都不会忘记。中国汽车服务企业正在经受着这些问题的考验，其中部分汽车服务企业更是因此造成严重损失。

当汽车服务企业面临各种危机时，不同的危机处理方式将会给企业带来截然不同的结果。成功的危机处理不仅能成功地将企业所面临的危机化解，而且还能够通过危机处理过程中的种种措施增加外界对企业的了解，并利用这种机会重塑企业的良好形象(即所谓的因祸得福)，化解危机。与此相反的是，不成功的危机处理或不进行危机处理，则会将企业置于极其不利的位置：以新闻媒介为代表的社会舆论压力将使汽车服务企业形象严重受损；危机来源一方的法律或者其他形式的追究行动将使汽车服务企业遭受巨大的经济损失；汽车

服务企业员工因为无法承受危机所带来的压力而信心动摇甚至辞职；新老客户纷纷流失等。

1. 汽车服务企业危机产生的背景

作为危机管理的核心，危机处理工作的成果决定着企业在危机中的命运，这就是汽车服务企业之危机管理。

所谓汽车服务企业危机管理，就是指企业在经营过程中针对其可能面临的或正在面临的危机，就危机预防、危机识别、危机处理和汽车服务企业形象恢复等行为所进行的一系列管理活动的总称。具体说来，汽车服务企业危机管理包括以下几个主要内容：

1) 汽车服务企业危机预防(事前管理)

(1) 危机管理意识的培养；

(2) 危机管理体制的建立；

(3) 危机管理资源的保障；

(4) 危机管理技能的培训。

2) 汽车服务企业危机处理(事中管理)

(1) 危机信息的获取传递；

(2) 危机处理机构的建立；

(3) 危机事态的初步控制；

(4) 危机事件的全面评估；

(5) 危机处理计划的制定；

(6) 危机处理计划的实施。

3) 危机恢复管理(事后管理)

(1) 危机处理结果的评估；

(2) 恢复管理计划的制定；

(3) 恢复管理计划的实施。

汽车服务企业危机管理是企业经营管理活动中不可或缺的一个环节。国外的大公司一般都设有专门的危机管理机构，且其主管大都是由公司首席执行官兼任。这些危机管理机构中的大多人员都是兼职的，而且绝大多数都是公司部门主管以上人员和公司外聘顾问。这样的组织结构保证了企业在面临危机时的反应速度和效率，从而确保了对危机事件的成功解决。而在中国的汽车服务企业里，基本上看不到这样的组织机构存在。在中国汽车服务企业高层的眼里，企业危机是无法预测和管理的，因此不可能为此设立专门的管理机构，当然也没有这方面的人才准备。所以，一旦发生危机事件，国内的汽车服务企业领导层往往会六神无主，惊慌失措，继而导致应对失策，全盘皆输。

2. 危机管理的预防

危机管理之功夫，不在处理，而在于预防，正所谓防患于未然。虽然说任何汽车服务企业都可能遇到危机，但是这并非说危机不可预防。而事实上，几乎所有的危机都是可以通过预防来化解的。一般说来，危机事件的发生多半与汽车服务企业自身的错失有关，或是因为违反法令，或是因为不解民情，或是因为管理失当，或是因为产品、服务缺陷所致。当然，其中偶然也有因政府行政过失，媒介妄言轻信，或车主贪婪鲁莽而起，但多数还是根在汽车服务企业，责在自身。正因为如此，汽车服务企业才应该通过预防措施，减少甚至杜绝危机事件的发生。

危机预防之功夫，重在教育和培训。汽车服务企业的任何行为都是通过人的行为来实现的，因此对企业员工进行危机管理教育和培训就显得十分重要。而危机管理教育之先则在于危机管理意识，也就是说让所有汽车服务企业员工都明白危机管理的重要性和必要性，提高员工对危机事件发生的警惕性；其次则在于培训员工的销售和服务技能，保证汽车服务企业产品和服务的质量；再次则为培养员工的团队合作精神，即与同事合作，减少内部摩擦；增加与政府相关机构的合作，减少汽车服务企业违反汽车行业相关法令的可能性；与商业伙伴合作，减少与伙伴的争执与纠纷；确保与车主良性互动，减少车主对企业产品和服务的不满与抱怨；与新闻媒介合作，减少媒介对企业的误解与曲解；最后便是辅导员工要以大局为重，避免因小失大。

危机预防之功夫，也在于企业保障。符合危机管理要求的企业保障，要求汽车服务企业在进行内部架构设计时，必须考虑到以下几个问题：

(1) 确保组织内信息通道畅通无阻，即汽车服务企业内任何信息均可通过企业内适当的程序和渠道传递到合适的管理阶层。

(2) 确保企业内信息得到及时的反馈，即传递到企业各部门和人员处的信息必须得到及时的反应和回应。

(3) 确保组织内各个部门和人员责任清晰、权利明确，即不至于互相推诿或争相处理。

(4) 确保组织内有危机反应机构和专门的授权，即组织内须设立危机应急处理小组并授权其在危机处理时特殊的权利。如此一来，组织内信息通畅，责权清晰，一旦发生任何危机先兆均能得到及时的关注和妥善的处理，而不至于引发真正的危机。

危机预防之功夫，还在于资源准备。汽车服务企业的资源准备分为人力资源和财力资源两个部分，但其中最为关键的是人力资源准备。处理危机事件，关键在人，而不在物或其他。人力资源的准备既要有汽车服务企业内部的人力资源，也要充分利用社会上的人力资源。汽车服务企业内部的人力资源准备主要集中在建立企业自身的管理团队，其中包括产品的技术专家、服务经理、销售经理、客户关系经理、总经理、法律顾问和谈判能手。而外部人力资源的准备则在于行业专家、银行高层、媒介精英、政府官员和专业公关人士等。由于危机处理对于参与人员的素质要求很高，如果不能提前储备这些人员，就很难在危机发生时找到合适的人员，从而延误战机和导致危机处理失败。

汽车服务企业应该建立危机预防与处理机制，并成立危机预防与处理小组，由总经理任组长，客户管理经理任协调员，另外还应加入销售经理、服务经理、技术主管等定期召开危机预防与处理会议，并制定公司危机的处理程序，指定相关的责任人，尽量把潜在的危机提前进行化解。

3. 危机管理之危机的处理

危机处理是危机管理的主要环节。一旦汽车服务企业发生危机事件，危机处理就显得极为重要，因为它事关汽车服务企业的生死存亡。比如，有VCD之王称号的爱多集团在其隆隆巨轮辗过大江南北时却因为一个传言而导致巨大损失；如三菱帕杰罗拒不召回事件，车主砸奔驰汽车事件。相反，天津史克和爱立信中国公司则分别在其面临危机事件时，沉着应对，巧妙周旋，最终化解危机，并重塑了形象，赢得了宝贵的胜利。回首往事，真可谓前车之鉴，后事之师。

危机处理是一个综合性、多极化的复杂问题，汽车服务企业在进行危机处理时，必须遵循如下一些基本的危机处理原则：

(1) 高度重视，高层躬亲，不能掉以轻心，麻痹大意。

(2) 及时反应，及时处理，不能拖拖拉拉，贻误战机。

(3) 高瞻远瞩，顾全大局，不能斤斤计较，因小失大。

(4) 合理合法，有取有舍，不能以非抑非，无视国法。

(5) 亡羊补牢，整顿提高，不能伤好忘痛，一犯再犯。

汽车服务企业在遵守上述处理原则的同时，还须按照合理的程序来处理危机事件，方可做到临危不乱，张弛有道。

4. 汽车服务企业危机处理如何借用外力

很难想象每个汽车服务企业都能建立起一套行之有效的危机管理体制并储备足够的危机处理资源，当然这主要是指人力资源，但几乎每个汽车服务企业都可能会遇到危机事件。如此一对矛盾存在，自然也就孕育了一个充满生机的危机管理中介服务市场，这也符合当前社会分工日渐专业化的趋势。虽然目前中国危机管理专业服务市场尚不发达，但显然已有汽车服务企业注意到了这个商机的存在。一些公关公司、管理顾问和咨询公司也推出了危机管理服务项目，其中重点是危机处理服务。

一个成熟的专业化危机管理服务机构，其核心资源仍是其人力资源和关系资源。人力资源部分应至少包括法律专业人士、管理专业人士、谈判专家、媒介管理精英、政府关系管理精英等；而其关系资源中则应包括著名专家学者、社会知名人士、政府离休高官、社团领袖和一流管理者等。

汽车服务企业在无法或没有建立专门的危机管理体制时或自有的危机体制无法发挥作用时，可以充分借用外力即专业的危机管理服务机构来为企业提供危机管理或危机处理服务，以避免因自己无力处理而勉强为之从而带来的巨大损失。一般情况下，专业机构的服务水准高于汽车服务企业自身的水平，因为专业人员有更丰富的经验和专业素质，而且他们在处理危机时不受情绪的干扰，这是汽车服务企业自身危机处理小组较难做到的。

任何企业和个人都无法阻止危机的发生，任何危机都会遵循一个原则——事后控制不如事中控制，事中控制不如事前控制。如何做到事前控制呢？这就需要汽车服务企业具备预防危机发生的方式、方法，并形成制度。以下是危机处理的预防措施。

(1) 对每一次投诉、抱怨都必须立即着手处理，不要推诿，且一定要处理好。抱怨常常对客户满意度产生破坏作用，并损害经销商、员工和品牌的声誉。

(2) 无论客户的投诉是否有道理，哪怕是最微不足道的抱怨，也不能听之任之。

(3) 即使时间紧迫，也应该以平和的方式让客户把话说完，并仔细倾听。

(4) 如果客户抱怨的声音过大，应礼貌地打断客户，将他们带到合适的房间。

(5) 对于非常激动的客户，可以通过巧妙的提问(最好通过"W"问题：什么时候，哪里发生，怎么发生等)引导他们对问题本身进行思考，从而使他们的情绪冷静下来。

(6) 对于合理的抱怨，不要立即寻找责任人，而应该对客户的问题表示理解，并且询问客户有没有解决问题的建议。

(7) 尽量以通俗易懂的方式解释复杂的技术事项。

(8) 为了将客户产生的不信任感降到最低，不得将处理投诉看做偶然的行为。在有问题或返修时，亲自将车辆交付给客户，并让客户确认问题已经得到了排除是非常重要的。

(9) 即使客户提出无法接受的要求，也必须保持冷静，并阐明自己的立场。存在疑问时，始终以有利于客户的方式作出决定，特别是在细节问题上。但不要为了息事宁人而作出可能无法遵守的承诺。

(10) 最后，询问客户对建议的解决方式是否满意，再次表示道歉，并以友好的方式将客户送到大门口。

(11) 在处理完客户抱怨后一到两天内，如果再打电话询问客户是否满意，可以额外增加客户的印象分。

危机并不可怕，可怕的是面对危机时，不知如何应对；更有甚者，推卸责任，企图蒙混过关。殊不知，如果此次危机没有处理好，更大的、更猛烈的危机很快就会来临。也许到那时，想及时处理也已经来不及了。汽车服务企业应尽快建立危机处理小组，制定危机应急处理文件，形成制度，从而做到临危不惧。

汽车服务企业应在创造完美中发现不完美，在面临危机时创造转机，这才是成熟的汽车服务企业的生存之道，也是持续健康发展之道。没有危机的企业在当今世界是不可能存在的，不敢面对危机并创造转机的企业就不会是一个良性运行发展的企业。风雨之中的国内汽车服务企业要想进一步发展，危机预防和管理非常重要。

学习任务

课　题	汽车服务企业参观、调研报告		
调研时间		调研企业	
调研人员：			
调研收获：			
教师评价：			

模块二　汽车服务企业相关岗位的核心业务

【教学目标】

最终目标：掌握售后服务核心流程的价值及步骤。

促成目标：

(1) 具有售后服务七个步骤的基本能力；

(2) 熟悉配件入库的步骤与内容；

(3) 了解汽车索赔的步骤。

单元一　前 台 接 待

前台接待(服务顾问)是使客户对企业产生美好第一印象的重要岗位，因为第一印象留在大多数人的记忆中是最深刻的。从客户将车停到业务接待厅门前的那一刻起，服务顾问对客户的接待就开始了。从那一刻起，就应当让客户感受到友好的氛围，特别是感受到友好的问候。此时客户常常有意识或无意识地就形成了对企业的好感和信任程度。

【案例介绍】

张先生是一家小型建筑装潢公司的老板，生意十分繁忙。这两天他感觉自己的桑塔纳轿车加速时有些发抖，于是把车开到经常光顾的一家维修站。刚一进门就看见业务接待桌前围了很多人，他等了半天才排上队，开好派工单。张先生开车到维修间，看到车间车辆满满的，车间主任告诉他来的不是时候，再有半小时才能给他检修，而且什么时候能修好，车间主任也不确定。这期间不停地有人打电话找张先生，张先生有点不耐烦了，决定不修了，就这样，他开着带"病"的车返回了单位。一连几天，他都开着这辆车办事，虽然有点不舒服，也只好勉强。忽然有一天，他接到一个电话，是他曾经去过的另外一家修理厂的服务人员打给他的，问他车辆状况怎么样？他把一肚子的委屈向服务人员倾诉，服务人员问他什么时候方便，可以进行预约，提前给他留出工位，准备好可能用到的配件和技术好的修理工。张先生想了想，决定次日上午九点钟去。第二天上午八点钟，服务人员就给张先生打电话，说一切工作准备就绪，问张先生什么时间赴约，张先生说准时到达。当张先生九点钟到达修理厂时，业务接待热情地接待了他，并拿出早已准备好的维修委托书请张先生过目签字，并领他来到车间。车间业务虽然很忙，但早已为他准备好了工位和维修工。维修工是一位很精明的小伙子，他熟练地操作仪器检查故障，最后更换了 4 个火花塞，故障就排除了，前后不到半小时。张先生很是高兴，从此他成为了这家修理厂的老客户。

【知识点】

一、售后服务核心流程

汽车维修服务流程中的每一个环节，都有一套服务标准。服务标准明确了售后服务顾问的服务规范及职责，使维修作业趋于标准化，预防服务差距的产生和扩大，从而有利于企业在市场中树立专业化的形象。有效执行汽车维修服务流程有助于售后顾问均化每天的工作量，增加维修业务量，减少返工率，提高劳动生产率和工作效率，从而增加企业利润。

1. 售后服务核心流程的价值

售后服务核心流程体现以"客户为中心"的服务理念，展现品牌服务特色与战略，让客户充分体验和了解有形化服务的特色，以提升客户的忠诚度；以标准化、统一化的作业标准规范所有服务网点和面对客户的服务行动；通过核心流程的优化作业，提升客户满意度，并提升服务效益。

2. 售后服务核心流程举例

1) 一汽大众售后服务流程

一汽大众汽车有限公司将经销商为客户服务的关键工作过程分为 7 个环节(如图 2.1 所示)，即预约、准备工作、接车/制单、修理/进行工作、质检/内部交车、交车/结账、电话跟踪 7 个环节，并为每个过程规定标准的工作内容及要求。

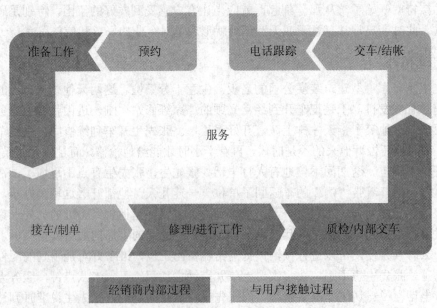

图 2.1 一汽大众售后服务核心流程

2) 丰田售后服务流程

丰田关怀客户七步法依靠优良的七步法之间的相互配合，可以确保持续的客户满意度，从而实现客户量和利润的增加。丰田售后服务流程图如图 2.2 所示。

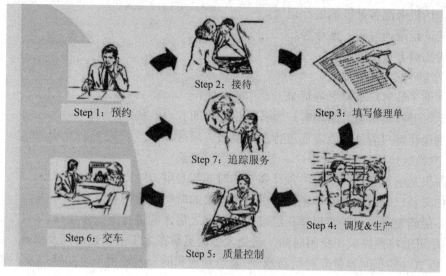

图 2.2　丰田售后服务流程

二、优质服务

汽车维修服务流程是以客户为中心的服务系统。如果售后服务顾问能够遵循每一个环节的服务标准，就能够超越客户最低限度的期望，满足客户要求，获取客户满意和忠诚。

1. 预约

(1) 预约的重要性。预约是汽车维修服务流程的第一个重要环节，因为它构成了与客户的第一次接触，从而就提供了立即与客户建立良好关系的机会。

(2) 预约的方式。预约主要通过电话完成，可分为经销商主动预约和客户主动预约两种形式。经销商主动预约：根据提醒服务系统及客户档案，经销商主动预约客户进行维修保养。客户主动预约：引导客户主动与经销商预约。

(3) 预约工作内容如下：

- 询问客户及车辆基础信息(核对老客户数据、登记新客户数据)。
- 询问行驶里程。
- 询问上次维修时间及是否是重复维修。
- 确认客户的需求、车辆故障问题。
- 介绍特色服务项目及询问客户是否需要这些项目。
- 确定服务顾问的姓名。
- 确定接车时间。
- 暂定交车时间。
- 提供价格信息。
- 告诉客户应携带的相关资料(随车文件、防盗器密码、防盗螺栓钥匙、维修记录等)。

(4) 预约要点包括如下几点。

① 保证必须的电话礼仪：

- 在电话铃响 3 声之内接起。

- 电话机旁准备好纸笔进行记录。
- 确认记录的时间、地点等。
- 告知对方自己的姓名。

② 了解客户潜在需求：

- 详细了解客户车辆服务记录。
- 尽可能收集信息，缩短客户服务登记的时间。
- 确保让客户清楚可能需要进行的其他服务项目。

③ 准确地预计时间与费用：

- 如果是保养客户，则提供预计需要的时间和费用。
- 如果是已经诊断过的车辆，提供预计需要的时间和费用。
- 不能确定时，通知客户并在经过客户同意之后才能进行下一步工作。

④ 尽可能将预约放在空闲时间，避免太多约见挤在上午的繁忙时间及傍晚。

⑤ 留20%的车间容量应对简易修理、紧急修理和前一天遗留下来的修理及不能预见的延误。

⑥ 将预约时间隔开(例如，间隔15 min)，防止重叠。

⑦ 与安全有关的、返修客户及投诉客户的预约应予以优先安排。

(5) 预约流程包括如下几个阶段。

① 进行预约：根据提醒服务系统及客户档案，经销商主动预约客户进行维修保养，对返修客户和投诉客户要特别标出，以引起其他相关工作人员的注意。

② 填写预约表：参考客户及车辆资料写在修理单上。

③ 确认预约：提前两天与客户联络，确认预约客户。

2．准备工作

(1) 准备的工作内容如下：

- 草拟工作订单，包括目前已了解的内容，可以节约接车时间。
- 检查是否是重复维修，如果是，在订单上做标记以便特别关注。
- 检查上次维修时发现但没纠正的问题，记录在本次订单上，以便再次提醒客户。
- 估计是否需要进一步工作。
- 通知有关人员(车间、配件、接待、资料、工具)做准备。
- 提前一天检查各方能力的准备情况(技师、配件、专用工具、技术资料)。
- 根据维修项目的难易程度合理安排人员。
- 定好技术方案(针对重复维修、疑难问题)。
- 如果是外出服务预约，还要做相应的其他准备。

(2) 准备工作要点如下：

- 填写欢迎板。
- 填写《预约登记表》。
- 配件部设有专用的预约配件存放区。
- 准备相应的工具、工位和技术方案。
- 落实所负责的预约配件完全到位。

● 提前 1 小时打电话确认。

● 服务顾问确保做好准备工作：有无特别需要，如召回、维修；确保有零部件，如有可能则提前取出来，提供最快的服务；在服务通道准备预约客户的欢迎牌欢迎他们的到来；如果有可能，提前准备好需要的交通工具(出租车、往返汽车、替换车)；要有技术人员立即诊断预约维修客户的车辆。

● 如准备工作出现问题，预约不能如期进行，应尽快告知客户重新预约。

● 建议车间使用工作任务分配板。

(3) 准备工作的流程如下：

① 准备修理单。参考客户档案，电脑打印出资料或预约表，将客户及车辆资料填写在修理单上。对返修客户和投诉客户要特别标出，以引起其他相关工作人员的注意。

② 确认配件库的预约配件。确定简单工件及定期检查会用到的主要零件有库存，若预约配件不足，则要求配件部门订购所需的配件。

③ 确认维修技术人员。根据维修项目的难易程度合理安排维修人员，准备相应的工具、工位和技术方案。

3. 接车/制单

(1) 接车/制单的工作内容如下：

● 识别客户需求(客户细分)。

● 自我介绍。

● 耐心倾听客户陈述。

● 当着客户的面使用保护罩。

● 全面彻底地维修检查。

● 如果有必要，可与客户共同试车。

● 总结客户需求，与客户共同核实车辆、客户信息，将所有故障及客户意见(修理或不修理)写在任务单上，让客户在任务单上签字。

● 提供详细价格信息。

● 签订关于车辆外观、车内物品的协议或将此内容记录在任务单上。

● 确定交车时间和方式(交车时间尽可能避开收银台的拥挤时间)。

● 向客户承诺工作质量，做质量担保说明和超值服务项目说明。

(2) 接车/制单的工作要求如下：

● 遵守预约的接车时间(客户无需等待)。

● 预约好的服务顾问要在场，不能因为工作忙，让其他人员(如维修人员)代替。这样会让客户感到不受重视，从而会对企业产生不信任感。

● 要求维修经理指派人员协助，以免在繁忙时间对客户造成不便。

● 将胸牌戴在显眼的位置，以便客户知道在与谁打交道，这样有利于增加信任感。

● 接车时间要充足(足够的时间关照客户及做维修方面的解释说明)。

● 接待的客户分为预约客户、未预约客户。对于预约客户，取出已准备好的维修单和客户档案，陪同客户进入维修区。这样可使客户有被重视感，从而提高对这一环节的满意度；对于未预约客户，仔细询问，按接待规范进行登记。

● 在填写维修单之前与客户一起对车辆进行检查，并使用五件套；提供手提袋装纳客户的物品，向客户解释检查内容及益处，同时检查一下车辆是否存在某些缺陷(如车身某处有划痕、某个等破碎等)，把这些缺陷在维修单上注名。如果故障是在行驶中出现的，应与客户一起进行试车，发现新的故障还可以增加维修项目。若服务顾问对这一故障没有维修把握，可以请一位有经验的技师一起进行车辆诊断。

● 告诉客户所进行的维修工作的必要性和对车辆的好处。

● 在确定维修范围之后，告诉客户可能花费的工时费及材料费。如果客户对费用感到吃惊或不满，应对此表示理解，并为其进行必要的解释，千万不要不理睬或讽刺挖苦。接待时对客户的解释，会换来客户的理解。

● 在一些情况下，如果只有在拆下零件或总成后才能准确地确定故障和与此相关的费用时，报价应特别谨慎。如服务顾问应当使用诸如此类的措辞："以上是大修发动机的费用，维修离合器的费用核算不包括在内，只能在发动机拆下后才能确定"，等等。

● 分析维修项目，告诉客户可能出现的几种情况，并表示会在处理之前事先征得客户的同意。如：客户要求更换活塞环，服务顾问应当提醒客户，可能会发现汽缸磨损。拆下缸盖后会将检查结果告知客户，并征求客户的意见。

● 服务顾问打印维修单，与客户沟通确认后，请客户在维修单上签名确认。

● 提醒客户将车上的贵重物品拿走。

(3) 接车/制单的工作流程如下。

① 日常准备：在客户到来之前，准备必要的文件、脚垫、座椅套等。

② 接待客户：礼貌地迎接客户，自我介绍，询问客户姓名，以及客户是否已预约等；对于未预约客户，在修理单上写下客户和车辆的资料，询问客户是否第一次来；对于预约客户，取出已准备好的修理单和客户档案/资料。

③ 识别客户需求：耐心倾听客户陈述，询问检查目的和里程表读数；然后确定技术检查程序(例如，40 000 km 例行检查)，了解故障现象及故障产生的情况等；用客户的原话，将症状及要求写在修理单上。

④ 接车前的检查(环检)：在填写维修单之前与客户一起对车辆进行检查，当着客户的面使用五件套，提供手提袋装纳客户的物品，同时检查一下车辆是否存在某些缺陷(如车身某处有划痕、某个等破碎等)，有无贵重物品留在车中等，把存在的缺陷在维修单上注明。如果故障是在行驶中出现的，应与客户一起进行试车。返修或投诉的车辆可要求车间主任协助，在修理单上清楚提示"返修"或"投诉"。

⑤ 打印维修单(任务委托书)：总结客户需求，解释要做的工作、维修价格和交车日期及时间，与客户共同核实车辆、客户信息，将所有故障及客户意见(修理或不修理)写在任务单上，服务顾问打印维修单，客户在任务单上签字。

4. 修理/进行工作

(1) 维修的重要性。维修作业是维修企业的核心环节，维修企业的经营业绩和车辆维修质量主要由此环节决定，因此做好维修工作十分必要。

(2) 维修/进行工作的工作内容如下：

● 遵守接车时的安排。

- 车间或小组分配维修任务，全面完成订单上的内容。
- 保证修车时间。
- 订单外维修需征得客户签字同意。
- 正确使用专用工具、检测仪器、参考技术资料，避免野蛮操作。
- 做好各工种和各工序之间的衔接。
- 技师在维修工作订单上签字。

(3) 修理/进行工作的工作要求如下：

- 维修人员要保持良好的职业形象，穿着统一的工作服和安全鞋。
- 作业时要使用座椅套、脚垫、翼子板罩、方向盘套、换挡杆套等必要的保护装置。
- 不准在客户车内进行吸烟、听音响、使用电话等与维修无关的工作。
- 作业时车辆要整齐摆放在车间，时刻保持地面、工具柜、工作台、工具等整齐清洁。
- 作业时工件、油水、拆卸的部件及领用的新件不能摆放在地面上。
- 维修完毕后，将旧件、工具、垃圾等清理干净。
- 将更换下来的旧件放在规定位置，以便客户带走。
- 将座椅、方向盘、后视镜等调至原来的位置。如果拆卸过蓄电池，则收音机、电子钟等的存储会被删除，应重新设置。

5. 质检/内部交车

(1) 质检的重要性。只有稳定的维修质量才能使客户满意，才能保障维修业务健康、持续、稳定的发展。因此，在维修过程中和维修结束后，认真进行质检不仅可以保障客户满意率，更重要的是可以减少返修率，为企业节省时间和金钱，提高企业在客户心目中的地位。

(2) 质检/内部交车方式如下：

- 自检：维修技师。
- 互检：班组长检查。
- 终检：终检员签字(安全项目、重大维修项目根据行业标准检验)。

(3) 质检/内部交车的工作内容如下：

- 随时控制质量，在客户接车前纠正可能出现的问题，即自检。
- 路试(技师/技工或服务顾问)。
- 在工作单上写明发现但没有纠正的问题，服务顾问签字。
- 清洁车辆。
- 停车并记录停车位。
- 准备服务包(特色服务介绍等宣传品、资料、礼品、客户意见调查卡等)。
- 向服务顾问说明维修过程及问题。

(4) 质检/内部交车的工作要求如下：

- 了解客户的车辆历史，包括是否曾被召回。
- 确定客户提到的所有需求。
- 让客户了解获得所需信息的重要性。
- 向客户解释，如果费用或时间变化会及时联系告知。
- 确保维修车间已通过有效地工作分配，做好准备为预约及未预约的客户提供服务。

● 如果是返修或投诉，请维修经理亲自确认所完成的交车准备工作(例如所做的工作、工作质量、更换的零件、文件等)。

● 建议让当初接待客户的业务接待人员做好交车的准备工作，并在交车时对所完成的工作进行解释。

(5) 质检/内部交车的流程如下：

① 维修后质量自检。随时控制质量，在客户接车前纠正可能出现的问题，查看修理单，以确认最后检查已完成(例如车间主任签字)；如有必要，技师/技工或服务顾问进行路试；要求维修经理批准特别修理(例如，昂贵的修理、保修工作或返修等)的收费；要求维修经理亲自确认返修或投诉车辆交车前的最后检查；在修理手册或质量保证书中记录已完成的检查。

② 清洁车辆。确认车辆内外已清理干净；确认其他交车前的礼仪工作(将座椅回复到原来位置)；再次检查接车前的检查项目(车身损伤等)，并与原先的检查进行比较。

③ 准备交还给客户的材料。准备要交还给客户或要给客户看的、更换下来的零件和材料、修理手册或质量保证书。

6. 交车/结账

(1) 交车/结账的工作内容如下：

● 检查发票(材料费、工时费与实际是否相符)。

● 向客户解释发票的内容。

● 向客户说明订单外的工作和发现但没解决的问题，对于必须修理但客户未同意的项目要请客户签字。

● 给客户查看更换下来的零件。

● 给客户指示所做的维修工作。

● 告知某些配件的剩余使用寿命(制动/轮胎)。

● 向客户讲解必要的维修保养常识，宣传经销商特色服务。

● 向客户宣传预约的好处。

● 告别客户。

(2) 交车/结账的工作要求如下：

● 准时交车。

● 交车时间要充分。

● 遵守估价和付款方式。

● 确保车辆内外清洁，检查维修过的部位有无损坏或油污。

● 值得注意的是，交付客户一辆洁净的车辆非常重要，尤其是一些小细节。如烟灰盒里的烟灰必须倒掉，时钟要调整正确，座椅位置要调整好，汽车外观的保养等。这些工作占用的时间很少，但却事半功倍。

● 应该逐项解释收费(工时费和零件价格)，并且展示更换下来的零件。

● 作为汽车保养专家，应向客户讲述在维修过程中发现的问题，以及如何防止故障再发生。例如"您的爱车制动摩擦片只剩下4 mm，大约只能行驶六七千千米，一定记住及时更换，否则会降低制动效果，也可能会造成制动盘的磨损"。

● 当客户取车时，服务顾问应亲自带领客户检查一下维修完毕的车辆，使他确信选择这家维修厂进行车辆维修是正确的，并尽可能说明免费为客户进行维修的项目。例如，手制动器行程太大了，可能导致手制动器失效，但已给客户调整了。

● 当面给客户展示一点额外关怀。例如，给吱吱作响的车门铰链浇油润滑，调整玻璃清洗液喷嘴角度，等等。

● 向客户提出关怀性建议。例如，轮胎气压不足会增加燃油消耗，因此，应经常检查胎压；清洗液喷嘴被车蜡堵住了，清洗液喷不出来，工作人员已将车蜡清除了，以后打蜡时要多注意，等等。

(3) 交车/结账的流程如下：

① 通知客户提车。到休息室或打电话通知客户维修工作已完成，请客户提车。

② 解释所完成的工作和收费。解释所完成的工作，并展示更换下的零件；陪客户到车旁，展示接车前检查的项目都完成(例如，门铰链已加油)，展示所完成工作的质量；如果在诊断时进行了路试，此时也应与客户一起进行路试；向客户讲述在维修中发现的问题，并且提供有用的资讯。

③ 请客户付款。取下座椅套，陪客户至业务接待处；向客户解释所完成的工作，请客户付款；通知客户下次保养检查的时间；咨询客户，何时进行维修后跟踪比较方便。

④ 送客户离去，交还修理手册或质量保证书、钥匙等；陪同客户去取车；感谢客户，并且送他离去。

7. 跟踪(电话回访)

(1) 跟踪回访的工作内容如图 2.3 所示。

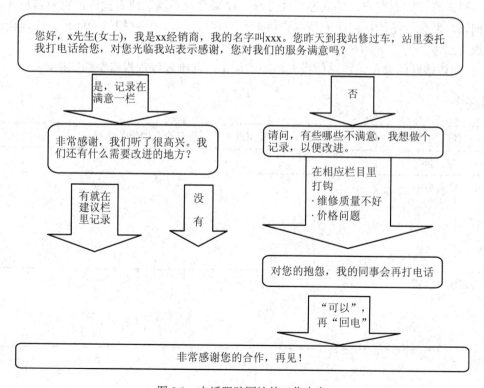

图 2.3　电话跟踪回访的工作内容

(2) 跟踪回访的工作要求如下:

● 打电话时为避免客户觉得他的车辆有问题,建议使用标准语言及标准语言顺序,发音要自然、友善。

● 讲话不要太快,一方面给没有准备的客户时间和机会回忆细节,另一方面避免客户觉得你很着急。

● 不要打断客户,记下客户的评语,无论批评或表扬。

● 维修后1周之内打电话询问客户是否满意。

● 打回访电话的人要懂基本维修常识、懂沟通及语言技巧。

● 打电话时要回避客户不方便接听电话的时间。

● 如果客户有抱怨,不要找借口搪塞,告诉客户你已记下他的意见;并让客户相信如果他愿意,有关人员会与他联系并解决问题;有关人员要立即处理,尽快回复客户。

● 对跟踪的情况进行分析并采取改进措施。

● 对客户的不合理要求进行合理解释。

● 回访比例不少于1/2。

● 回访对象必须是各种类型(客户类型、订单类型)的客户,对象越多越有代表性;维修费的多少也可以作为一个衡量标准。

(3) 跟踪回访的流程如下:

① 维修后跟踪。根据有关的维修单(在维修后1周以内),通过电话,在预约的日期和时间联络客户,并且按照预定的程序进行跟踪(例如,感谢客户惠顾、确认客户是否满意等。)如果客户满意,感谢客户,并欢迎继续光临;如果客户不满意或有投诉,感谢客户向你提出了问题,助你杜绝同样问题。请客户将车开回维修中心,解决投诉的问题。立即向维修经理报告投诉。

② 回访跟踪结果反馈。总结当天跟踪的结果,向维修经理报告跟踪结果。

学习任务

课题内容	模拟汽车售后服务企业的服务流程
时 间	
活动小组人员:	
活动描述及收获:	
教师评价:	

单元二　车间修理

【案例介绍】

案例 1：迈腾轿车定期保养项目，见表 2-1。

表 2-1　迈腾轿车定期保养项目

定期保养项目　里程/(每行驶 1000 千米)	7.5	15	25	35	45	55	65
查询自诊断系统故障存储器		•	•	•	•	•	•
检查安全气囊和安全带状态及安全气囊罩壳是否损坏		•	•	•	•	•	•
检查车内所有开关、车内照明、手套箱照明、用电器、显示器和仪表各警报指示灯的功能		•	•	•	•	•	•
检查车外前部、后部、行李舱照明灯等所有灯光状态和闪烁报警装置、静态弯道行车灯、自动行车灯控制		•	•	•	•	•	•
检查大灯光束，如必要，调整大灯光束		•	•	•	•	•	•
检查风窗刮水器、清洗器及大灯清洗装置功能，如必要，调整喷嘴和添加清洗液		•	•	•	•	•	•
检查粉尘及花粉过滤器：清洗外壳，更换滤芯		•	•	•	•	•	•
润滑车门止动器和车门铰链	•	•	•	•	•	•	•
检查滑动天窗功能、清洗导轨并用专用润滑脂润滑		•	•	•	•	•	•
目测检查发动机及发动机舱内的其他部件是否有泄漏或损坏(从上方)	•	•	•	•	•	•	•
检查制动液液位	•	•	•	•	•	•	•
检查冷却液液面高度及浓度(防冻能力)，如必要，添加冷却液或调整浓度	•	•	•	•	•	•	•
检查风窗清洗液液面高度，必要时请添加清洗液	•	•	•	•	•	•	•
检查蓄电池固定情况、电眼颜色(免维护蓄电池无电眼检查蓄电池电压)	•	•	•	•	•	•	•
清洗空气滤清器壳体，必要时，更换滤芯	•	•	•	•	•	•	•
更换空气滤清器滤芯，清洗壳体				•			•
检查火花塞状态，如必要，更换火花塞	•						•
更换火花塞				•			•
检查喷油嘴状态(适用于 1.8TFSI 发动机)							
检查正时齿带状态及张紧度(仅限于 2.0L2V85kw 汽油发动机)		•	•		•	•	

续表

定期保养项目　　里程/(每行驶 1000 千米)	7.5	15	25	35	45	55	65
检查多楔皮带的状态，必要时更换皮带			•				•
更换发动机机油及机油滤清器	•	•	•	•	•	•	•
目测检查变速器、主减速器及等速万向节防护套有无泄漏或损坏(从下方)	•	•	•	•	•	•	•
检查转向横拉杆球头的间隙，紧固程度及防尘套状况	•	•	•	•	•	•	•
检查手动变速器内的齿轮油油位，如必要，添加齿轮油	•	•	•	•	•	•	•
检查自动变速器润滑油(ATF)油位，如必要，添加润滑油			•		•		•
检查自动变速器润滑油(ATF)油质，如必要，更换润滑油				•			•
检查主减速器机油油位，如必要，添加机油(仅限于全轮驱动 4MOTION)						•	
检查直接换挡变速器(DSG)齿轮油油位，如必要，添加 DSG 变速器齿轮油		•			•		
检查直接换挡变速器(DSG)齿轮油油位及油质，如必要，添加或更换 DSG 变速器齿轮油			•			•	•
检查 Haldex 离合器机油，如必要，添加离合器机油(仅限于全轮驱动(4MOTION))		•			•		
检查 Haldex 离合器机油及油质，如必要，添加或更换离合器机油(仅限于全轮驱动(4MOTION))				•			•
更换燃油滤清器			•			•	
加注燃油添加剂 G17(配件号：G 001 700 03)	•	•	•	•	•	•	•
目测检查制动系统是否有泄漏和损坏	•	•	•	•	•	•	•
检查排气系统是否有泄漏或损坏及紧固程度	•	•	•	•	•	•	•
目测检查车身底部防护层和底饰板是否破损		•	•	•	•	•	•
检查前、后制动摩擦衬块厚度	•	•	•	•	•	•	•
检查所有轮胎(包括备胎)的花纹深度、磨损形态，清除轮胎上的异物		•	•	•	•	•	•
进行轮胎换位，按要求检查轮胎气压，必要时校正，检查车轮螺栓拧紧力矩		•	•	•	•	•	•
保养周期指示器复位	•	•	•	•	•	•	•
试车：检查脚、手制动器，变速器，离合器，转向及空调等功能，查询故障存储器，终检	•	•	•	•	•	•	•

• 每 24 个月更换制动液；
• 每次定期保养(包括 7500km 首次保养)的燃油添加剂 G17 均由客户购买。

案例 2：ABS 系统不工作的诊断维修，内容见表 2-2。

表 2-2 ABS 系统不工作的诊断维修表

故障名称	ABS 不工作		
车辆信息	车型：C4A6	生产年代：1995 年	行驶里程：3000 km
故障现象	紧急制动时四轮制动抱死，ABS 故障灯未亮，但 ABS 不工作		
故障检测	(1) 用专用的检测设备 VAS5051 对 ABS 系统进行故障查询，未发现故障 (2) 对 ABS 系统数据块进行检测分析：阅读 ABS 系统数据块，00 组中前 4 位数据分别为 4 个车轮的即时车速，车辆静止时分别为"1"。也就是说，ABS 系统控制单元未检测到车辆的实际车速，认为该车始终是静止的，所以在紧急制动时 ABS 不工作。造成该故障的原因可能有三个方面：① 4 个轮速传感器未检测到实际的车速；② 轮速传感器与 ABS 控制单元之间的连线有故障；③ ABS 控制单元本身有故障 (3) 分别对上述三个原因进行检查和排除。取出左前轮轮速传感器 G47，打开点火开关，进入 ABS 系统的数据块 00 组，通过 G47 输入模拟轮速信号，在数据块 00 组的第一位数据随信号的强弱而变化；对其余的三个轮速传感器做试验，与 G47 的结果相同。显而易见，4 个传感器是好的；传感器与控制单元间的连线正常，控制单元也正常。因此，故障点应在 4 个车轮的传感齿圈上 (4) 检查 4 个车轮的传感齿圈，发现齿圈上的齿之间被锈蚀物覆盖，致使车辆行驶中传感器无法检测到车速信号，其原因是该车辆被放置时间过长		
排除故障	清理 4 个车轮传感齿圈上的锈蚀物，经质检员上路试车正常，故障被排除		

【知识点】

一、车间修理类型

特约品牌经销商的车间修理主要有三种类型，即汽车保养、机电维修和钣金喷漆。

1. 汽车保养

只有定期对车辆进行保养才能保证其始终处于良好的运行状态，并可以达到延长车辆使用寿命的目的。汽车保养通常分为定期保养和季节保养。

1) 定期保养

定期保养按照时间和里程的约定进行，包含的项目非常多，这里重点讲述常规保养、更换正时皮带、更换自动变速器油(ATF 油)、检查底盘和首保这几项保养。

(1) 常规保养。常规保养包括更换机油、防冻液，更换"三滤"(机油滤清器、汽油滤清器、空气滤清器)，蓄电池维护等。

更换"三滤"和机油是保养中最常见的项目，其中，"三滤"指的是汽油滤清器、空气滤清器和机油滤清器，它们的作用是过滤汽油、空气和机油中的杂质，防止杂质进入发动机内部引起发动机异常磨损或工作异常等现象发生。更换"三滤"的最终目的是更好地保护发动机，尽量延长发动机的使用寿命。

(2) 定期更换正时皮带。正时皮带的主要作用是驱动发动机的配气机构，使发动机的进、排气管在适当的时刻开启或关闭，以保证发动机的汽缸能够正常地吸气和排气。对于所有的发动机来说，正时皮带是绝对不可以发生跳齿或断裂的。一旦发生跳齿现象，发动机就不能正常工作，会出现怠速不稳、加速不良或不着车等现象；如果正时皮带断裂，那么发动机就会立刻熄火，多气门发动机还会导致活塞将气门顶弯，严重的会损坏发动机。

正时皮带属于橡胶部件，随着发动机工作时间的增加，正时皮带和正时皮带的附件、正时皮带张紧轮、正时皮带张紧器和水泵等都会发生磨损或老化。因此，凡是装有正时皮带的发动机，厂家都会严格要求在规定的周期内定期更换正时皮带及附件，更换周期则随着发动机的结构不同而有所不同。按保养手册要求，奥迪车辆行驶到 8 万千米时应该更换正时皮带，并且奥迪特许经销商人员也将根据车辆使用情况给出车辆的具体建议。

(3) 定期更换自动变速器油(ATF 油)。自动变速器需要经常检查变速器的油位和定期更换变速器油。例如，装有自动变速器的奥迪车辆要求每 6 万千米必须更换自动变速器油。

需要注意的是，在换油时必须更换厂家规定的自动变速器油。这是因为不同的自动变速器其内部结构、摩擦部件和密封部件等都会有所不同，给自动变速器换油时会有部分旧的油液残存在变速器的油道和液力变矩器内，在加入不同的油液时，两种不同的油液在自动变速器内部混合后，可能会使自动变速器油的性能下降，导致变速器出现润滑不良或工作异常等故障，严重时可损坏自动变速器。

(4) 检查底盘。在常规保养中，除了一些部件需要定期更换以外，还有一些部件是需要定期检查的，如制动盘、摩擦片、制动管路、转向拉杆球头、减振器等；还有一些橡胶部件，如轮胎、球笼防尘套、上下支臂胶套以及平衡杆胶套等部件。这些部件因磨损或老化而出现故障会对车辆的行驶造成安全隐患，因此在做保养的同时还需要对底盘的部件进行详细的检查。

(5) 首保。按汽车生产企业售后服务部规定的时间及时进行新车首保，这无论是对汽车的技术状态，还是将来对车辆配件进行索赔，影响都是非常大的。下面以一汽大众所产车辆为例，详细讲解首保这项业务。

① 首保的目的：厂家为了保证使用厂家系列产品的客户车辆处于良好的技术状态，决定对售出的车辆进行强制性首次保养。此项工作由经销商承担，对客户免费，由厂家承担费用。

② 首保规定：

● 凡客户购置一汽大众公司生产的产品行驶到规定里程范围时，应该接受新车首次免费保养。保养里程因车型而异，如捷达、高尔夫、宝来、奥迪 C3V6 等为 7500 千米；奥迪 A6、A4 则为 15 000 千米。超过里程的车辆将不提供免费保养服务；免费服务保养凭证为随车技术文件中的 7500 千米(15 000 千米)免费保养凭证。

● 保养项目按照规定进行(保养手册)。

● 保养后，若客户认可，由经销商和客户在保养手册上盖章签字，以便日后办理索赔业务，未经首次保养的车辆，无赔偿。

● 客户委托的公路送车单位，必须严格执行新车保养规定。若违反规定，厂家不再提供免费保养服务和质量担保。

③ 首保程序：客户提供行车证、产品合格证、保养手册、免费保养凭证；经销商审核车证相符，对未超出保养里程的车辆给予免费保养服务。

④ 首保项目：7500 千米、15000 千米保养项目。

⑤ 结算办法：

- 工时费及材料费由厂家承担，费用按规定执行。

- 保养检查时，发现质量问题，用索赔方式处理。

- 因使用不当造成的损坏，可由经销商提供有偿服务。

- 保养结束后，填结算单，盖索赔章，开具发票，盖企业章，按规定时间将结算单、发票及免费保养凭证寄往服务科审核结算。

- 保养不当造成的质量问题，由保养单位负责。

- 不按照规定项目认真工作，造成不良后果的，将追究经销商责任。

2) 季节保养

为使汽车适应季节变化而实行的保养称为季节性保养。一般季节性保养可结合定期保养一并进行，其主要作业内容为更换润滑油，调整油、电路，对冷却系统的检查保养等，如空调检测及加氟。

进入高温季节时，应对全车进行一次必要的技术检查和调整，其保养的主要内容为：一是检查冷却系统机件，保证齐全完好，主要是检查冷却系统的密封情况、风扇皮带的松紧度、散热器盖上的通风口和通气口是否畅通、冷却水是否充足、节温器状态是否良好等。另外，还要及时消除水垢，保证水路畅通。为减少水垢，发动机冷却水要尽量使用软水或经过处理的硬水。二是改善润滑条件，减轻机件磨损。首先要保证润滑油的数量充足和质量良好，使机件能得到充分润滑；其次要加强对空气滤清器和机油滤清器的保养，保证其工作正常。最后对多尘条件下使用的车辆，要适当缩短润滑油的更换周期。在高温天气行驶的车辆要加装机油散热器和选用优质机油，变速器、减速器和转向器换用夏季厚质齿轮油，轮轴承换用滴点较高的润滑油。

冬季来临时，气温很低，要对车辆进行全面的检查和保养。一是要更换机油，选用粘度较小的发动机机油。由于在低温条件下，发动机机油的粘度随着温度下降而增大，流动性变差，因此应通过及时更换粘度较小的机油来弥补或消除这种不良影响。二是检查和补充防冻液，应选择质量好、腐蚀性小的防冻液，避免因防冻液质量差而腐蚀机件的现象发生。三是检查制动及轮胎等。在冬天，制动显得尤为重要，如果发现制动不灵敏或跑偏、轮胎花纹磨损严重、气压不足，应重点矫正或更换。四是检查调整电解液密度。可适当调高电解液密度，防止因电解液密度过低，而发生冻裂蓄电池外壳的事故。五是加强蓄电池的保温。为防止蓄电池过冷发生冻结及影响启动性能，冬季可给蓄电池制作一个夹层保温电池箱，以提高蓄电池的温度。

2. 机电维修

机电维修就是用修理和更换个别零件的方法，对车辆的机械部分和电器部分进行修理，恢复车辆工作能力。其目的主要是为了消除车辆在运行过程中和维修作业中发生或发现的故障。另外，维修完毕后的质量检验也是必不可少的。

(1) 发动机部分，包括发动机大修、更换正时皮带、更换发电机皮带、清洗喷油器、清洁节气门、更换水泵、更换节温器、更换汽油泵、更换缸垫、更换传感器、更换散热器、曲轴修磨、汽缸镗磨等。

(2) 底盘部分，包括自动变速器维修、手动变速器维修、AMS 维修、空气悬挂维修、牵引控制系统维修、更换减振器、更换前后制动片、更换车轮轴承、更换转向器、更换拉杆球头、更换转向助力泵等。

(3) 电气部分，包括修复蓄电池、加注制冷剂、更换暖风机、更换仪表总成、检修电气控制系统、修理空调器、暖风机等。

(4) 维修质量检验。维修完毕后，质检员或技术经理应对维修的车辆进行质量检验，查看是否完全消除了故障，以尽量减少返修的车辆。根据检验对象的不同，维修质量检验通常可分为人工检视诊断法和仪器设备检验诊断法。

① 人工检视诊断法。人工检视诊断法就是汽车维修质量检验人员通过眼看、耳听、手摸等方法，或借助简单的工具，在汽车不解体或局部解体的情况下，对车辆的外观技术状况进行检查，并在一定的理论知识指导下根据经验对检查到的结果进行分析，判断其是否合格。

人工检视诊断法主要用于检验车辆的外观整洁、车身的密封和面漆状况、灯光仪表状况、各润滑部位情况，以及各螺栓连接部位的紧固情况等项目。

② 仪器设备检验诊断法。仪器设备检验诊断法就是在汽车不解体的情况下，利用汽车检验诊断仪器设备(如故障诊断仪、尾气排放检测仪、示波器等)直接检测出汽车的性能和技术状态参数值、曲线或波形图，然后与标准的参数值、曲线或波形图进行比较分析，判断其是否合格。有的检测仪器设备还可以直接显示出判断结果。必要时，还需要进行路试以检查维修质量，如变速器的维修、异响的维修等都需要进行路试检查。

仪器设备检验诊断法是现代汽车维修质量最主要、最基本的检验方法。汽车大修、总成大修和重要的维护作业，以及返修的主要检测项目都必须采用仪器设备检测诊断法进行维修完毕的质量检验。

3. 钣金喷漆

汽车车身漆膜本无划痕，但由于在行驶过程中速度快，往往容易发生一些事故意外损坏，如会车时发生的擦伤；路边树枝或蒿草剐伤造成的划痕；交通事故撞伤出现的划痕；暴风、沙尘气候的"飞沙走石"撞击造成的裂纹、划痕等。无论呈什么形状，是何种原因造成的，这些划痕都应及时处理，否则轻者影响车身美观，重者可导致车身锈蚀、穿孔。因此，汽车钣金喷漆也是经销商维修工作的重要内容。

1) 汽车钣金

汽车钣金就是指车的外壳的加工制造、修理，在汽车修理过程中用来矫正汽车碰撞以后车身或车架的变形。

汽车的碰撞事故几乎是不可避免的。随着汽车车速的提高和汽车保有量的增加，汽车碰撞的严重性和危害性将日益加剧。在汽车碰撞事故中，损坏最严重的部件就是车身。

(1) 汽车划痕修复基本方法。轿车由于其车速快，车身光洁圆滑，往往容易发生一些意外损坏。导致车身划伤的原因很多，如汽车行驶中与硬的物体剐碰，或被淘气的孩子划伤，或被飞石砸伤，等等。这种擦伤有的呈线状、带状，也有的是点、片状的，其修复方法要视划伤程度而定。

汽车表面的深浅划痕总是相伴产生的，划痕深浅是由划伤部位是否露出底漆来区分的，露出底漆即称为深划痕，否则称为浅划痕。若出现深划痕，其金属裸露处很快会产生锈蚀并向划痕边缘扩展，从而增加修复难度。目前，油漆划痕修复的基本方法如下。

① 漆笔修复法：用相近颜色的漆笔涂在划伤处即为漆笔修复法。此法简单但修复处的漆附着力不够，易剥落而难以持久。

② 喷漆法：采用传统补漆的方法来修复划痕。缺点是对原漆伤害面积过大，修补的时间过长，效果难尽如人意。

③ 电脑调漆喷涂法：结合电脑调漆，采用新工艺方法的深划痕修补技术。这是一种快速的技术修复，但要求颜色调配准确，修补的面积尽可能缩小，再经过特殊溶剂处理后，能使新旧面漆更好地融合，达到最佳附着。

(2) 车身凹坑的修补。对凹陷的修复，可根据凹陷的大小、程度和部位来采用适当的方法。

① 凹陷较小而且不太深时，可采用钣金捶、垫铁、拉杆、撬具进行修复。

② 当凹陷部位较大时，可采用加热收缩法和锤击相结合进行修复。

③ 填充修复凹陷部位：用填料覆盖经修复处理后仍遗留的微小凹陷部位。

(3) 锈孔或裂口的修复。随着车辆行驶里程和使用年限的增加，无论多么优秀的驾驶员也无法阻止车辆的自然损坏，例如车身的锈孔或裂口。这主要是由于道路不平引起的车身颠簸振动，发动机运转引起的振动等，会使各个连接件脱焊或裂开。再者，日照和严寒会引起油漆表面龟裂，车身薄钢板会受水汽浸蚀，从而破坏内外表面防护层，使车身逐渐锈蚀，等等。对于锈孔或裂口，进行修理时，第一步应先用钢丝刷(或砂纸)将损坏部位的油漆除掉，再根据损坏程度决定是更换整个钣金件还是修复损坏部分。如果损坏严重，最好进行整块更换，因新件比修复件更坚固美观，价格可能也较低，而且时间短。如果损坏较轻，则可将损坏部分及周围其他附件拆下(但有利于恢复损坏面的部件可不拆)，然后用剪刀或手锯条把受腐蚀而变疏松的金属除掉，用手锤将孔边向里敲进，形成一轻度凹面，以便打腻子；用钢丝刷将金属表面的锈屑除掉，再涂一层防锈漆以免再生锈。第二步，找一块锌砂或薄铝皮将孔堵上。锌砂适合用来补大孔，将锌砂剪得跟孔的尺寸形状大致相同，然后把它贴在孔处，砂边要比周围钣金部分低，再把填料抹在砂的周边上，然后才能填充填料与重新喷漆。薄铝皮适合用来补小孔，将薄铝皮剪成孔的尺寸和形状，撕掉保护纸，将它贴在孔上(根据厚度需要可贴一层或几层)，然后将其压紧在钣金件上即可，最后填充料和喷漆。

(4) 汽车钣金维修工的要求：

● 有丰富的汽车系统、汽车服务、汽车维修和汽车诊断知识。

● 具有汽车钣金维修领域系统知识。

● 熟悉系统功能和系统线路、部件、装配总成。

● 能够操作或快速学习使用所有的设备和系统。

● 能够在设备出现故障时查明是系统的故障。

● 能够系统化地进行综合维修、装配和修复基础系统。

2) 汽车喷漆

汽车喷漆是指汽车表面漆膜存在瑕疵或在使用中造成漆膜破损时，对其进行修补，使汽车表面漆膜回复到最佳的状况，并形成整车表观一致性。

钣金修理后要进行车身涂装。轿车车身涂装的主要目的是表面美观，并且涂装的漆还能起到防锈和防腐蚀的作用。车身表面质量的好坏直接影响到涂装质量，因此在喷漆之前要涂底漆和填料，以得到光洁表面，而后涂施中间层涂料，再做表面喷涂及喷涂罩光漆。其具体工艺如下。

(1) 涂装前的准备工作。彻底清除旧漆膜和锈蚀层，主要包括清除旧漆膜、涂底层和填充填料。旧漆膜影响表面涂层质量，必须耐心细致地清除干净；然后在裸露的钣金表面涂一层防锈漆；填充填料与涂底漆交替进行。车身所用填料一般是化工材料与无机填料的混合物，具有附着力强的特点。填料与底漆或金属表面粘接在一起，一般不会脱落，干燥后质地也比较坚硬，不易变形。

对于凹坑或锈孔、裂口，修补后才能进行表面填充填料。填充填料时应沿车身曲面刮平，且与涂底漆交替进行，直到填料平面与车身其他部分刚好平齐。等填料硬结后，用刨刀或锉刀将多余部分剔掉，然后由粗到细用水砂反复打磨。修正好的表面应曲面光滑，表面光洁，"坑"的周围是一圈裸金属，再向外面是没有损坏的漆的毛边。用水清洗修理部分，将尘粒全部清除掉，就可以进行下一步了。

(2) 喷涂中间层油漆。当中涂层漆喷量不足时，可能会导致"坑"，中间较低，但这也有可能是打磨量过大所致。此时需要重新喷涂中涂层漆，并达到规定的厚度。边缘打磨好后，才可打磨中心部位，千万不要打磨过度。一旦发现斑点中心部位痕迹被打磨平整时，应马上停止打磨。中涂层打磨平整后，应用水和少许溶剂清洗表面，并擦拭干净，然后用压缩空气吹干，使表面达到漆喷涂前应达到的标准要求，以保证面漆的喷涂质量。

(3) 喷涂面漆。喷涂面漆是车身修复的最后工序，必须耐心细致地进行。喷漆前必须进行表面清洁处理，以得到无油、无污水、无灰尘和无异物的表面。喷漆必须在温暖、干燥、无尘的环境中进行。因此，在室外作业时应选好天气；在室内作业时，可人为创造这种环境。喷漆前，还应用胶带或报纸将修理以外的部分车体遮上，车身附属设备(如车门把手)也应遮上。对于整车喷漆，可在喷漆前用力摇晃漆桶，然后在修理部分一薄层一薄层地喷上厚漆，并比较与原漆颜色的差异。干燥后用水砂纸浸水打磨，然后再喷外层。喷外层时也是一薄层一薄层地喷，由修理部分的中央喷起，然后以圆周运动的方式向外喷，直到修理部分及周围 25 mm 左右范围都被喷上。喷完后 10 min～15 min，可将遮盖物取下。

新漆喷好后，应放置两周让其硬结，然后用油漆复新剂或精制切削膏修补部分漆边，使新漆与旧漆为一体，好的油漆表面应有一定的漆膜厚度和尽可能高的车身外观光泽度。为了使车身更加光泽和美观，还可进行车身表面打蜡处理。

(4) 汽车喷漆维修工的要求：

● 具有汽车喷漆维修领域系统知识。

● 熟悉新的喷漆工艺。

● 能够操作现有的设备和系统。

● 能够在设备出现故障时查明是系统的故障还是使用者的不当使用造成的故障。

● 能够使用最新的喷漆技术提高劳动生产率。

● 通过技术信息和操作手册能够很快熟悉系统和设备，并且能够专业地操作。

汽车本身是一个复杂的系统，随着行驶里程的增加和使用时间的延续，其技术状况将不断恶化。因此一方面要不断研制性能优良的汽车；另一方面要借助维修和修理，恢复其技术状况。车身修复工作对于车身的涂装工艺技术的要求是非常高的，不是任何人都能做得好的。但只要工作细致，严格按照工艺流程办事，做好车身修复工作也并不难。

二、车间修理管理

1. 维修质量的管理

应以客户对汽车维修服务的满意度作为汽车维修服务质量评价的核心。经调查研究，客户对汽车维修服务质量的满意度通常是下列因素影响和决定的：救援服务项目的专业性和方便性；汽车维修项目的专业性和客观性；汽车配件的质量和价格；拖车价格、汽车维修工时价格；汽车维修的停驶时间；汽车维修的返修率；汽车维修设备的现代化；汽车维修竣工质量承诺；汽车维修作业文明生产；汽车维修代用汽车服务；汽车维修延伸服务等。换句话说，就是客户在接受汽车维修服务过程中的眼看、耳听、鼻嗅、手摸、身体反应、心理感应，决定了客户对汽车维修服务质量的满意度。

质量不是检验出来的，而是每个工作环节品质的综合表现，因而渗透其每个工作环节的质量管理起着决定性的作用。

1) 汽车维修质量管理制度

汽车维修企业必须建立、健全有关质量管理制度，以保证维修质量的不断提高。

(1) 进厂、解体、维修过程及竣工出厂检验制度。车辆从进厂，经过解体、维修、装配直至竣工出厂，每道工序都应通过自检、互检，并做好检验记录，已备查验。

(2) 岗位责任制度。维修质量是靠每个岗位的操作者实现的，是由全员来保证的。因此，必须建立严格的岗位责任制度，以增强每个员工的质量意识。定岗前要合理配备，量才适用，定岗后要明确职责，并保持相对稳定，以便提高岗位技能和责任心。

(3) 出厂合格制度。出厂合格证是车辆维修合格的标志，一经厂方签发，就由厂方负责，它是制约承修方保证质量的重要手段之一。按照有关规定，凡经过整车大修、总成大修、二级维护后竣工的车辆，必须由厂方签发合格证，并向托修方提供维修部分的技术资料，否则不准出厂。《汽车维修竣工出厂合格证》由道路行政管理机构统一印制和发放。

(4) 质量保证期制度。车辆经过维修后，在正常使用情况下，按规定都有一定的质量保证期，其计算方法有的按照使用时间，而有的按照行驶里程。在保证期内，发生的质量事故，应由厂方承担责任，这也是制约承修厂保证质量的又一重要手段。因此，承修厂签发维修合同和出厂合格证时，均应注明质量保证期限。

(5) 质量考核制度。企业应按照岗位职责大小，分别制定考核奖惩标准，并认真实施兑现。

2) 维修质量控制

(1) 专用工具的使用：

● 技术经理对经销商维修人员在维修过程中的专用工具使用情况负责。

● 对于维修项目中要求使用专用工具的，必须使用专用工具。

(2) 维修过程的控制：

● 车辆维修后，维修人员自检并签字确认。

● 维修班长对自检后的车辆进行互检并签字确认。

● 质检人员对车辆进行综合检查，确认无问题(或发现问题，但客户签字同意不维修)后，签字确认，交付客户使用。

(3) 对专用工具使用和维修质量情况的检查。售后服务技术支持组不定期地对特定维修项目进行抽查，重点检查专用工具的使用情况和维修质量，并做好记录。在经销商年终考评时，此记录作为一项参考依据。

3) 汽车维修质量管理方法

汽车维修质量是维修企业的生命线。维修质量的好坏，是企业管理的综合反映，它关系着企业的生存和发展。不断提高维修质量，是企业质量管理的头等大事。质量管理的工作一般是根据实践和实验发现修理质量上的薄弱环节和问题，从技术原理、工艺上研究产生原因，在技术组织管理上采取有针对性的改进措施，并组织稳定的生产工艺路线，将改进结果同原来情况对比，看是否达到预期效果。在主要的质量问题得到解决时，次要问题会上升为主要矛盾，这时再重复上过程，以解决新产生的质量问题，周而复始，以追求质量的最高目标。

汽车维修质量检验包括下面几个内容。

(1) 汽车维修质量检验的任务。质量检验就是借助某种手段，对维修的整车、总成、零部件、工序等进行质量特性的测定，并将测定结果同质量标准相比较来判断是否合格。如出现不合格情况，还要做出使用与否的判断。质量检验按以下步骤进行：

● 掌握质量标准，明确测试的质量特性；掌握检验规则，明确抽样方案。

● 按规定的检测方法对检测对象进行检测，得出维修质量的各种特性值。

● 将检测结果与技术要求或技术标准相比较，确定是否合格。

● 对合格品及不合格品提出处理意见，做好原始记录并及时反馈。

● 质量检验部门是该企业的质量检验和监督机构，在厂长领导下代表厂长行驶质量监督权，最终对客户负责。

(2) 质量检验工作的职能如下：

● 保证职能，即把关职能。通过对原材料、外购配件、外协加工件、维修的半成品进行检验，保证不合格的原材料不投产，不合格的半成品不转入下道工序，不合格的成品不出厂。

● 预防职能。通过检验处理，将获得的数据及时反馈，以便及时发现问题，找出原因，采取措施，预防不合格品产生。

● 报告职能。将质量检验的情况，及时向企业主管部门和行业主管部门报告，为加强质量管理和监督提供依据。

(3) 汽车维修质量检验的分类及内容如下：

● 按维修程序分类。按维修程序分为进厂检验、零件分类检验、过程检验和出厂检验。

● 按检验职责分类。按检验职责分为自检、互检和专职检验，亦称"三检制度"，这是我国目前普遍实行的一种检验制度。

● 按检验对象分类。按检验对象分为维修质量检验，自制件、改装件质量检验，燃料、原材料及配件(含外购、外协加工件)质量检验，机具设备、计量器具质量检验等。

(4) 汽车维修质量检验的标准。汽车维修的技术标准是衡量维修质量的尺度，是企业进行生产和技术、质量管理工作的依据，具有法律效力，必须严格遵守。质量检验就是要遵守标准，满足标准要求。认真贯彻执行标准，对保证维修质量、降低成本、提高经济效益和保证安全运行具有重要作用。我国汽车维修的技术标准分四级，即国家标准、行业标准、地方标准和企业标准。

2．维修技术管理

国内多数品牌主机厂制定了售后服务维修技术管理要求，对经销商的技术信息反馈、技术资料利用、专用工具使用以及维修质量控制工作进行了规定，以促进经销商技术管理工作有效进行。

1) 技术文件的管理及使用

● 维修技术资料配置及状态应齐备、完好、可随时借阅，具有能阅读光盘版技术资料的设备。

● 维修技术资料应存放在固定位置，由技术经理指定专人管理，并建立资料目录及借阅档案。

● 应会利用维修技术资料。技术经理每季度抽1至2项维修项目进行考核；维修人员应会查阅维修技术资料，并按维修资料要求进行维修。

2) 专用工具及测量仪器的技术管理

● 专用工具和测量仪器的配置及管理。按汽车生产企业售后服务科统一标准配备齐全的专用工具和测量仪器，并设置专用工具员进行管理并建立借用档案；专用工具员应熟悉专用工具和测量仪器的基本使用功能。

● 专用工具和测量仪器的状态。定期维护、保养专用工具和测量仪器，保证其无损坏，辅助仪器也应配置齐全，并建立维护档案。

● 技术经理有计划地对站内相关维修人员进行专用工具、设备的使用培训。

● 对经销商缺少的、必备的专用工具应尽快订货完善，避免因缺少专用工具而影响维修质量。

3) 售后车辆信息的反馈

● 经销商应定期(每周)将批量投放的车辆的信息汇总、整理，通过网络系统中的《车辆信息反馈单》反馈给汽车生产企业售后服务科技术支持组。

● 新产品、新项目首批投放地区的经销商应及时、准确做好售后信息快捷反馈工作，反馈方式为通过网络系统的《质量信息快速反馈单》反馈给汽车生产企业售后服务科技术支持组。

● 经销商负责整理并提供维修信息、典型维修案例等方面的技术信息。

● 经销商对车辆信息反馈的准确性、及时性、完整性负责。按照汽车生产企业售后服科要求的格式将技术疑难问题反馈给汽车生产企业售后服务科技术支持组，同时技术经理对经销商反馈的信息进行确认并负责对其进行解释。

● 按要求在网络系统中填写《车辆信息反馈单》，并按照有关内容要求认真填写，要求的信息必须填全，特殊情况允许使用传真等其他手段。

● 车辆信息反馈应该齐全、完整、及时，内容清晰、详实。

● 经销商应该按维修手册有关要求进行检修及故障排除，并将检修过程填写在售后网络中的车辆信息反馈表内。

● 重大问题处理完毕后，经销商应将总结报告按时通过网络信箱或电子邮件方式(特殊情况可以填写"重大问题报告"以传真形式)反馈给汽车生产企业售后服务科技术支持组。

● 经销商维修人员在解决技术疑难问题后，应及时报告给技术经理，技术经理应对故障对象、故障分析、故障排除及建议等内容进行整理，并以典型故障排除报告样式信息以网络信箱、电子邮件或传真方式反馈给汽车生产企业售后服务科技术支持组。

● 技术经理对信息反馈表进行归档管理，以方便查询。

4) 经销商内部培训

● 经销商必须建立内部培训机制。

● 技术经理负责经销商内部的培训工作。

● 内部培训工作要有计划，每次培训后，必须建立培训档案记录，以备查询。

学习任务

课题	列出一份汽车常规保养清单
时间	
活动小组名单：	
活动描述及收获：	
教师评价：	

单元三　配件管理

汽车配件管理是特约经销商的一项重要业务内容。车辆维修所使用的配件，直接影响车辆维修后的质量和安全。配件的采购、仓储等方面的管理，对配件的及时供应、成本控制有着重要影响，直接关系到维修作业的及时性，进而影响维修交车时间和客户满意度。因此，车辆维修企业必须重视配件的管理，建立、健全包括采购、保管、使用等过程的质量管理体系，有效压缩库存量，降低成本，并不断改进管理方法，提高企业信誉和经济效益。

配件管理由配件部完成。配件部的职能主要有：

(1) 配件的订购和库房管理；

(2) 为维修车间提供生产中所必须的零件和附料；

(3) 对外零配件的调剂和销售。

配件部应设经理一名，配件(销售)计划员、配件管理员及采购人员若干。根据配件部的规模大小也可以设置搬运工若干。配件部经理隶属服务总监领导，主持配件管理部的工作。

【案例介绍】

杨先生的花冠轿车，加速时车辆发抖，到维修站检查确定是第 3 缸点火器线圈损坏，但维修站没有配件。经联系后，维修站的接待员告诉杨先生，配件大约 3 天才能到货。杨先生住的地方离维修站有 200 多千米，他很不高兴，但也很无奈。3 天后，杨先生接到电话，说点火线圈到货。他告诉对方，明天去更换。次日，当杨先生开着他的"病"车跑了 200 多千米到达维修站时，业务接待员很抱歉地对他说："我们真是万分抱歉，昨天有一辆花冠车，也是点火线圈故障。由于配件人员不知道这是给您预备的，已将配件发给了那位车主。"杨先生的愤怒是可想而知的。虽然业务接待员连连道歉，杨先生还是用高嗓门、拍桌子等方式发泄了他的不满。他开着他的"病"车往回走的时候，发现车况越来越差，这更增加了他对这家维修站的不满，他发誓再也不到这家维修站修车了。

【知识点】

一、汽车配件

为了更好地对汽车配件进行管理，首先必须掌握汽车配件的分类。汽车配件种类较为复杂，并且分类方法很多，有实用性分类、标准化分类和外包装标示分类，这里主要了解实用性分类和标准化分类两种。

1. 实用性分类

根据我国汽车配件市场供应的实用性原则，汽车配件分为易耗件、标准件、车身覆盖件与保安件四种类型。

(1) 易耗件。在对汽车进行二级维护、总成大修和整车大修时，易损坏且消耗量大的零部件称为易耗件。其主要包括发动机易耗件、底盘易耗件以及密封件。

(2) 标准件。按国家标准设计与制造的，并具有通用互换性的零部件称为标准件，如发动机悬挂装置中的螺栓及螺母、轮胎螺栓及螺母等。

(3) 车身覆盖件。为使乘员及部分重要总成不受外界环境的干扰，并具有一定的空气动力学特性的汽车表面的板件，如发动机罩、翼子板、散热器罩、车顶板、门板、行李舱盖等均属于车身覆盖件。

(4) 保安件。汽车上不易损坏的零部件称为保安件。保安件有曲轴、正时齿轮、凸轮轴、汽油箱、喷油泵、调速器、离合器压盘及盖总成、变速器壳体及上盖、操纵杆、前桥、桥壳、转向节、轮胎衬带、钢板弹簧总成及第四片以后的零件、载货车后桥、副钢板总成及零件、转向摇臂等。

2．标准化分类

汽车零部件按标准化分类总共分为发动机零部件、底盘零部件、车身及饰品零部件、电器电子产品和通用零部件 5 大类。根据汽车的术语和定义，零部件包括总成、分总成、子总成、单元体和零件。

(1) 总成。总成是由数个零件、数个分总或它们之间的任意组合构成的具有一定装配级别或某一功能的组合体，其具有装配分解特性。

(2) 分总成。分总成由两个或多个零件与子总成一起采用装配工序组合而成，是与总成有隶属装配级别关系的部分。

(3) 子总成。子总成由两个或多个零件经装配工序或组合加工而成，是与分总成有隶属装配级别关系的部分。

(4) 单元体。单元体是由零部件之间的任意轴承构成的具有某一功能特征的组合体，通常能在不同环境下独立工作。

(5) 零件。零件是指不采用装配工序制成的单一成品、单个制件，或是由两个以上连在一起具有规定功能、通常不能再分解的制件。

二、配件库房管理

1．配件的入库管理

汽车配件入库是物资存储活动的开始，也是仓库业务管理的重要阶段，这一阶段主要包括到货接运、配件验收和办理入库。

1) 到货接运

到货接运时要对照货物清单，做到交接手续清楚、证件资料齐全，为验收工作创造条件。材料进库首先在进货待查区放置准备验收，避免将已发生损失或差错的配件带入仓库。

2) 配件验收

配件验收是按照一定的程序和手续对配件的数量和质量进行的检查，以验证它们是否符合订货合同的一项工作。配件到库后首先要在待检区进行开箱验收工作，并检查配件清单是否与货物的品名、型号、数量相符。同时填写验收记录，不合格品由配件主管进行处理，并及时填写来货记录。

配件验收的程序如下：

(1) 验收准备。准备验收凭证及相关订货资料，确定存货地点，准备装卸设备、工具及人力。

(2) 核对资料。入库的汽车配件资料包括：入库通知单，供货单位提供的质量证明书、发货明细、装箱单，承运单位提供的运货单及必要的证件。

(3) 实物检验。填写开箱验收单，检验配件质量和数目。质检员、仓管员、采购员联合作业，对配件质量、数量进行严格检查，把好汽车配件进仓质量关。汽车配件验收依据主要是进货发票，另外进货合同、运货单、装箱单等都可以作为车辆配件验收的参考依据。汽车配件验收内容主要是配件的品种、数量和质量。

① 品种验收：根据进货发票，逐项验收汽车配件品种、规格、型号等，检查是否有货单和货物不相符情况；易碎件、液体类物品，应检查有无破碎、渗漏情况。点验数量：对照发票，先点收大件，再检查配件包装及其标识是否与发票相符。一般对于整箱整件，先点件数后抽查细数；零星散装配件点细数；贵重配件逐一点数；有异议的原包装配件，应开箱开包点验。

② 质量验收：质量验收方法，一是仪器验收，二是感观验收。其主要是检验汽车配件证件是否齐全，如有无合格证、保修证、标签或使用说明等；再是检验汽车配件是否符合质量要求，如有无变质、水湿、污染、机械损伤等。

③ 进口配件的辨认：特约经销商经常订购一些进口配件，因此配件管理人员必须了解并熟悉国外汽配市场中的配套件、纯正件、专厂件的商标、包装、标记及相应的检测方法和数据。

● 外部包装：一般原装配件的外部包装多为 7 层胶合板或选材较好、做工精细、封装牢固的木板箱，纸箱则质地细密、不易弯曲变形、封签完好；外表印有用英文注明的产品名称、零件标号、数量、产品商标、生产国别、公司名称，有的则在外包装箱上贴有反映上述数据的产品标签。

● 内部包装：国外产品的内部包装(指每个配件的单个小包装盒)，一般都用印有该公司商标图案的专用包装盒。

● 产品标签：国外汽车厂商，如日本的日产、日野、三菱等汽车公司的正品件都有"纯正补品"的标签，一般印有本公司商标、中英文的"纯正补品"以及中英文的公司名称和英文或日文配件名称编号(一般为图号)及长方形或正方形标签；而配套件、转厂件的配件的标签无"纯正补品"字样，但一般用英文标明适用的发动机型或车型、配件名称、数量及规格、公司名称、生产国别，而且标签形状不限于长方形或正方形。

● 包装标签：进口配件目前大多用印有本公司商标或检验合格字样的专用封签封口。例如，德国 ZP 公司的齿轮、同步器等配件的小包装盒的封签，日本大同金属公司的曲轴轴承的小包装盒的封签，日产公司的纯正件的小包装盒的封签等。但也有一些公司的配件小包装盒直接用标签作为小包装盒的封签,一举两得。

● 内包装纸:德国奔驰汽车公司生产的金属配件一般用带防锈油的网状包装布进行包裹,而日本的日产、三菱、日野、五十铃等汽车公司的纯正件的内包装纸均印有本公司标志,并用一面带有防潮塑料薄膜的专用包装纸包裹配件。

● 外观质量:从日本、德国等地进口的纯正件、配套件及转厂件,做工精细,铸铁或铸铝零件表面光滑、精密无毛刺、油漆均匀光亮,而假冒产品则铸造件粗糙,喷漆不均匀、无光泽,真假两个配件在一起对比有明显差别。

● 产品标记:原装进口汽车配件,一般都在配件上铸有或刻有本公司的商标和名称标记。例如,日本自动车工业株式会社生产的活塞,会在活塞内表面铸有凸出的 IZUMI 字样;日本活塞株式会社(NPR)的活塞环在开口平面上,一边刻有 N,另一边刻有 1NK7、2NK7、3NK7、4NK7 等字样。

● 配件编号:配件编号也是签订合同和配件验收的重要内容。各大专业生产厂都有本厂生产的配件与汽车厂配件编号的对应关系资料,配件标号一般都刻印或铸造在配件上(如德国奔驰纯正件)或标明在产品的标牌上,而假冒配件一般无刻印或铸造的配件编号。在进行验收时,应根据合同要求的配件编号或对应资料进行认真核对。

3) 办理入库

经过验收,对于质量完好、数量准确的汽车配件,要及时填写和传递《汽车配件验收入库单》,同时办理配件入库。对于在验收中发现问题的配件,如数量、品种、规格错误,包装标签与实物不符,配件受污染、受损,质量不符合要求等,均应做好记录,判明责任,联系供应商解决。对于外包装破损的邮件,应在运输及押运人员在场的情况下打开包装,检查货物数量及损坏情况;如果开箱后发现装箱单与实物不符或货物损坏,应当场写明情况,请运输人员或押运人员签字后,向领导汇报,由有关部门处理。

2. 配件的库存管理

配件库存管理是配件管理十分重要的一个环节,对配件的及时供应、成本控制有着重要影响,直接关系到维修作业的及时性。

1) 仓库设置与要求

(1) 对仓库的基本设施要求如下:

● 配件仓库应有合适的面积和高度,保证多层货架的安装以及进货及发货通道的畅通。仓库面积应该根据配件周转量的大小和企业业务量的多少确定,库房面积一般应在 $200 \ m^2 \sim 500 \ m^2$。

● 配件仓库地面应能承受 0.5 T/m² 重压,表面涂以树脂漆,以防清扫时有灰尘。

● 配备专用的配件搬运工具,配备一定数量的货架、货框等,配备必要的通风、照明及防火设备器材。

● 宜采用可调式货架,便于调整和节约空间;货架颜色宜统一,一般中型货架和专用货架必须采用钢质材料,小货架不限,但必须保证安全耐用。

● 配件仓库应有足够的通风、防盗设备,保证光线明亮、充足、分布均匀,避免潮湿、高温或阳光直射。

(2) 仓库布置的原则如下：

● 仓库各工作区域应有明显的标牌，如收发货区、索赔区、车间领料出货区、备货区、危险品库房等，如图 2.4 所示。

图 2.4 丰田 4S 店仓管管理

● 有效利用有限的空间。根据库房大小及库存量，按大、中、小型及长型进行分类放置，以便于节省空间；用纸盒来保存中、小型配件，用适当尺寸的货架及纸盒将不常用的配件放在一起保管；留出用于新车型配件的空间，无用配件要及时报废。

● 货架的摆放要整齐统一，仓库的每一过道要有明显的标志，货架应标有位置码，货位要有配件号和配件名称。

● 防止出库时发生错误。应将配件号完全相同的配件放在同一纸盒内，不要将配件放在过道上或货架的顶上；配件号和配件外观接近的配件不应紧挨存放。

● 为避免配件锈蚀及磕碰，必须保持完好的原包装；易燃易爆物品应与其他配件严格分开管理。对于易燃、易爆物品要重点保管，如空调制冷液、安全气囊本体、清洗剂、润滑液等，存放时要考虑防火、通风等问题，库房内应有明显的防火标志。

● 必须设置索赔仓库，存放索赔零件。索赔件的保管和运输由配件部负责，索赔员参与管理。

(3) 仓库管理规定如下：

● 仓库管理员要努力学习业务技能，提高管理水平，也必须熟悉配件仓库的汽车配件品种信息，能熟练操作计算机，掌握库存物资质量和存放位置，能够快速准确地进行发货及各种出库操作。

● 库存汽车配件和材料应根据其性质和类别存放。汽车配件根据其维修用量、换件频率摆放，例如维修用量小、换件率低的配件放置在离收发区较远的区域，也可放置在货架的最高层。配件摆放做到库容整齐、堆放整齐、货架整齐、标签整齐。

● 仓库管理要达到库容清洁、物资清洁、货架清洁、料区清洁。仓库内禁止吸烟，必须放置灭火器，并定期检查和更换。

● 对库存汽车材料和配件要根据季节气候勤检查、勤盘点、定期保养，及时掌握库存量变动情况，避免积压、浪费和丢失，保持账、卡、物相符；对塑料、橡胶制品的配件要做到定期核查和调位。

● 库存汽车材料和配件要做到账机(指计算机)、账物相符，严禁相同品名、不同规格和产地的配件混在一起。

● 库存不允许有账外物品；非仓库人员不得随便入内，仓库内不得摆放私人物品；索赔件必须单独存放。

● 配件发放要有利于生产、方便维修人员，做到深入现场，以满足工人的合理要求。

● 危险品库管理要达到无渗漏、无锈蚀、无油污、无事故隐患。

● 严禁发出有质量问题的配件，因日常管理、保养不到位及工作失误造成物资报废或亏损的，应视其损失程度追究赔偿责任。

● 索赔配件应该整齐地摆放在货架上，且必须挂有标签，标签上注明零件名称、索赔车辆牌照号码、零件更换下来的日期。索赔零件要定期检查，按汽车生产企业配件部门的相关规定及时运回汽车生产企业配件部门。

2) 库内配件管理

库内汽车配件管理，主要包括汽车配件的卡、账管理和库存盘点管理。现代汽车配件管理主要靠计算机管理，各大汽车厂都有自己的零配件管理软件供给4S店。大多数软件适用于国际汽车零配件贸易，对于不同的4S店在软件中则有详细的内容设置。

(1) 卡、账管理。卡、账管理就是根据各仓库的业务需要制定汽车配件卡、汽车配件保管账，利用配件卡和保管账对库内配件加以管理。汽车配件卡有两种常见的形式：

① 保管卡。多栏式保管卡适用于同一种汽车配件分别存放在好几个位置时使用。

② 货架卡片。汽车配件储存必须根据其性能、数量、包装质量、形状等要求，以及仓库条件、季节变化等因素，采用适当方式整齐稳固地堆放，这称为货架。根据货架设计的卡片称为货架卡片。

(2) 存库盘点管理。为了掌握库存汽车配件的变化情况，避免配件的短缺丢失或超储积压，必须对库存零配件进行盘点。盘点的内容是查明实际库存量与账卡上的数字是否相符，检查收发有无差错，查明有无超储积压、损坏、变质等。对于盘点出的问题，应组织复查、分析原因、及时处理。盘点方式有永续盘点、循环盘点、定期盘点和重点盘点等。永续盘点是指保管员每天对有收发动态的汽车配件盘点一次，以便及时发现问题，防止收发错误；循环盘点是指保管员对自己所管物资分出轻重缓急，做出月盘点计划，并按计划逐日盘点；定期盘点是指在月、季、年度组织清仓盘点小组，全面进行盘点清查，并造出存清册；重点盘点是指根据季节变化或工作需要，为某种特定目的而对仓库物资进行的盘点和检查。

3. 汽车配件发货管理

仓库发货必须有正式的单据为凭，所以第一步就是审核汽车配件出库单据，主要审核汽车配件调拨单或提货单，查对其名称有无错误、必要的印鉴是否齐全和相符；查看配件品名、规格、等级、牌号、数量等有无错填，填写字迹是否清楚，有无涂改痕迹，提货单据是否超过了规定的提货有效日期。如发现问题，应立即退回，不许含糊不清地先行发货。

1) 凭单记账

出库凭单经审核无误后，仓库记账员即可根据凭单所列各项记入汽车配件保管账，并将汽车配件存放的货区库房、货位，以及发货后应有的结存数量等批注在汽车配件出库凭证上，交保管员查对配货。

2) 据单配货

配件管理员根据出库凭证所列的项目进行核实，并进行配货。属于自提出库的汽车配件，配件管理员需要将货配齐，经过复核后，再逐项点付给要货人，当面交接，以清责任；属于送货的汽车配件，如整件出库的，应按分工规定，由保管员或包装员在包装上刷写或粘贴各项必要的发运标志，然后集中待运；必须拆装取零拼箱的，保管员则从零货架提取或拆箱取零(箱内余数要点清)，发交包装场所编配装箱。

随着微机的发展，汽车配件的管理也越来越多地采用了微机管理，即汽车零部件仓库条码管理系统。该系统主体建立在 IT 基础上，是结合客户具体的业务流程、整合无线条码设备的系统。其运用条形码自动识别技术，在仓库无线作业环境下，适时记录并跟踪产成品入库、出库，以及销售整个过程的物流信息，为产成品销售管理及客户服务提供支持，进一步提高企业整个仓库管理及销售的质量和效率。

货物入库时，首先由条码采集终端记录外包箱上的条码信息，选择对应采购信息和仓库及货位信息；然后批量地把数据传输到条码管理系统中，系统会自动增加相应库存信息，并记录相应的产品名称、描述、生产和采购日期；零部件入库上架作业过程中，系统均与采集终端进行自动校对和传入，实现自动化作业流程控制，如自动生成拣货单并下载到终端、自动比对拣货数量、自动传送拣货信息到后台系统。自动化的作业流程可以极大限度地提高入库工作效率。

作为仓库管理重要的一步工作环节，每到一定时间都要进行盘库作业，以确保库存准确无误、防止资产流失。借助于条码管理系统，盘库作业将变得非常轻松。条码数据采集终端的一个主要功能就是进行盘点作业，所以又称"盘点机"。盘点管理时，系统会产生盘点单，且可以根据仓库规模的大小，选择是全仓位盘点还是分仓位盘点。此系统不但可以准确地计算出理论库存和实际库存的差距，还可以精确定位到出现差错产品的条码，继而可以有效追踪到产品和相关责任单位。

单元四　索赔管理

汽车索赔是汽车生产企业针对所生产的汽车产品为客户提供的一种质量担保形式。在质量担保期内，由于产品质量问题导致的车辆故障，均由汽车生产企业委托经销商为客户提供车辆维修服务或者整车退换服务。

索赔管理是汽车售后服务管理中很重要的一部分，经销商可以利用索赔这项售后服务措施满足客户的合理要求，维护汽车生产企业的产品形象和提高经销商的服务满意度。

【案例介绍】

2002 年末，张先生购买了一辆宝来 1.8T 自动变速器车。过了 2 个月后，张先生在广播中听到关于 1.8T 宝来车点火线圈有质量问题的消息，且一汽大众有限公司免费为客户更换。当时张先生立即就近到一汽大众的 4S 店要求更换点火线圈，可 4S 店的服务人员告诉张先生：“不出毛病不赔。”张先生也没再坚持更换，可是到了 2004 年年底，张先生发现车的发动机开始出现抖动现象，后来发展到抖动严重不能行使。检查发现，发动机第一缸的点火线圈已经烧坏了。由于车辆已经过了质量担保期(2 年)1 个月，张先生无法要求索赔，他只能自费 388 元更换了一个点火线圈。2005 年 1 月，发动机突然很响，方向盘左右摆，车身晃得厉害，当时就不能行使了，后来检查发现是第二个缸的点火线圈烧坏，于是张先生又花了 255 元维修更换了第二缸的点火线圈。经过这两次自费更换点火线圈，张先生感到不满的是：“厂家已经公开承认了 1.8T 宝来这批车点火线圈有质量问题，能免费更换，并没有声明截止日期，为什么就不给换呢？”张先生购车的 4S 店称，从未接到一汽大众汽车有限公司有关免费更换的通知，只是通知将原来的 1 年质保期延长至 2 年。

【知识点】

一、汽车产品的质量担保

众所周知，所有的商品都有质保期，也称为商品的质量担保期。汽车也一样，所有的汽车生产企业一般都会给出行驶时间和行驶里程两个质量担保期的限定条件，而且还要以先达到者为准。但就目前的情况而言，我国的法律法规中并没有对汽车质量担保期限有强制性的规定。现在汽车的质量担保期限都是各个汽车生产企业自行规定的，从某种角度上说，这是汽车生产企业对客户做出的单方面承诺。由于我国在政策法规上没有针对汽车质量担保期的相关规定，这就使现在的汽车市场呈现出发展不成熟、法律法规不健全的趋势。但在未来的几年内，这种不健全的情况将会改变，目前国家质检总局正在草拟《产品质量担保条例》。让市场去规范质量将会是《产品质量担保条例》的一个方向，《产品质量担保条例》对制造商的基本权利、义务和责任将做出明确的规定。表 2-3

列出了 18 家汽车生产企业所生产的汽车的质量担保期(包含整车的质量担保和动力总成的质量担保)。

表 2-3　18 家汽车生产企业所生产的汽车的质量担保期

序号	汽车生产企业	车　型	质量担保期
1	北京奔驰—戴姆勒·克莱斯勒汽车有限公司	克莱斯勒	3 年/8 万 km
2	上海大众汽车有限公司	PASSAT 领驭	2 年/6 万 km
		柯斯达品牌	2 年/6 万 km
3	上海通用汽车有限公司	雪佛兰、别克	2 年/6 万 km
4	一汽大众汽车有限公司	大众品牌	2 年/6 万 km
		奥迪品牌	2 年/不限公里数
5	天津一汽丰田汽车有限公司	卡罗拉	2 年/5 万 km
6	一汽轿车股份有限公司	奔腾 B70/马自达 6	3 年/6 万 km
7	上海汽车集团股份有限公司	荣威 750	3 年/8 万 km
8	广州本田汽车有限公司	雅阁、飞度	3 年/10 万 km
		奥德赛、思迪	2 年/6 万 km
9	长安福特马自达汽车有限公司	蒙迪欧致胜	2 年/4 万 km
10	长安铃木汽车有限公司	奥拓	2 年/8 万 km
11	东风日产乘用车公司	天籁	2 年/4 万 km
12	东风本田汽车有限公司	思域	2 年/6 万 km
13	神龙汽车有限公司	标致	2 年/6 万 km
14	东风悦达起亚汽车有限公司	赛拉图	整车 3 年/5 万 km;发动机、变速器享受 5 年/10 万 km
15	华晨宝马汽车有限公司	宝马	2 年/不限公里数
16	华晨汽车集团控股有限公司	尊驰	整车 3 年/6 万 km;动力及传动系统重要零部件享受 10 年/20 万 km
17	奇瑞汽车股份有限公司	A1、A3	4 年/12 万 km
		A5	3 年/6 万 km
		其他车型	2 年/6 万 km
18	北京现代汽车有限公司	不限车型	整车 2 年/6 万 km;动力总成 5 年/10 万 km

下面以一汽大众汽车有限公司生产的大众品牌汽车为例，讲解整车和配件在质量担保方面的要求及质量担保方面的变化。

1. 整车的质量担保要求

① 整车的质量担保期从汽车购买之日算起，汽车购买日以购车发票上的日期为起始时间。

② 出租营运用途的新购汽车的质量担保期为 12 个月或者 10 万 km(以先达到者为准)。

③ 除了出租营运用途外的所有其他用途的新购汽车(进口迈腾除外)，质量担保期为 24 个月或者 6 万 km(以先达到者为准)；进口迈腾车的质量担保期为 24 个月，没有行驶里程的限制。

④ 在质量担保期内，如果客户变更了所购买轿车的用途，所购买的轿车仍然享受原来的质量担保期，质量担保的期限和里程不做变更。

⑤ 如果处于质量担保期内的汽车出现了质量问题，对于需更换的原装配件，它的质量担保期与整车的质量担保期相同，也就是整车质量担保期结束，更换零件的质量担保也同时结束。

2. 汽车质量担保期的变化

我国的汽车消费市场从 2003 年以后逐渐变为以私人消费为主体，导致各大汽车生产企业之间的竞争越来越强烈，他们企图占领更多的"细分市场"，所以现在的各大汽车生产企业之间的竞争已经开始由最初的成本竞争转向销售后服务领域的竞争。一些具有长远发展意识的汽车生产企业开始摒弃"同质化"的竞争手段，转向"差异化"竞争平台——售后服务领域。在这样的指导思想下，各个汽车生产企业在质量担保期上大做文章，纷纷推出了质量担保期延长的售后服务管理措施。通过表 2-2 可以看出，在汽车售后服务领域，目前国内各大汽车生产企业对消费者做出的质量担保期的承诺一般为 2 年/4 万 km 或者 2 年/6 万 km(以先达到者为准)。例如长安福特马自达汽车有限公司、东风本田汽车有限公司、神龙汽车有限公司、上海通用汽车有限公司等的质量担保期的规定都是如此。从 2007 年开始，全国各大汽车生产企业中，已经有一些生产企业对所生产的部分汽车产品的质量担保期进行了延长，它们分别为北京现代汽车有限公司、广州本田汽车有限公司、华晨汽车集团控股有限公司、上海汽车集团股份有限公司、上海大众汽车有限公司(大众品牌)、长安铃木汽车有限公司和东风悦达起亚有限公司，广州本田汽车有限公司则在新飞度上市时就直接宣布，它的质量担保期与第八代新雅阁相同，都实行了整车 3 年/10 万 km(以先到者为准)的质量担保期政策，部分汽车生产企业质量担保期延长的具体规定如表 2-4 所示。

表 2-4 中所列这些汽车生产企业在为客户进行售后服务工作的过程中，最先采取了延长质量担保期的服务策略，引起了消费者的广泛关注。实际上，很多汽车生产企业在新车型、新品牌上市时，就已经对质量担保期进行了重新定义，它们包括：北京奔驰—戴姆勒·克莱斯勒汽车有限公司生产的克莱斯勒品牌汽车的质量担保期为 3 年/8 万 km(以先到达者为准)，一汽轿车股份有限公司生产的奔腾品牌的质量担保期为 3 年/6 万 km(以先到达者为准)、长安福特马自达汽车有限公司对所生产的品牌提供 3 年/6 万 km 的质量担保期(以先到达者为准)。

表 2-4 部分汽车生产企业质量担保期限统计

汽车生产企业	升级前质保期	升级后质保期	备注
广州本田汽车有限公司(新飞度和新雅阁)	2 年/6 万 km	3 年/10 万 km	整车升级
长安铃木汽车有限公司	2 年/6 万 km	2 年/8 万 km	整车升级
华晨汽车集团控股有限公司	3 年/6 万 km	3 年/6 万 km;尊驰车型动力总成:10 年/20 万 km	动力总成升级
东风悦达起亚汽车有限公司	整车:3 年/5 万 km	整车:3 年/5 万 km;发动机、变速器总成:5 年/10 万 km	动力总成升级
上海汽车集团股份有限公司	整车:3 年/5 万 km	整车:3 年/5 万 km;发动机、变速器总成:5 年/10 万 km	整车升级
上海大众汽车有限公司	2 年/6 万 km	3 年/8 万 km	整车升级
北京现代汽车有限公司	动力总成:2 年/6 万 km	动力总成:5 年/10 万 km	动力总成升级

通过表 2-1 和表 2-2 的统计数据可以看出，现在已经有相当一部分的汽车生产企业对汽车质量担保期方面的售后服务进行了升级，在原来的 2 年/(4 万~6 万)km 质量担保期限基础上有了不同程度的延长。有的汽车生产企业还推出了动力总成的质量担保期延长，如北京现代汽车有限公司的汽车易损件，北京现代汽车有限公司推出了 3 个月/5000km 的保修政策；华晨汽车集团控股有限公司延长尊驰车型的动力总成质量担保期至 10 年/20 万 km(以先到者为准)；东风悦达起亚汽车有限公司规定在整车质量担保期 3 年/5 万 km 的基础上，推出了"非营运车辆动力总成质量担保期延长至 5 年/10 万 km(以先到者为准)"的举措。在这些延长质量担保期的汽车生产企业中，不仅包含了华晨汽车集团控股有限公司这样的自主品牌，就连一直以来在市场竞争中占绝对优势的很多合作品牌(上海大众汽车有限公司、东风悦达起亚汽车有限公司)也纷纷推出了"延长质量担保期"的优惠政策。由此可以看出，不论是自主品牌还是合资品牌的汽车生产企业，对于客户需求和售后服务质量都是越来越重视了，这将更有助于汽车售后服务管理的发展。

二、索赔条例

在质量担保期内，客户在规定的使用条件下使用车辆，由于车辆制造、装配及材料质量等原因所造成的各类故障或零部件的损坏，经过特许经销商检验并确认后均由汽车生产企业提供无偿维修或更换相应零件的费用(包括工时费和材料费)，这就是索赔。

索赔的意义：一是使客户对汽车生产企业的产品满意；二是使客户对汽车生产企业的特许经销商的售后服务满意。这两个因素是维护公司和产品信誉以及促销的决定因素，其中，客户对售后服务是否满意最为重要。因为，如果客户对售后服务仅仅有一次不完全满意，那么无疑就会失去这个客户。相反，如果售后服务能够赢得客户的信任，使客户满意，那么就能够继续推销经销的产品的服务。

索赔是售后服务部门的有力工具，售后服务部门可以用它来满足客户的合理要求。每个汽车生产企业的特许经销商都有义务贯彻这个制度，要始终积极地进行质量担保而不要把它视为负担，因为执行质量担保也是吸引客户的重要手段。

　　尽管在生产制造过程中生产者足够认真，检验手段足够完善，但还可能出现质量缺陷。重要的是这些质量缺陷能够通过售后服务部门利用技术手段和优质的服务迅速正确地解决。汽车生产企业为客户提供的质量担保正是要展示这种能力，在客户和经销商之间建立一种紧密的联系并使之不断地巩固和加强。

　　各大汽车生产企业在产品文件规定的质量担保期的基础上，还会提出一系列的条件来限制一些不合理的索赔要求。不同的汽车生产企业或者相同的汽车生产企业在不同的时期制定的索赔条例可能都会有不同，但大的原则不会发生变化。下面是某汽车生产企业所制定索赔条例和原则。

1．索赔条例

　　索赔也是汽车生产企业为消费者提供的一种质量担保，但由于以下原因造成的损坏不在客户向汽车生产企业索赔的范围之内：

- 由于汽车正常行驶而造成的零部件的正常磨损。
- 由于客户不遵守《使用说明书》及《保养手册》上的相关规定使用汽车，或超负荷使用轿车(如用作赛车)，或驾驶习惯不当给汽车零部件造成的损坏(如捷达车的倒挡齿轮的损坏)，一汽大众汽车有限公司都不为客户提供索赔服务。
- 车辆装有未经汽车生产企业许可使用的零部件，或车辆未经生产企业而改装，汽车生产企业有权拒绝客户的索赔要求。
- 车辆在非汽车生产企业授权的特许经销商处保养、维修过。
- 因为发生过交通事故造成的汽车损坏。
- 由于经销商本身操作不当造成的损伤，经销商应承担责任并进行必要的修复。
- 汽车生产企业的售后服务网络必须使用汽车生产企业配件部门提供的原装机油(带有专用包装桶)，否则不给予首保费用及办理发动机及相关配件的索赔。

2．索赔原则

- 索赔期间的间接损失(车辆租用费、食宿费、营业损失等)，汽车生产企业不予赔偿。
- 索赔包括根据技术要求对汽车进行的修复或更换，更换下来的零部件归汽车生产企业所有。
- 若经销商从汽车生产企业配件部门订购的配件在未装车之前发生故障，可以向汽车生产企业的配件部门提出索赔。
- 关于常规保养，汽车生产企业或客户已经给经销商支付过费用的，经销商有责任为客户的车辆做好每一项保养工作。如果客户在车辆经过经销商保养后，对保养项目提出索赔要求，应由经销商自行解决。
- 严禁索赔虚假申报，若发生此种情况，责任由经销商承担。
- 严禁使用非原厂配件办理索赔，若发生此种情况，责任由经销商承担。
- 空气滤清器、机油滤油器、燃油滤清器不予索赔。
- 对于汽车使用、维护过程中需要进行的调整项目，各汽车生产企业不单独为客户办理索赔项目，具体的调整项目如下：发动机 C0 值调整；发动机正时齿带、压缩机皮带紧张度调整；轮胎动平衡检查；发动机控制单元基本设定；发动机燃油消耗测定；需要使用检测仪器进行的检测调整；车轮定位参数的调整(前束、外倾)；大灯光束调整；汽车行驶超过首保里程空调系统需要加注 R134a 的情况。

3．配件索赔原则

① 从客户在经销商处购买零件并在经销商处更换之日起(日期以发票为准)，如果所购买的配件在 1 年内且里程不超过 10 万 km(这是一汽大众有限公司的规定，对于不同的汽车生产企业可能规定会略有不同)时出现质量问题，客户有权向汽车生产企业的特许经销商提出索赔(特殊件和易损件按相关规定执行)。

② 关于配件的索赔按如下有关规定执行：

● 对于蓄电池的索赔。有的汽车生产企业对于在中转库存储的车辆，需要检查商品车的出厂日期。如果蓄电池发生故障的日期距离出场日期超过 1 年，则只有出现蓄电池断格故障时经销商才可以向汽车生产企业提出索赔申请，对于蓄电池电量不足的情况，经销商不能向汽车生产企业提出索赔申请。

● 对于传动轴总成、空调系统及后桥总成的索赔，原则上汽车生产企业不予受理。如果有特殊原因需要索赔，经销商必须提交索赔原因的书面说明，并传真至售后服务部门的的相关负责人，审核批准后，才能办理传动轴总成、空调系统及后桥总成的索赔。

4．整车退换原则

为了为客户提供优质服务并且力求最大限度地满足客户要求，为了巩固和发展汽车生产企业产品的销售市场，汽车生产企业会满足客户合理的退换车要求。

1) 可以为客户退换整车的原则

● 由于重大产品质量问题引起，故障无法完全排除或者修复达不到有关要求，影响客户的正常使用的。

● 重大客户投诉引起的。

● 客户购车 1 周内，就发现重大质量问题，且客户不同意维修处理，强烈要求退换车的。

2) 以下情况原则上不同意退换整车

● 购车时间超过 2 年或者行驶里程超过 10 万 km 的。

● 车辆没有按规定到经销商处保养或者车辆故障是由于客户操作不当引起的。

● 车辆故障是由于加装、改装引起的(改装未经汽车生产企业允许)。

● 通过经销商维修(或者零部件的索赔)可以达到商品车质量标准的。

三、索赔程序

客户在汽车生产企业规定的质量担保期内，因为产品质量问题向经销商提出索赔时，经销商按照汽车生产企业的规定，遵循一定的流程完成客户的索赔工作。一般汽车生产企业的索赔流程如图 2.5 所示。

负责部门	流程图	说明

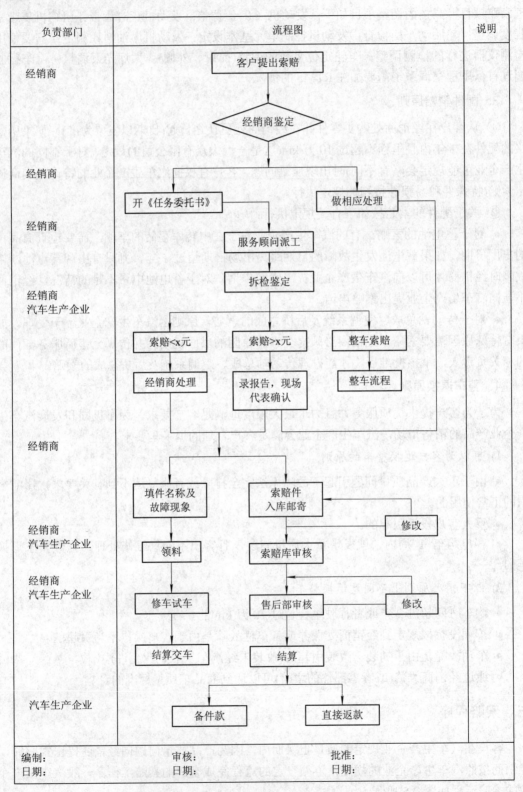

经销商 —— 客户提出索赔 —— 经销商鉴定

经销商 —— 开《任务委托书》 / 做相应处理

经销商 —— 服务顾问派工

经销商 / 汽车生产企业 —— 拆检鉴定 —— 索赔<x元 / 索赔>x元 / 整车索赔 —— 经销商处理 / 录报告，现场代表确认 / 整车流程

经销商 —— 填件名称及故障现象 / 索赔件入库邮寄 / 修改

经销商 / 汽车生产企业 —— 领料 / 索赔库审核

经销商 / 汽车生产企业 —— 修车试车 / 售后部审核 / 修改

结算交车 / 结算

汽车生产企业 —— 备件款 / 直接返款

编制：　　　　审核：　　　　批准：
日期：　　　　日期：　　　　日期：

图 2.5　索赔流程

1. 零件索赔流程

1) 客户向经销商索赔

① 客户在使用车辆的过程中,若车辆出现故障或者存在缺陷,应当向汽车生产企业的特许经销商(以下简称经销商)提出索赔要求。

② 经销商的服务顾问查看客户的《行车证》、《保养手册》,验车校对发动机号、底盘号及行驶里程,对故障车辆进行鉴定。在质量担保期内,符合质量担保条例的车辆给予索赔,维修工时费、材料费不予客户结算。

③ 经销商的服务顾问询问并确定车辆的故障部位、原因;初步确定是否符合"索赔原则"。如果符合"索赔原则",由服务顾问开具《任务委托书》,客户签名,第一联《任务委托出》由客户保存;如果不符合索赔原则,则由服务顾问向客户说明原因,经客户同意后开具《任务委托书》,进行正常的维修处理。

④ 对于索赔车辆,服务顾问派工并将《任务委托书》的第二联交给维修技师。维修技师依照《任务委托书》的要求对索赔车辆进行拆修检查,确定损坏的零部件。

⑤ 经销商的索赔员对待索赔件进行真假件的鉴定,根据"索赔原则"判断是否符合索赔条件,如果不符合索赔条件则交给服务顾问处理。

⑥ 如果确定客户车辆符合"索赔原则",经销商同意为客户索赔,还要视索赔件金额的大小执行不同的索赔程序。不同的汽车生产企业对索赔的管理不同,所以对索赔件金额的限定值也不同。有的汽车生产企业规定,索赔金额在 5000 元以下的索赔件由经销商索赔员依照索赔原则处理;索赔件价值超过 5000 元以上,经销商要请示售后服务部门的现场服务代表,并在索赔软件管理系统中录入《车辆故障信息报告》,现场服务代表网上批准后,经销商才可以为客户办理索赔业务。

⑦ 对于经过索赔员或者汽车生产企业的现场服务代表确认可以索赔的车辆,索赔员在《任务委托书》上签字,并且要在《任务委托书》上填写索赔件的名称及故障现象。具体程序如下:

● 索赔员对完成索赔的车辆填写《索赔登记卡》并录入索赔软件管理系统(要求在修理日期 20 日内),维修技师将索赔件交给索赔员,索赔员验收索赔件后在《任务委托书》上填写《索赔申请单》(如图 2.6 所示),然后粘贴条形码并对索赔件进行管理,即将索赔内容录入索赔软件管理系统,同时还要将《索赔申请单》上传到索赔软件管理系统。索赔件每月都要按汽车生产企业的规定按时返回到指定地点(先网上录入再返件)。

● 索赔员将《索赔申请单》录入索赔软件管理系统时,《索赔申请单》的索赔件状态为"*1"。汽车生产企业索赔库管理员将经销商邮寄过来的索赔件对照《索赔申请单》进行审核,如果索赔件的状态与《索赔申请单》上的内容相符合,则《索赔申请单》上的索赔件状态变为"*2",若索赔件的状态与《索赔申请单》上的内容不相符合,则《索赔申请单》上的索赔状态变为"*0";如果索赔件未到,则《索赔申请单》上的索赔件状态仍然为"*1"。对于索赔修理确认合格的索赔件状态为"*3"。售后服务部索赔员对索赔件状态为"*2"、"*3"的《索赔申请单》分别进行审核,合格的《索赔申请单》状态变为"*2";错误的则拒绝,且《索赔申请单》的状态为"*0"。

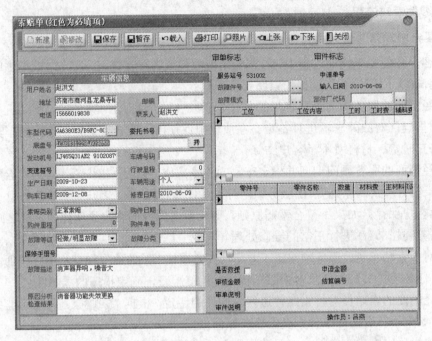

图 2.6 索赔申请单

● 由经销商索赔员对索赔件状态为"*0"或者《索赔申请单》状态为"*0"的《索赔申请单》进行修改,修改期限为 20 天。

⑧ 配件管理员依照《任务委托书》的内容打印领料单,维修技师领料、装车、试车,将车钥匙及《任务委托书》的第二联交给服务顾问,服务顾问再交给结算员。

⑨ 结算员依照索赔《任务委托书》的内容打印结算单(共两联),给客户签名。第一联客户留存,第二联及索赔《任务委托书》的第二联交给索赔员存档。

2) 经销商向汽车生产企业索赔

索赔软件管理系统每月分 4 次将确认的《索赔申请单》转入索赔结算库,经销商根据索赔软件管理系统中"经销商月结算"信息开增值税发票,并将发票按要求录入索赔软件管理(请在发票备注栏填写经销商代码)。汽车生产企业每月按规定为经销商进行索赔结算。

发票经过汽车生产企业的财务人员审核无误后,汽车生产企业的财务部门通过索赔软件管理系统直接将索赔款转为配件款。如果经销商有特殊需求,可以写书面申请直接返款。

3) 汽车生产企业向零部件生产企业索赔

● 汽车生产企业的售后服务部门把审核后的《索赔申请单》按协作厂分类,并打印《售后服务外协件索赔单》。

● 通知财务部从协作厂货款中扣除索赔款。

● 通知协作厂在规定时间内取回索赔件,如果没按规定领取,将做销毁处理。

【拓展知识】

汽车召回是按照《缺陷汽车产品召回管理规定》要求的程序,由缺陷汽车产品制造商进行的、消除其产品可能引起人身伤害、财产损失的缺陷的过程,包括制造商以有效方式通知销售商、修理商、车主等有关方面关于缺陷的具体情况及消除缺陷的方法等事项，并由制造商组织销售商、修理商等通过修理、更换、收回等具体措施有效消除其汽车产品缺陷(缺陷是指由于设计、制造等方面的原因而在某一批次、型号或类别的汽车产品中普遍存在的、具有同一性的缺陷，具体包括汽车产品存在危及人身、财产安全的不合理危险，以及不符合有关汽车安全的国家标准、行业标准两种情形)。

世界上最早的汽车召回制度起源于 20 世纪 60 年代的美国。现在，英国、德国、法国、日本、韩国、加拿大、澳大利亚、中国等很多国家都实行了汽车召回制度。在美国、日本以及欧洲国家，无论是轿车、客车还是一些专业车辆，当产品被发现存在缺陷时，很多厂家都会采取主动召回的方式，避免消费者受到缺陷车辆的影响。

我国于 2004 年 3 月 12 日发布了《缺陷汽车产品召回管理规定》，并于 2004 年 10 月 1 日起开始正式实施。《缺陷汽车产品召回管理规定》由国家质量监督检验检疫总局、国家发展和改革委员会、商务部、海关总署联合制定并发布。

汽车消费者早已经意识到，包括汽车在内的产品由于新技术、新材料、新工艺的不断应用，即使经过科学严谨的试验，在使用中也可能暴露出产品的设计缺陷和质量隐患。汽车召回制度的颁布为缺陷汽车的处理提供了规则和程序，同时也明确了汽车生产企业与客户的权益和责任。

学习任务

课题	汽车销售服务企业岗位调查		
时间		调研企业	
调研人员：			
调研描述及收获：			
教师评价：			

模块三　汽车服务企业相关岗位的其他业务

【教学目标】

最终目标：掌握汽车销售过程、汽车保险理赔业务。

促成目标：

(1) 掌握汽车销售过程及技巧；

(2) 了解汽车贷款的规定及程序；

(3) 了解二手车的鉴别注意事项；

(4) 了解汽车保险的种类及保险理赔的流程；

(5) 了解汽车美容与装饰的服务项目内容。

单元一　销 售 业 务

【案例介绍】

农行的汽车消费贷款流程。

1. 汽车消费贷款概念

汽车消费贷款是农行对在特约经销商处申请购买汽车的借款人所发放的人民币担保贷款。

2. 基本条件

● 有固定住所、具有完全民事行为能力的自然人，或依法设立的企(事)业法人。

● 借款人具有稳定的职业和收入，信仰良好，的确有偿还贷款本息的能力。

● 能为汽车贷款提供农行认可的有效担保。

● 同意在贷款银行办理银行卡(或折)，每期贷款本息委托贷款银行扣收，首期付款不少于车价的 30%，以国债、存单质押的除外。

● 同意承担贷款抵押物评估、登记、保险等费用。

3. 贷款资料

● 与汽车销售商签订的购车合同原件。

● 夫妻双方身份证或有效身份证明、户口本、结婚证、驾驶证等原件及复印件。若是未婚，还需提供未婚证明。

● 购车人若为国家公职人员，要提供本单位的收入证明。

● 购车人为法人的要携带有效的《企业法人营业执照》或《事业法人执照》、法定代表身份证明书、财务报表、贷款卡。

- 若是股份制企业，还需要提供公司章程、董事会同意抵押证明书。
- 贷款银行规定的其他资料。

4．业务一般规定

贷款金额以国债、存单质押的，贷款本息不超过国债或存单的面值；以车辆或房产抵押的，贷款金额不超过购车款的70%；以保证人担保的，贷款金额不超过购车款的60%。贷款期限一般为3年，最长不超过5年。如果所购车辆用于经营，则贷款期限最长为2年，工程车贷款期限最长也为2年。贷款利率按人民银行的规定执行。如遇法定利率调整，期限为1年以内的，执行合同利率，不分段计息；期限为1年以上的，则于次年初执行新的利率。借款人应按合同约定的还款方式、还款计划归还贷款本息。贷款期限在1年以内(含1年)的，实行按季付息，到期全部结清；贷款期限在1年以上的，实行按月等额分期偿还贷款本息。

【知识点】

一、销售业务简介

汽车销售是向客户提供汽车生产厂家的品牌新车，为客户介绍车型的性能、结构特点、性价比等优点，向客户提供试乘试驾、汽车上牌、汽车信贷等服务，树立汽车生产厂家的品牌效应。销售业绩与销售顾问的业务水平有着很大关系。

1．汽车销售的整个过程

① 客户开发：在销售流程的潜在客户开发步骤中，最重要的是通过了解潜在客户的购买需求来和他建立一种良好的关系。只有当销售人员确认关系建立后，才能对该潜在客户进行邀约。

② 接待：给客户树立正面的第一印象。由于客户通常预先对购车经历抱有负面的想法，因此殷勤有礼的专业人员的接待将会消除客户的负面情绪，为购买经历设定一种愉快和满意的基调。

③ 咨询：重点是建立客户对销售人员及经销商的信心。对经销人员的信赖会使客户感到放松，并畅所欲言的说出他的需求，这是销售人员和经销商在咨询步骤中通过建立客户信任所能获得的最重要利益。

④ 产品介绍：重点是进行针对客户的产品介绍，以建立客户的信任感。销售人员必须通过传达直接针对客户需求和购买动机的相关产品特性，帮助客户了解一辆车是如何符合其需求的，只有这样客户才会认识其价值。直至销售人员获得客户认可，所选择的车辆符合客户的心意，这一步骤才算完成。

⑤ 试车：这是客户获得有关车辆的第一手资料的最好机会。在试车过程中，销售人员应让客户集中精神对车进行体验，避免多说话。销售人员应针对客户的需求和购买动机进行解释说明，以建立客户的信任感。

⑥ 协商：为了避免在协商阶段引起客户的疑虑，对销售人员来说，重要的是要使客户感到他已了解到所必要的信息并控制着这个重要步骤。如果销售人员已清楚客户在价格和其他条件上的要求，再提出销售议案，那么客户将会感到他是在和一位诚实和值得信赖的

销售人员打交道,因为销售人员会全盘考虑到他的财务需求和关心的问题。

⑦ 成交:重要的是要让客户采取主动,并允许客户有充分的时间做决定,同时加强客户的信心。销售人员应对客户的购买信号敏感。一个双方均感满意的协议将为交车铺平道路。

⑧ 交车:交车步骤是客户感到兴奋的时刻,如果客户有愉快的交车体验,那么就为长期关系奠定了积极的基础。在这一步骤中,按约定的日期和时间交付洁净、无缺陷的车是经销商的宗旨和目标,这会使客户满意并加强他对经销商的信任感。重要的是,此时需注意客户的交车时间有限,因此应抓紧时间回答任何问题。

⑨ 跟踪:最重要的是认识到,对于一位购买了新车的客户来说,第一次维修服务是他亲身体验经销商服务流程的一次机会。跟踪的要点是在客户购买新车与第一次维修服务之间继续促进双方的关系,以保证客户会返回经销商处进行第一次维护保养。新车出售后,对客户的跟踪是联系客户与服务部门的桥梁,因而这一跟踪动作十分重要,这是服务部门的责任。

2. 销售技巧

经销商不但应该重视整车销售的数量和售后服务的业务量,还应该重视在销售过程中向客户提供周到、细致的服务,要提供全面的汽车性能、价格方面的介绍。这样做不仅会提高销售额,更会增加来公司接受售后服务客户的数量,从而全面提高经销商的经济利益和社会效益。

经销商的整车销售人员(一般称销售顾问)应该主动接待客户,了解客户的需求,向客户介绍所销售汽车的特点、卖点。因此,一个好的销售顾问不但应该掌握营销学、心理学,还应该具有一定的汽车理论和维修常识,这样才能全方位地与客户沟通,真正做到在向客户提供服务的过程中完成销售,引导客户消费。因此,要多角度地与客户沟通,以便向客户推荐自己所销售的车型。

(1) 了解客户购车的用途。如果客户购车主要用于长途奔波或远距离旅行,应建议客户考虑具有所需容量的密闭式行李舱空间,以便将行李装进去而非暴露在外面承受日晒雨淋。如果客户购车后部分时间是用来在市内使用,那么应建议客户选一辆轴距较短并易于力转向的轿车,以便能够挤入稍有些空地的停车场和穿过拥挤的购物中心。如果客户购车后经常在恶劣的路况下驾驶,应考虑汽车的通过能力,那买一辆四驱动的越野车或者运动型多功能车就再合适不过了。

(2) 了解客户的购买能力。在和客户沟通过程中,还要了解他能提供多少钱买车、养车和使用车。如果是贷款买车,还要考虑还贷能力,然后向客户介绍所销售车型的各项成本。

① 车辆购买成本:客户在接触车的第一部分花费必然是买车的成本,而且这一部分的花费是一次性支出,价值也是最大的,往往被客户们看成是最重要的购车因素。

② 车辆正常保养成本:客户在购买车辆后,紧接着就要面临保养与维护,而保养与维护的好坏也将直接影响到车辆以后的驾乘感觉及使用寿命等。

③ 燃油成本:其实只有燃油费用才是伴随车辆使用全过程的,这部分成本应该是最多的,也是最重要的,能不能节约成本从燃油消耗上最能够直接体现出来。虽然每百千米的耗油量相差只是 1 L~2 L,但是长此以往,也就不是一个小数目了。这也是除了车价以外客户最为关心的。

④ 易损件及事故件更换成本：鉴于客户们的驾驶习惯、驾驶技巧以及驾驶用途等都不尽相同，难免会出现磕磕碰碰或者更加严重的小事故。另外，由于一些非人为因素(比如天气、道路状况等)造成车辆的某些零部件损坏，其更换也是客户在用车当中的一项比较大的开支。

(3) 了解客户对汽车性能的要求。根据客户对汽车性能的要求，根据所销售汽车的特点，向客户介绍汽车在动力性、经济性、安全性、可靠性等方面的优势。同时，也要纠正某些客户在选购车辆时的不正确看法，例如以下几点。

① 车身越坚固则车辆越安全。交通事故安全分析和实验数据表明，如果车身整体都非常坚固，则在车辆碰撞时，车内乘员就要承受巨大的撞击能量和速度，容易造成伤害。在遇到强烈碰撞时，只有汽车前面的发动机罩形成符合碰撞试验标准的倒 V 字形，而后面的行李舱盖渐渐塌陷，才能使来自前冲或后撞的冲击力得以"软着陆"。

② "小车"的安全配置偏低。随着汽车技术的进步，完备的安全配置早已不是高档轿车的专利。其实，现在的一些"小车"已经将原先高档轿车才有的双安全气囊、ABS 防抱死制动系统、全车碰撞吸能设计作为紧凑型家庭轿车的标准配置，从而带动了国产紧凑型家庭轿车安全配置的普遍提升。此外，5 座标准安全带、宽胎等也都是容易被忽视的车辆安全保障，尤其是轮胎，高档的宽扁胎可以带来高强度的轮胎抓地性，增强车辆操控性能和行驶平稳性，所以轮胎是安全性的重要保证。

③ 单纯比拼油耗。一部汽车的油耗水平往往是汽车厂商综合考量一部车的市场需求特性之后综合匹配的结果。比如，所有有益于车辆安全、舒适的配置均增加了整车质量(车重)，其油耗也跟着相应提高。再如，轮胎越宽，则滚动阻力越大，车辆低速时的耗油量越大。此外，车辆的舒适性还间接地影响到汽车风阻系数的设定。消费者对整车各项性能指标充分了解之后，应根据自身的用车需求，在汽车的动力性、安全性、舒适性与燃油经济性之间做出评定和选择。值得提醒的是，作为家庭用车，对家人安全以及乘坐舒适性的考虑是必不可少的选购因素。

(4) 寻找潜在客户，具体方法如下。

① 留意首次来店的客户。走进汽车展厅的前 3 分钟，绝大多数的客户首先希望自己(注意，是自己，不需要销售顾问干预)可以先看一下展厅内的汽车。当客户的目光的聚焦点不是汽车的时候，他们是寻找可以提供帮助的销售顾问；当他们拉开车门开车前盖，或者开后盖等，这些都是需要销售顾问出动的信号。由以上可知，在客户刚走进车行的前 3 分钟还不是接近他们的时候，你可以打招呼、问候，并留下一些时间让他们自己先随便看看，初次沟通的要点是尽量降低客户的戒备，逐渐缩短双方的距离，逐渐向汽车话题转换。成熟的销售人员非常清楚，客户感觉舒服的、不那么直接的，是不以成交为导向的任何话题。比如，可以聊与客户一起来的孩子；也可以聊客户开的车，或者客户开的车的车牌；等等。这前 3 分钟也是递交名片的好时候，也是记住与客户同来的所有人名字的好时候。

② 利用"有望客户"(prospect)，寻找"有望客户"(prospecting)，开发潜在的客户。要开发新客户，应先找出潜在客户，而潜在客户必须多方寻找。增加潜在客户的渠道：朋友介绍，参加车展举办的各种试乘试驾活动、驾校、汽车俱乐部、汽车维修厂等汽车潜在客户集中的单位或场所，老客户介绍，售后服务人员介绍，电子商务、汽车相关的网站论坛，电子邮件，直邮(DM)等。直邮(DM)也是接触大量客户的一个好办法。销售信函电话最能突破时间与空间的限制，是接触客户最经济、有效率的工具。若每天能找出时间至少打

5 个电话给新客户，一年下来能增加 1500 个与潜在客户接触的机会。另外，通过展示自己来扩大人际关系(特别是目标客户集中的团体或场所)。

二、售前服务

为了保证车辆能正常使用和处于良好的技术状态，车辆在到达客户手中之前，要排除由于质量、运输及储运等原因所造成的各种故障，使其完全符合厂家的出厂标准，满足客户的要求，从而在各方面提高所有售前点位的知名度及声誉。因此厂家对售前的系列产品应当全部进行售前检查，此项工作由全国各地的特约经销商在代理商的协助下的完成。

1．售前服务的范围及内容

(1) 范围。从储运部门发运开始到销售部门销售给最终客户为止。

(2) 内容：

① 接车时，由经销商进行售前检查及验车，如表 3-1；

② 经销商对验收中发现的问题或代理商在储运中发生、发现的问题进行调整和修理。

表 3-1　宝来轿车交车检查表

DIN　ISO9002、EN2 9002 标准				
宝来轿车交车检查(PDI)				
2002 版				
修理单号	底盘号	发动机代码	车辆接收(检验)单	车辆维修单位
务必使用保养维护手册				
			合格　　不合格　　消除	
说明 •久置车辆，请遵照相关手册中的处理措施来执行。 •功能检测：对所有开关、用电器、指示器、其他操纵件及车钥匙的各项功能进行检测。 •校准时钟及维修保养间隔显示归零，查询各电控单元的故障记忆。 •检查电动窗玻璃升降及中央锁功能、车外后视镜调整功能、内后视镜防炫目功能、开窗开关功能。 •收音机：检查功能，将收音机的密码贴于收音机说明书上。 •检查行李舱灯、警示灯、各车外灯、车内照明灯及仪表盘照明灯功能及大灯灯光手动调整功能。 •检查前后杯架是否安好，后遮阳帘是否完好。 •自动空调：检查功能状态，将自动空调的温度调至 22 度。 •检查座椅调整、加热功能及安全带是否正常，后座椅折叠功能是否正常。 •检查方向盘调整功能，燃油箱盖开启功能。 •检查内饰各部位是否清洁，行李舱是否清洁；除去座椅保护罩、地毯保护膜。 •装上附带在车内的所有装备件：脚垫、顶棚天线、轮罩。 •检查车身外部是否清洁，包括漆面、装饰件、玻璃、刮水器片；检查漆面是否完好。 •除去车门边角塑料保护膜。 •检查轮胎及轮辋状况。 •紧固车轮螺栓：按规定力矩检查并紧固。 •轮胎：调定气压(气压规定值详见油箱盖)。 •备胎：调定气压(气压为油箱盖上规定值的最大值)。 •运输安全件：除去前轴减振器上的止动件；取下车内后视镜处的说明条。 •目视检查发动机舱中的发动机及其他部件有无漏油、损伤(不拆下发动机舱下部防护板)。 •目视检查车身下部(下底板)有无损伤。 •蓄电池：用手检查蓄电池电极卡夹是否牢固到位。				

续表

· 蓄电池：检查状态及电压容量。 · 刮水器/风挡清洗电动机：刮水器各挡位功能、雨量传感器功能检查，喷嘴调整检查，清洗液添加充足。 · 机油状态检查：按《保养维护指南》检查机油油位，必要时添加。 · 目视检查机舱内的发动机及其他部件有无渗漏和损伤(上部)。 · 冷却液：检查液面，应接近最高液面标识。 · 助力转向：检查液面，应接近最高液面标识。 · 保养手册：填写交车检查证明(在保养手册中)。 · 检查随车资料及随车工具是否完整、配齐。 · 试车：检查发动机、变速器、制动系统、转向系统、悬挂系统等功能。 · 合格=已检查未发现缺陷。 · 不合格=检查发现缺陷。 · 消除=按维修信息消除缺陷。 · 上述工作完成后，在维修保养手册上填写好"交车检查证明(PDI)"记录。 · 消除所有缺陷，并将此表存档。 · 备注：		
日期/签名(终检)	日期/签名(客户)	

2. 各方应遵守的规则

① 代理商接到到货通知后，至少提前 24 h 将到货地点、时间通知经销商。

② 经销商必须派专人按通知的地点和时间验车。

③ 代理商除协助经销商验车外，有责任对车辆自检。

④ 代理商接车后，对于由于质量原因所产生的故障车辆应予接收，由经销商负责维修。

⑤ 运输过程中造成的损伤或被换件，代理商必须与运输单位确定具体责任，由责任单位承担一切费用，由经销商维修。

⑥ 在储运过程中发现或发生的故障必须到经销商处维修。

⑦ 凡由经销商维修的车辆必须更换原厂备件，绝不允许使用假冒备件。

⑧ 凡经售前服务交代理商的车辆必须完好；凡属质量问题，费用由厂家承担，属非质量问题，由责任单位结清费用后，代理商方可让经销商提车。

三、销售配套服务

1. 试乘试驾

如今，体验式营销正在成为汽车行业当下最时尚的营销模式之一。通过试驾，消费者可以深切感知产品本身的产品品质。因此，试乘试驾已经成为各大汽车制造商、经销商推广新车型，消费者选购新车前必不可少的环节。试乘试驾浪潮也在全国风起云涌，媒体试车、消费者试车、集体试车、组合试车等各种形式的试车体验一个接一个，令人目不暇接。尽管试车永远是一种令人心动的体验，但是怎样试车、如何引导客户根据车的性价比判断车况，仍然是各经销商相关人员需重视的问题。为此，经销商人员应做好如下工作。

(1) 掌握车型资料。试车前，首先要掌握汽车的以下基本资料：

● 整车参数，包括车长、车宽、车高、轮距、轴距、整车装备质量。

● 动力参数，包括发动机排量、最大输出功率、最大输出转矩、气缸排列方式、气缸数、气门数、转向参控方式、驱动方式、制动方式、悬挂形式、变速器类型(自动/手动)、风阻系数。

- 性能参数,包括 0 km/h～100 km/h 加速所需时间、最高车速、经济性(百千米油耗)。

这样才会从理论上对整车基本情况有个全面的掌握,对于该车特别突出的性能更要重点记忆,以便向客户介绍。

(2) 引导客户观察整车外观和内饰设计,主要包括如下内容:

- 格栅、前灯、车轮。
- 车的外形。
- 外形与车的功能是否符合。
- 车身漆面。
- 车内布局是否符合人体工程学,比如开关按键布局是否直观或便于操控。
- 内饰材料、色彩、手感,内饰件颜色搭配协调,车内饰件贴合严密。
- 车的行李舱空间大小。
- 轮胎与车身的协调性。

(3) 引导客户感受舒适性,内容如下:

- 坐进车里,从乘坐空间的角度介绍汽车设计的合理性;根据用途的不同,介绍空间的合理利用。
- 车前座与后座有令人满意的头部空间、腿部空间。
- 介绍座椅调整方法,座椅的加热功能,以及在较长旅途情况下,座椅的舒适程度。
- 介绍车内空调系统运行状况,充分制冷或制暖,制冷、制暖迅速。
- 介绍车内灯光的舒适度,包括门灯、脚灯。
- 介绍车门进出的方便性。
- 介绍被试车辆提供的安全装备,即三点式座椅安全带、头部保护装置、安全气囊的功能。
- 介绍车辆主动安全性,如 ABS/ESP/ASP/EBV/动力转向随速助力调节系统等的功能。
- 介绍在撞车实验中的表现。

(4) 介绍装备价格比。

- 介绍在既定价格下,被试车提供的装备,如空调系统、音响系统、电动门窗。
- 介绍在同级别车型中,有无其他品牌车没有提供的装备。
- 介绍本车型提供的保用期。
- 讨论在同级别车型中,与竞争对手相比的相对优点。

(5) 指导客户驾驶与乘坐体验,内容如下:

- 点火着车,体验发动机运转是否顺畅,留心听发动机声音(还可踏下加速踏板,听听声音是否顺畅)。感受方向盘和座椅有无轻微或不可忍受的振动,试试静止时车的排挡(自动挡车型)是否可以顺畅地拨动。
- 在不同路面(如湿滑路、坡路、土路、一般公路)情况下,体验起步加速是否平稳。
- 在不同路面,体验不同速度下的汽车行驶质量如何,感觉底盘是硬还是软。
- 体验汽车动力是否强劲(包括起步、超车、提速),在不同挡位体验加速是否顺畅。
- 体验转向是否精通,范围包括直线行驶稳定性、转向随动性、制动稳定性等,汽车转向有无转向不足或转向过度问题。

- 体验整车悬挂设计，包括弹簧支柱、四连杆式悬挂是否与整车动力表现匹配。
- 感觉齿轮转换或咬合是否精通或顺畅，如果是自动变速器，有无频繁跳挡现象。
- 体验轮胎在干、湿路面下能否充分抓地，同时感受制动性能的表现。
- 感觉高速行车时发动机噪声、路面行驶噪声及风噪的大小。
- 体验节油性。

2. 汽车贷款

消费信贷与一个国家的经济发展水平和消费水平密切相关，只有在买方市场才会发生消费信贷。近几年我国消费信贷发展迅速，截至2011年底，各中资商业银行个人消费贷款余额3672.37亿元，比年初增长20.16%。其中，个人汽车贷款以62.9%的增幅最为抢眼。消费信贷的迅速提高标志着我国的消费者，特别是年轻人的消费观念正在发生重大变化。

(1) 贷款规定。目前，购车并不需要一次性付清一切款项，银行车贷、汽车金融公司贷款成了购车新选择。汽车贷款是指贷款人向申请购买汽车的借款人发放的贷款，也叫汽车按揭。目前多数汽车品牌的经销商都与银行联合开办了汽车贷款业务。某品牌汽车经销商的分期付款客户登记表如表3-2所示，欲贷款购车的客户填好此表后方可办理其他的业务。

表3-2　分期付款客户登记表

客户名称		联系电话		家庭住址	
选购车型		销售价格		颜色	
贷款期限		贷款车款( )%		贷款金额	
月利率		首付车款( )%		首付金额	
××××× 汽车销售有限公司					
选购车型		销售价格		颜色	
贷款期限		贷款车款( )%		贷款金额	
月利率		首付车款( )%		首付金额	
保险费	车损		落籍费用	通行费	
	第三者			拓印照相	
	盗抢			牌照费	
	自燃			购置税	
	履约			扩大号	
	1年保险费合计			小计	
	2年保险费合计		前期总计金额		
	公证费		月还款		
	工商验证费		总利息		
	封籍费		业务经办人		
	小计		联系电话		

- 贷款对象：借款人必须是贷款行所在地常住户口居民，具有完全民事行为能力。
- 贷款条件：借款人具有稳定的职业和偿还贷款本息的能力，信用良好；能够提供可认可资产作为抵押，或有足够代偿能力的第三人作为还贷款本息并承担连带责任的保证人。
- 贷款额度：贷款金额一般最高不超过所购汽车售价的80%。
- 贷款期限：汽车消费贷款期限一般为1至3年，最长不超过5年。

● 贷款利率：由中国人民银行统一规定。

● 还贷方式：可选择一次性还本付息法和分期归还法(等额本息、等额本金)。

汽车金融或担保公司就是文中有足够代偿能力的第三人作为偿还贷款本息并承担连带责任的保证人。

(2) 贷款程序如下：

① 借款人申请贷款时应当向贷款人提供以下资料，并对所提供材料的真实性和合法性负完全责任。

● 贷款申请书。

● 有效身份证件。

● 职业和收入证明以及家庭基本状况。

● 购车协议或合同。

● 担保所需的证明或文件。

● 贷款人规定的其他条件。

② 贷款人在收到贷款申请后，应对借款人和保证人的资信状况、偿还能力以及资料的真实性进行调查，并最迟在受理贷款申请之日起 15 日内对借款人给予答复。

③ 对于符合贷款条件的借款人，贷款人须履行告知义务。告知内容包括贷款额度、期限、利率、还款方式、逾期罚息、抵押物或质押物的处理方式和其他有关事项。

④ 贷款人审查同意后，应按《贷款通则》的有关规定向借款人发放贷款。对于不符合贷款条件的借款人，应说明理由。

⑤ 贷款支用方式必须保证购车专用，并须经银行转账处理。借款人不得提取现金或挪作他用。

⑥ 在贷款有效期内，贷款人应对借款人和保证人的资信和收入状况以及抵押物保管状况进行监督。

(3) 汽车消费贷款流程如下：

① 购车人到贷款行或已与贷款行签订合作协议的汽车销售商处咨询汽车消费贷款有关事宜。

② 购车人到汽车销售商处挑选车辆，与销售商谈妥有关条件后签订购车合同(意向)。

③ 购车人携带有关资料到贷款行申请汽车消费贷款。

④ 购车人在贷款行开立存款账户或银行卡，并存入不少于车价 30%的首期付款。

⑤ 银行对购车人进行资信调查后，最迟在受理借款申请之日起 5 日内对购车人是否贷款给予答复，若有意向贷款，汽车经销商要提供购车人的购车发票原件及复印件，然后银行与购车人签订《消费担保借款合同》，并委托银行办理车辆保险。

⑥ 购车人委托汽车销售商代为办理汽车上牌、税费缴纳、抵押登记；贷款合同将在以上工作完毕后生效。

⑦ 贷款合同生效后，银行将根据购车人的委托将贷款和首期款划转到汽车经销商的账户，购车人就可以提车了。

⑧ 购车人以后只要每月(每季)20 日前在存款账户或者银行卡上留足每期应还款额，银行会从购车人账户中自动扣收，到期结清全部本息。

⑨ 贷款归还后，贷款行注销抵押物，并退还给购车人。

【拓展知识】

1. 汽车金融服务

汽车金融服务最初是在 20 世纪初期,汽车制造商向客户提供汽车销售分期付款时开始出现的。它的出现引起了汽车消费方式的重大变革,实现了消费支付方式由最初的全款支付向分期付款方式的转变。这一转变虽然促进了汽车销售,却大大占用了制造商的资金。随着生产规模的扩张、消费市场的扩大和金融服务及信用制度的建立与完善,汽车制造商又开始向社会筹集资金,通过汽车金融服务这个新的融资渠道,利用汽车金融服务公司来解决制造商在分期付款中出现的资金不足等问题。这样,汽车金融服务就形成了一个完整的"融资—信贷—信用管理"的运行过程。

汽车金融服务主要用于在汽车的生产、流通、购买与消费环节中。融通资金的金融活动包括资金筹集、信贷运用、抵押提现、证券发行和交易以及相关保险、投资活动,具有资金量大、周转期长、资金流动相对稳定和价值增值等特点,它是汽车制造业、流通业、服务维修与金融业相互结合渗透的必然结果,涉及到政府法律、法规、政策行为以及金融保险等市场的相互配合,是一个复杂的交叉子系统。

2. 汽车金融服务公司

汽车金融服务公司是汽车销售中商业性放款和汽车个人消费贷款的主要提供者。1919年,美国通用公司设立的通用汽车票据承兑公司是最早的汽车金融服务机构,主要向汽车消费者提供金融信贷服务。1930 年,德国大众公司推出了针对本公司生产的"甲壳虫"的未来消费者募集资金。此举开创了汽车金融服务向社会融资的先河,同在此前由美国通用公司创立的汽车销售中商业性放款和汽车个人消费贷款的金融服务业务,形成了一个初具雏形的汽车金融服务体系。

国外有近 100 年的专业化的汽车金融公司历史。通常,汽车金融公司隶属于较大的汽车工业集团,成为向消费者提供汽车消费服务的重要组成部分,可以凭借其先天的汽车行业背景,向消费者提供完整的专业服务,推动汽车业的健康发展。

汽车金融公司是从事汽车消费信贷业务并提供相关汽车金融服务的专业机构,其首要市场定位是促进汽车及相关产品的销售。汽车销售涉及产品咨询、签订购买新车或二手车合同、办理登记手续、零部件供应、维修保养、索赔、二手车处理等。

银监会 2008 年 1 月 24 日颁布的《汽车金融公司管理办法》规定,在我国,汽车金融公司是为中国境内的汽车购买者及销售者提供金融服务的非银行金融机构。出资人应为中国境内外依法设立的企业法人。其中,非金融机构出资人最近 1 年的总资产不低于 80 亿元人民币或等值的自由兑换货币,年营业收入不低于 50 亿元人民币或等值的自由兑换货币,而非银行金融机构出资人注册资本不低于 3 亿元人民币或等值的自由兑换货币;经营业绩良好,最近两个会计年度连续盈利;主要出资人须为生产或销售整车的汽车企业或非银行金融机构。汽车金融公司的最低注册资本不得低于 3 亿元人民币或等值的自由兑换货币。

国内一些可以提供购车贷款服务的汽车金融服务公司如下:

● 一汽财务有限公司(一汽金融):提供一汽品牌车辆的贷款,如一汽丰田、一汽大众、一汽马自达、一汽红旗、一汽奥迪以及卡车等。

- 大众金融公司：提供大众品牌车辆的贷款，如上海大众、一汽大众等。
- 丰田金融公司：提供丰田品牌车辆的贷款，如广汽丰田、一汽丰田等。
- 东风雪铁龙金融公司：提供雪铁龙品牌车辆的贷款。

单元二 二 手 车

二手车，英文译为"used car"，意为"使用过的车"，在中国也称为"旧机动车"。"中古车"是日本的叫法。在美国，有二手车经营者为了更好地卖出二手车、改变消费者对二手车质量差的看法，给二手车定义为"曾经被拥有过的车"。

二手车最大的优点就是便宜。不同年份的二手车的价格相当于新车的 1/3～1/2，甚至更少；而且由于新车前两年折旧率比较高，买二手车避开了汽车的快速折旧期，所以还具有相对保值的优势。此外，某些特定年代和车型的二手车还具有收藏价值。

国内二手车行业的发展日趋完善，二手车的交易和服务业呈现多样化形态，并产生了二手车买卖信息、二手车拍卖、二手车评估、二手车保养维修等服务项目。多项服务手段结合，可以使人们减少购买二手车的种种顾虑，对二手车行业的发展有一定的促进作用。

【案例介绍】

二手车评估案例：帕萨特领驭 1.8T。

(1) 评估车型：上海大众帕萨特领驭 1.8T(手动基本型)。

(2) 登记日期：2007 年 9 月。

(3) 新车包牌价格：新款相似配置 19 万元。

(4) 表征行驶里程：3.3 万公里。

(5) 用户情况：车主置换新款车辆，期望价格为 16 万元。

(6) 该车配置和手续：

- 车身——双层防锈镀锌钢板；
- 发动机——直列 4 缸 1.8 升涡轮增压汽油发动机；
- 变速箱——5 挡手动变速箱；
- 购置附加费——正常缴纳并有效；
- 养路费——缴纳至 2008 年 12 月；
- 车船税——缴纳至 2008 年；
- 保险——全部保险到 2009 年 9 月；
- 登记证、发票——登记证有效，正规发票；
- 其他——进口关单、税费手续齐全。

(7) 静态检查：车辆整体外观良好，车身有轻微的划痕，副驾驶一侧防撞擦条有修复痕迹，右后的保险杠下方有明显的擦伤修复痕迹，驾驶员迎宾踏板有划痕，车辆的其他外观方面基本良好，没有破损痕迹；车门开合正常，后备箱内侧密封胶有打开痕迹，驾驶员侧有明线，加装了防盗设备，但是安装粗糙；驾驶舱内采用米色内饰，做工略显粗糙，尤其是座椅使用的材料不够档次，后排座椅有拆装过的痕迹，没有安装到位；发动机舱内线路基本正常，安装的防盗设备从蓄电池搭接的线路不够专业，其他部分基本正常，发动机侧面防火墙有轻微的破损痕迹；没有渗漏痕迹；底盘系统基本正常，轮胎磨损正常，刹车盘片由于放置一定的时间出现了轻微的锈蚀，其他基本正常。

(8) 动态检查：车辆启动后抖动正常，怠速略高，很快平稳之后噪音下降；行驶过程中变速箱结合动力平顺，离合器感觉略沉，转向准确；加速过程中车辆由于自重，较大噪音升高，转速上升，增压器作用之后动力感觉顺畅；刹车制动性能良好。

(9) 东风悦达起亚至诚二手车高级评估师杨少辉的意见为：帕萨特系列车型作为大众的主流产品一直在市场上有着无可比拟的稳定性和交易量，纵使经济环境低迷的今天，全国每月交易量仍在万辆以上，可谓是"老神仙"车型。这款车的整体车况良好，黑色车身属于主流车型。根据市场预期，这款车的成交价格在15.2万～15.5万元之间比较合理。

【知识点】

一、二手车的鉴别

越来越多的使用过一年半载的汽车流入了二手车市场，崭新的外形、优惠的价格吸引了众多准车族人的眼球。很多有意购买二手车的消费者都面临如何鉴定二手车车况的难题。针对二手车市场中参差不齐的车况，专家提醒用户购买二手车时不仅要看外观，更要检查发票、手续等单据，以免上当受骗。具体鉴别流程如下：

● 查找事故痕迹与隐患。掀开车内地毯，查找车身下面是否藏有硬伤；仔细观察车门，看是否重新油漆过，任何新的油漆都说明掩盖了不想让人知道的缺陷；机盖下的车架当然会有焊接点，但原来的焊接点粗糙、不规则。

● 识别二手汽车的真实年龄。看踏板上的橡胶蒙面，这里最能透露出车辆的实际年龄。经常有人担心原车主会在里程表上作伪，这也有办法查验，可索要该车最近的保修发票，那上面应该注有车辆的行驶里程。

● 查看轮胎磨损程度，尤其是前轮的。假如花纹扁平，边缘已全无棱角，说明原车主驾车的习惯粗野。这样不仅轮胎本身状况不佳，更透露出车的整体状况会存在问题。

● 了解二手车车身状况。耐心地围着车身多转几圈，仔细观察挡泥板的边缘，以及车轴处，看机件磨损与经受风吹日晒的情况或者查看排气管外端，检查其陈旧或生锈程度。

● 查看发动机外观与运转情况。查看发动机外观，识别漏水漏油的痕迹。启动发动机，观察排出气体的颜色。假如排出的气体是半透明的淡灰色，说明状况良好；如果是黑色则说明发动机没有调校好；蓝色说明发动机已经十分疲劳；白色说明汽缸垫即将报废。另外，嗅一嗅气体的气味，难闻则是不妙的征兆。

● 检查二手车行驶性能。通过亲自驾驶来检测车辆状况是绝对必要的。首先检查各种电器，包括转向灯、车大灯、暖气系统、空调系统、收音机是否都能正常运转；然后启动发动机，令其低速运转，倾听运转状况是否平稳。要想查验离合器的状况，可以在起步时把变速器挂在三挡而不是通常的一挡，假如发动机未像正常情况熄火，说明离合器已经衰老。

● 要驾车行驶一程，并且在发动机上升到适当的温度后继续仔细倾听发动机的声音。尽可能频繁地转换车速，查看在加速与减速时车辆的反应。假如车速一升高，车身与方向盘就抖动，则车辆状况不佳。

● 请原车主驾车带你行上一程，看看原车主在驾驶座上的习惯和做法。假如原车主驾驶动作粗暴，他的车况肯定不佳。

二、交易车辆的手续检查与交易资格审核

1．二手车的手续

二手车的手续是指保证该交易车辆在交易后能继续合法上路行驶，且是按照国家法规和地方法规办理的各项有效证件和交纳的各项税费凭证。

2．二手车的交易证件

二手车的交易证件是指能证明二手车手续完备合法的书面证明，具体包括二手车的来历凭证、机动车行驶证、车辆号牌、车辆运输证、交易双方的身份证明等。

(1) 机动车来历凭证。进行交易的二手车来历凭证分新车来历凭证和二手车来历凭证。

第一次进行二手车交易的车辆，其来历凭证与新车交易的来历凭证一样，是指经国家工商行政管理机关验证盖章的机动车销售发票。其中没收的走私、非法拼(组)装汽车、摩托车的销售发票是国家指定的机动车销售单位的销售发票。

已经交易过的二手车再次交易，其来历凭证是指经国家工商行政管理机关验证盖章的二手车交易发票。除此而外，还有因经济赔偿、财产分割等所有权发生转移，由人民法院出具的发生法律效力的判决书、裁定书、调解书。

(2) 机动车行驶证。机动车行驶证是机动车取得合法行驶权的凭证，与登记车辆一一对应，由公安车辆管理机关依法对机动车辆进行注册登记后核发(农用拖拉机由当地公安交通管理部门委托农机监理部门核发证件)。机动车行驶证是机动车上路行驶必须携带的证件，也是二手车过户、转籍必不可少的证件。机动车行驶证一般记载有该车车型、车主信息和车辆号牌、发动机号、车架号、车辆技术性能信息、检验记录等内容。

(3) 机动车号牌。机动车号牌亦即车辆牌照，是指由公安车辆管理机关依法对车辆进行注册登记核发的金属号牌，在办理车辆注册登记时和机动车行驶证一同核发，其号牌字码与行驶证号牌一致。

(4) 道路运输证。道路运输证是由县级以上人民政府交通主管部门设置的道理运输管理机构对从事客货运输(包括城市出租客运)的单位和个人核发的随车携带的证件，用于证明该车能用于相应的客货运输。营运车辆转籍过户时，应到运营机构及相关部门办理营运过户有关手续。

(5) 车辆购置税。为了解决我国发展公路运输事业与国家财力紧张的矛盾，《车辆购置税征收管理办法》决定对所有购置车辆的单位和个人，包括国家机关和单位一律征收车辆购置税。车辆购置税由交通部门负责征收，征收标准一般是车辆价格的10%。

(6) 机动车辆保险费。按照我国现行管理法规，机动车第三者责任险是强制保险险种，车辆不投保该险种不能办理合法上路行驶手续。另外，机动车所有人为了避免在车辆发生事故时造成较大损失，一般都会对车辆进行保险。需要注意的是，二手车交易完成后，交易双方应到保险公司办理批改手续以确保保险权利和义务的执行。

(7) 车船使用税。国务院2006年发布的《中华人民共和国车船税暂行条例》规定，凡在中华人民共和国境内拥有车船的所有人或管理人，都应该按照规定按年缴纳车船税。

(8) 客货运附加费。客货运附加费是国家本着取之于民、用之于民的原则，向从事客、

货运输的单位或个人征收的专项基金。征收的客运附加费是用于公路汽车客运站、客运店设施建设的专项基金；货运附加费的征收用于港航、站场、公路和车船技术的改造。

(9) 交易双方的身份证明，即买卖双方证明或居民身份证。这些证件主要用于向注册登记机关证明机动车所有权转移的车主身份和住址。

3．禁止交易的车辆

根据《二手车流通管理办法》的规定，下列机动车禁止交易：已报废或者达到国家强制报废标准的车辆；在抵押期间或者未经海关批准交易的海关监管车辆；人民法院、人民检察院、行政执法部门依法查封、扣押期间的车辆；通过盗窃、抢劫、诈骗等违法犯罪手段获得的车辆；发动机号码、车辆识别代码或者车架号码与登记号码不相符，或者有凿改迹象的车辆；走私、非法拼(组)装的车辆；不具有《二手车流通管理办法》第二十二条所列证明、凭证的车辆；在本行政辖区以外的公安机关交通管理部门注册登记的车辆；国家法律、行政法规禁止经营的车辆。

单元三　保险理赔

汽车保险产生的前提是自然灾害和意外事故。自然灾害和意外事故的客观存在，使人们设法寻找对付各种自然灾害和意外事故的措施，但是可实施的预防和控制显然是有限的，于是人们想到了经济补偿，而保险业就作为一种有效的经济补偿措施走进了人们的生活。可以说，没有自然灾害和意外事故就不会产生保险，并且人类社会越发展，创造的财富越集中，自然灾害和意外事故所造成的损失程度也就越大，就越需要通过保险的方式提供经济补偿。

【案例介绍】

案例 1：某企业维修了一辆奥迪 A6 保险事故车，因该车的车顶棚变形严重，所以更换了前风窗玻璃、右前车门、右后车门。维修人员在打腻子时由于不仔细导致水进入驾驶室内，造成自动变速器电脑损坏。修理厂找到保险公司要求理赔，保险公司以自动变速器电脑是非事故造成的理由拒绝了修理厂的要求，修理厂只得赔偿客户自动变速器电脑，企业白白损失了四五千元人民币。

案例 2：一辆捷达轿车发生倾翻事故后被拖至一修理厂维修。车辆在钣金整形过程中，维修人员曾多次启动发动机，但感觉发动机转动无力，以为是蓄电池亏电，更换蓄电池后启动还是转动无力。后来发现此现象是由车辆倾翻时机油进入汽缸内导致的，而维修人员多次强行启动发动机的操作已将大部分气门顶弯。保险公司认为该事故系人为，所以拒绝赔偿，维修厂因此损失了 2000 多元人民币。

【知识点】

一、机动车保险基本知识

机动车保险主要分为两个主险种和三个附加险种。主险种有车辆损失险和第三者责任险，机动车附加险是在投保了主险种后的附带险种，即只有投保了主险种后方能投保相对应的附加险，附加险不能单独投保。机动车的保险种类如表 3-3 所示。

表 3-3　机动车保险种类

主 险 种	附 加 险
车辆损失险	盗抢险
	玻璃单独破碎险
	车辆停驶损失险
	火灾、爆炸、自燃损失险
	新增加设备损失险
第三者责任险	救助特约险
	车身划痕损失险
	无过失责任险
	车上人员责任险
	车上货物责任险
	不计免赔险

1．车辆损失险

车辆损失险是指车主向保险公司投保的预防车辆可能造成的损失的保险。《机动车辆保险条款》中对什么原因造成的保险车辆损失，保险人负责赔偿或不负责赔偿都有严格的责任界定(如保险车辆上的一切人员和财产，该险种是不负责赔偿的)。车辆损失险的保险金额可以按投保时的保险价值或实际价值确定，也可以由投保人与保险公司协商确定，但保险金额不能超出实际价值，比如价值 10 万元的车辆，保险金额只能在 10 万元以内。

2．第三者责任险

被保险人允许的合格驾驶人员在使用保险车辆过程中发生意外事故，致使第三者遭受人身伤亡或财产的直接损毁，依法应当由保险人依保险合同的规定给予赔偿。投保时，被投保人可以自愿选择投保档次——事故最高赔偿限额。关于第三者赔偿数额，应由保险公司进行核定，保险人不能自行承诺或支付赔偿金额。

3．车辆损失的附加险

① 盗抢险：保险车辆全车被盗、被抢劫或被抢夺时，保险人对其直接经济损失按保险金额计算赔偿。赔偿后保险责任终止，该车辆权益归保险人所有。

② 自燃损失险：当保险车辆因本车电气路线、供油系统发生损毁及运载货物导致起火燃烧造成的保险车辆损失，以及被保险人在发生本保险责任事故时，为减少车辆损失所支出的必要合理的施救费用，由保险公司进行赔付。

③ 玻璃单独破碎险：指保险车辆发生玻璃单独破碎后，由保险公司承担赔付责任。

④ 新增加设备损失险：指被保险人对保险车辆除出厂时原有各项设备外的另外加装设备进行的保险。保险人将在保险单该项目所载明的保险金额内，按实际损失赔偿。

4．第三者责任险的附加险

① 车上责任险(司乘人员意外伤害险)：保险车辆发生保险责任范围内的事故，致使保险车辆上的人员遭受伤亡时，保险人在保险单所载明的该项赔偿限额内计算赔偿本应由被保险人支付的赔偿金额。

② 车载货物掉落责任险：如在使用过程，投保车辆所载货物掉落致使其他人遭受人身伤亡或财产损失，保险公司可以按照"车载货物掉落责任险"进行赔偿。

③ 车上货物责任险：如投保车辆在使用过程中，所载货物遭受直接损失以及被保险人为减少货物损失而支付的合理施救、保护费用，可由保险公司依据"车上货物责任险"为投保车辆提供一定金额的赔偿。

5．其他附加险

不计免赔险：投保了车辆损失险及第三者责任险的车辆如发生保险责任范围内的事故，而造成车辆损失(不含盗抢)或第三者责任险的，由保险人依据《机动车辆保险条款》赔偿规定的金额负责赔偿。

《机动车辆保险条款》第十一条规定："根据保险车辆驾驶人员在事故中所负责任，车辆损失险和第三者责任险在符合赔偿规定的金额内实行绝对免赔率：负全部责任的免赔20%，负主要责任的免赔15%，负同等责任的免赔10%，负次要责任的免赔5%。"即两个主险种在发生事故时的赔偿率并非100%，而是根据保险人在事故中所负的责任大小，按比例赔偿。

由此可知，如投保了不计免赔险，在发生保险责任范围内的事故时，就可以收到100%的赔偿。

二、保险条款中的不赔责任

常见的不赔条款包括：
① 无证驾驶或超出准驾车型，或持不合格的驾驶证。
② 酒后、吸毒、药物麻醉所致的车辆损失和第三者责任。
③ 第三者责任险拒绝支付投保户与第三者私下协定的赔偿金额。
④ 逾期报案，报案不实。
⑤ 报案车辆发生转移、变更用途、增加危险程度而未办理批改手续。
⑥ 发生事故未报保险公司备案。
⑦ 发生事故时保险车辆的行驶证无效。

三、保险理赔和维修基本流程

汽车维修企业不仅自身要熟悉保险理赔的基本流程，而且要让客户了解理赔的基本流程。这样，客户在出现交通事故后才能与维修厂联系，由修理厂出面帮助客户处理保险理赔，那么出险车辆到此修理厂维修则是十拿九稳的事情了。车辆保险理赔的流程如图 3.1 所示。

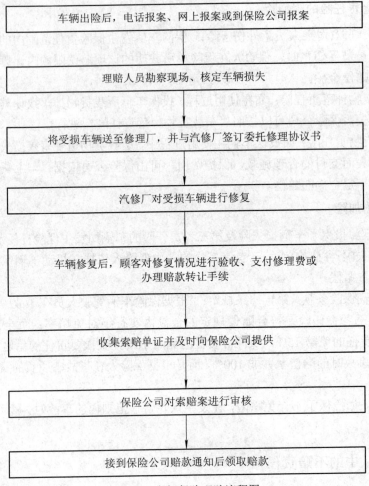

图 3.1   车辆保险理赔流程图

1．报案定损

出险后客户要保护现场、及时报案。除了向交通管理部门报案外，还要及时向保险公司报案。

出险车辆定损的基本流程如下：

① 车主出示保险单证、行驶证、驾驶证、被保险人身份证。

② 车主出示保险单。

③ 车主填写出险报案表，详细填写出险经过、出险地点、出险时间，详细填写报案人、驾驶员和联系电话。

④ 保险公司理赔员和车主一起检查车辆外观，拍照定损。

⑤ 根据车主填写的报案内容拍照核损。

⑥ 交付维修站修理。

⑦ 理赔员开具任务委托单确定维修项目及维修时间。

⑧ 车主签字确认。

⑨ 车主将车辆交予维修站维修。

以上是车主和保险公司理赔员必须做的。一定要注意做好前期工作，以免事后理赔时麻烦被动。

2．保险车辆的维修流程

为保证保险车辆的工作进度和质量，维修企业应认真抓好保险车辆维修工作，其中很重要的一项是保险车辆维修流程。

维修企业的保险车辆维修流程如下：

● 保险车辆进厂后应确定是否需要保险公司进行受损车辆损伤鉴定，若需要，则由业务经理负责联系保险公司进行鉴定。切记不要不经保险公司而直接拆卸，以免引起纠纷。

● 要积极协助保险公司完成车辆的查勘、照相以及定损等必要工作。

● 保险公司鉴定结束后，由车间主任负责安排班组进行拆检。各班组长将拆检过程中发现的损伤件列表并通知车间主任或业务经理。

● 服务主管将损伤件列表后联系保险公司，以对车辆进行全面定损并协商保险车维修工时费。定损时应由业务经理陪同，若业务经理不在，应提前向业务接待员交代清楚。

● 业务接待员根据保险公司定损单下达《维修任务委托书》。客户有自费项目的，应征得客户同意，并另开具一张《维修任务委托书》且注明，然后将《维修任务委托书》交由车间主管安排生产。

● 业务接待员开完《维修任务委托书》后，将定损单转报给报价员。

● 报价员将定损单所列材料项目按次序填入《汽车零部件询报价单》，报价单必须注明车号、车型、单位、底盘号，然后与相关配件管理人员确定配件价格，并转给备件主管审查。

● 报价员在备件主管处备份价格、数量、项目后，向保险公司报价，并负责价格的回返。

● 报价员将保险公司的返回价格交备件主管审核，如价格有较大出入，由业务经理同保险公司协商。报价员将协调后的回价单复印后，将复印件转备件主管。

● 对于定损时没有发现的车辆损失，由业务经理协调保险公司进行二次查勘定损。

● 如有客户要求自费更换的部件，必须由客户签字后方可到备件库领料。

● 保险车维修完毕后应严格检验，确保维修质量。

● 维修车间将旧件整理好，以便保险公司或客户检查。

● 检验合格后，《维修任务委托书》转业务接待员审核，并应注明客户自费项目；审核后转结算处。

● 结算员在结算前将所有单据准备好。

● 最后由业务接待员通知客户结账，业务经理负责车辆结账的解释工作。

● 如有赔款转让，则由业务经理协调客户、保险公司办理。

3．赔付规定

1）全部损失

● 保险车辆发生全部损失后，如果保险金额等于或低于出险时的实际价值，将按保险金额赔偿。

● 保险车辆发生全损后，如果保险金额高于出险时的实际价值，将按出险时的实际价值赔偿。

2) 部分损失

● 若保险车辆局部受损失，且其保险金额达到承保时的实际价值，则无论保险金额是否低于出险当时的实际价值，损失部分均按实际修理费用赔偿。

● 保险车辆的保险金额低于承保时的实际价值时，发生的部分损失按照保险金额与出险当时的实际价值比例赔偿修理费用。

● 保险车辆损失最高赔偿金额以保险金额为限。

● 保险车辆全部损失的一次赔款等于保险金额全数时，车辆损失险的保险责任即行终止。但保险车辆在保险有效期内，不论发生一次或多次保险责任范围内的损失或费用支出，只要每次赔偿未达到保险金额，其保险责任依然有效。

● 保险车辆发生事故遭受全损后的剩余部分，应协商作价归被保险人并在赔款中扣除。

4. 赔付时间

在车辆修复或自交通事故处理结案之日起 3 个月内，车主应持保险单、事故处理证明、事故调解书、修理清单及其他有关证件到保险公司领取赔偿金。保险公司一般在 10 天以内支付赔款。赔款一般在 1 年内领取，否则将按放弃处理。

5. 争议

如与保险公司有争议不能达成协议，可向经济合同仲裁机关申请仲裁或向人民法院提起诉讼。

单元四 汽车美容与装饰

对汽车进行美容装饰不仅使车整洁漂亮，也延长了汽车的使用寿命，使其美观并保值。汽车外观还有较高的装饰性，若爱车美观亮丽，还能充分体现出车主高贵的身份。

【案例介绍】

钣喷流水线作业工作流程。

下面介绍的这套钣喷工作流程对设备先进度要求不是很高，而是将油漆修补的流程合理地分解，包括设备和人员的分工。这样，一件复杂的事情被简单化了，其工作效率及结果都得到改善。

1. 钣金校正

首先，钣金校正工位的技术人员会将车辆开上轨道流水线，完成校正和拆卸工作(如图3.2 所示)后，车辆顺着轨道移动到补土工位。

2. 补土

补土技术人员检查钣金校正的质量后，进行补土、打磨作业(如图3.3 所示)，完成后将车辆移动到底漆作业工位。

图 3.2 钣金较正

图 3.3 补土

3．底漆

底漆作业技术员检查补土的质量后，进行底漆喷涂、打磨等作业，完成后车辆顺着轨道移动到遮蔽工位。

4．遮蔽

遮蔽工位技术员检查底漆质量后进行非喷涂面的遮掩工作(如图 3.4 所示)，清洁、遮蔽完成后车辆顺着轨道移动到喷漆房内。

图 3.4 遮蔽

5．喷漆

喷漆技术员检查遮掩质量后，持续进行清洁、喷涂、烘烤工作(如图 3.5 所示)，完成后车辆被开出烤漆房，来到抛光工位。

图 3.5 喷漆

6. 抛光

抛光技术员检查喷漆质量后,进行抛光、清洁作业(如图 3.6 所示),完成后车辆被开往组装工位。

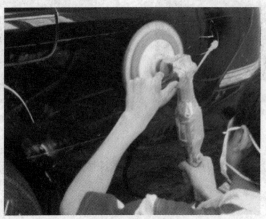

图 3.6　抛光

7. 组装

组装技术员将拆卸的零件全部装配完毕,修复工作就全面完成了,如图 3.7 所示。

图 3.7　组装

【知识点】

一、汽车美容

1. 汽车美容的概念

"汽车美容"源于西方发达国家,英文名称为"Car Beauty"或"Car Care",指对汽车的美化与维护。

西方国家的汽车美容业随着整个汽车产业的发展,已经达到了非常完善的地步。他们形容这一行业为"汽车保姆"(Car Care Center),也称作"第四行业"。所谓第四行业,顾名思义,是针对汽车生产、销售、维修三个步骤而言的。

现代汽车美容不只是简单的汽车清洗、吸尘、除渍、除臭及打蜡等常规美容护理，还包括利用专业美容系列产品和高科技设备，采用特殊的工艺和方法，对汽车进行漆面抛光、增光、深浅划痕处理及全车漆面翻新等一系列养护作业。

汽车美容按作业性质不同可分为护理性美容和修复性美容两大类。护理性美容是指为保持车身漆面和内饰件表面亮丽而进行的美容作业，主要包括新车开蜡、汽车清洗、漆面研磨、漆面抛光、漆面还原、打蜡及内饰件护理等美容作业；修复性美容是指车身漆面或内饰件表面出现某种缺陷后进行的恢复性美容作业，这些缺陷主要有漆膜病态、漆面划痕、斑点及内饰件表面破损等。根据缺陷范围和程度的不同可分别进行表面处理、局部修补、整车翻修及内饰件修补、更换等美容作业。

专业汽车美容具有系统性、规范性和专业性等特性。所谓系统性就是着眼于汽车的自身特点，由表及里进行全面而细致的保养；所谓规范性就是每一道工序都有标准而规范的技术要求；所谓专业性就是严格按照工艺要求采用专用工具、专用产品和专业技术手段进行操作。汽车美容应使用专用的优质保养产品，针对汽车各部位材质进行有针对性的保养、修复和更新，使经过专业美容后的汽车外观洁亮如新，并能长久保持。

2. 汽车美容的作用

(1) 保护汽车。汽车涂膜是汽车金属等物体表面的保护层，它使物体表面与空气、水分、日光以及外界腐蚀性物质隔离，起着保护物面、防止腐蚀的作用，从而延长金属等物体的使用寿命。汽车在使用过程中，由于风吹、日晒、雨淋等自然侵蚀以及环境污染的影响，涂层会出现失光、变色、粉化、起泡、皲裂、脱落等老化现象，另外交通事故、机械撞击等也会造成涂膜损伤。一旦涂膜损坏，金属等物体就失去了保护的"外衣"。因此，加强汽车美容作业、维护好汽车表面涂膜是保护汽车金属等物体表面的前提。

(2) 装饰汽车。随着人们消费水平的提高，对于一些中、高档轿车来说，汽车已不仅仅是一种交通工具，也已成为一种身份的象征。车主不仅要求汽车具有优良的性能，而且要求汽车具有漂亮的外观，并想方设法把汽车装点得靓丽美观，这就对汽车的装饰性能提出了更高的要求。汽车装饰不仅取决于车型外观设计，而且取决于汽车表面色彩、光泽等因素。通过汽车美容作业，可使汽车涂层平整、色彩鲜艳、色泽光亮，即始终保持美丽的"容颜"。

(3) 美化环境。随着我国国民经济的不断发展和科学技术的不断进步及人们生活水平的不断提高，道路上行驶的汽车越来越多。五颜六色的汽车装扮着城市的各条道路，形成一条美丽的风景线，对城市和道路环境起到了美化作用，给人们以美的享受。如果没有汽车美容，道路上行驶的汽车车身灰尘污垢堆积、漆面色彩单调、色泽暗淡，甚至锈迹斑斑，这将会形成与美丽的城市建筑极不协调的景象。因此，美化城市环境离不开汽车美容。

3. 汽车美容作业项目

(1) 护理性美容作业包括如下内容：

① 新车开蜡。汽车生产厂家为防止汽车漆膜在储运过程中受损，确保汽车到客户手中时漆膜完好如新，在汽车总装的最后会对整车进行喷蜡处理，即在车身表面喷涂封漆蜡。封漆蜡没有光泽，严重影响汽车美观，且易沾附灰尘。汽车销售商在汽车出售前会对汽车

进行除蜡处理,俗称开蜡。

② 汽车清洗。为使汽车保持干净、整洁的外观,应定期或不定期地对汽车进行清洗。汽车清洗是汽车美容的首要环节,同时也是一个重要环节。它既是一项基础性的工作,也是一种经常性的护理作业。

按汽车部位不同,清洗作业可以分为车身外表面清洗、内饰清洗和行走部分清洗。车身外表面主要有车身表面、车门窗、外部灯具、装饰、附件等;内饰主要由蓬壁、地板(地毯)、座椅、仪表盘、操纵件、内部装饰、附件等组成;行走部分主要指与汽车底盘有关的总成壳体的表面。

对车身漆面的清洗可分为不脱蜡清洗和脱蜡清洗两种。不脱蜡清洗是指车身表面有蜡,但是不想把它去掉,只是清掉灰尘、污迹。清洗方法主要是通过清水和普通清洗剂,采用人工或机械清洗。脱蜡清洗是一种除掉车漆表面原有车蜡的清洗作业。有些汽车原先打过蜡,现在需要重新打蜡上光,在这种情况下,必须在洗车的同时将原车蜡除净,然后再打新蜡。脱蜡洗车使用脱蜡清洗剂,该清洗剂可有效地去除车蜡。用脱蜡清洗剂洗完之后,再用清水将车身表面清洗干净。

③ 漆面研磨。漆面研磨是为去除漆膜表面的氧化层、轻微划伤等缺陷所进行的作业。该作业虽具有修复美容的性质,但由于所修复的缺陷非常小,所以把它列为护理性美容的范围。

漆面研磨与抛光、还原是三道连续作业,研磨是漆面轻微缺陷修复的第一道工序。漆面研磨需要使用专用研磨剂,通过研磨抛光机进行作业。

④ 漆面抛光。漆面抛光是紧接着研磨的第二道工序。车漆表面经研磨后会留下细微的打磨痕迹,漆面抛光就是去除这些痕迹的护理作业。漆面抛光需使用专用抛光剂。

⑤ 漆面还原。漆面还原是研磨、抛光后的第三道工序,它是通过还原剂将车漆表面还原到"新车"般的状况。还原剂也称"密封剂",其对车漆起密封作用,以避免空气中的污染物直接侵蚀车漆。还原剂有两种,一种叫还原剂,另一种叫增光剂。增光剂在还原作用的基础上还有增亮的作用。

⑥ 打蜡。打蜡是指在车漆表面涂上一层蜡质保护层,并将蜡抛出光泽的护理作业。打蜡的目的:一是改善车身表面的光亮程度,增添亮丽的光彩;二是防止腐蚀性物质的侵蚀,对车漆进行保护;三是消除或减小静电影响,使车身保持整洁。汽车打蜡可通过人工或打蜡机进行。

⑦ 内饰护理。汽车内饰护理是对汽车控制台、操纵件、座椅、座套、顶棚、地毯、脚垫等进行的清洁、上光等美容作业,同时还包括对汽车内饰定期杀菌、除臭等净化空气作业。汽车内饰部件种类很多,外层面料也各不相同,在护理中应分别使用不同的护理用品,确保护理质量。

(2) 修复性美容作业项目包括如下内容:

① 漆膜病态治理。漆膜病态是指漆膜质量与规定的技术指标相比所存在的缺陷。漆膜病态有上百种,按病态产生的时间可分为涂装中出现的病态和使用中出现的病态两大类。对于不同的漆膜病态,应分析具体原因,采取有效措施积极防治。

② 漆面划痕处理。漆面划痕是指因刮擦、碰撞等原因造成的漆膜损伤。当漆面出现划痕时，应根据划痕的深浅程度，采取不同的工艺进行修补。

③ 漆面斑点处理。漆面斑点是指漆面接触了柏油、飞漆、焦油、鸟粪等污物而留下的痕迹。对斑点的处理应根据斑点在漆膜中渗透的深度采取不同工艺。

④ 汽车涂层局部修补。汽车涂层局部修补是指当汽车漆面出现局部失光、变色、粉化、起泡、龟裂、脱落等严重老化现象或因交通事故导致涂层局部破坏时所进行的局部修补涂装作业。汽车涂层局部修补虽作业面积较小，但要使修补漆面与原漆面的漆膜外观、光泽、颜色达到一致，需要工作人员具有丰富的经验和超高的技术水平。

⑤ 汽车涂层整体翻修。汽车涂层整体翻修是指当全车漆膜出现严重老化时所进行的全车翻新涂装作业。其主要内容有清除旧漆膜、金属表面除锈、底漆和腻子施工、面漆喷涂、补漆装饰及抛光上蜡等。

4. 汽车美容的依据

汽车美容应根据车型、车况、使用环境及使用条件等因素有针对性地、合理地安排美容作业的时机及项目。

(1) 因车型而异。由于汽车美容项目、内容及使用产品不同，其价位也不一样。对汽车进行美容不仅要考虑效果，同时也要考虑费用。因此，不同档次的汽车采用的美容作业及使用的美容用品应有所不同。对于高档轿车来说主要考虑美容效果，而对一般汽车只需进行常规的美容作业就可以了。

(2) 因车况而异。汽车美容作业应根据汽车漆膜及其他表面状况有针对性地进行。车主或驾驶员应经常对汽车表面进行检查，发现异变现象要及时处理。例如，车漆表面出现划痕，尤其是较深的划痕时，若不及时处理，金属出现锈蚀后，会增大处理的难度。

(3) 因环境而异。汽车行驶的地域和道路不同，对汽车进行美容作业的时机、项目也不同。如汽车经常在污染较重的工业区行驶，应缩短汽车清洗周期，经常检查漆面有无污染色素沉积，并积极采取预防措施；如汽车在沿海地区行驶，由于当地空气潮湿，大气中含盐较多，一旦漆面出现划痕应立即采取治理措施，否则很快就会造成内部金属锈蚀；如汽车在西北地区行驶，由于当地风沙较大，漆面易失去光泽，应缩短抛光、打蜡的周期。

(4) 因季节而异。不同的季节、气温和天气，对汽车表面及内部装饰部件具有不同的影响。如汽车在夏季使用时，由于高温，漆膜易老化；在冬季使用时，由于严寒，漆膜易冻裂，所以应进行必要的预防护理作业。另外，冬夏两季由于车内经常使用空调，车窗紧闭，车内易出现异味，因此应定期进行杀菌和除臭作业。

二、汽车装饰

随着人们物质生活水平的提高，个性化、独具风格的汽车装饰已成为现代人生活的时尚。通过外装饰可在不改变车辆本身功能和结构的前提下，改变汽车外观，使汽车更醒目、豪华、满足个性化的要求；汽车内饰可为车主营造温馨与舒适的空间；汽车视听装饰则可为车主欣赏更多音源、获得更好的音质、扩张音响的功能提供更大的空间；车载免提电话可提高汽车行驶的安全性。

汽车的装饰服务项目有：车窗与车身装饰、汽车内部装饰、汽车视听装饰、车载免提电话及汽车安全防护装饰等。

1. 车窗与车身装饰

车窗和车身构成汽车外表面，其装饰效果直接影响到汽车的外观。车主应根据汽车的实际情况，本着美观、协调、实用和安全的原则，有针对性地选择装饰项目，确保装饰效果。

1) 车窗太阳膜

车窗太阳膜的功能如下：

● 改变色调。五颜六色的太阳膜可以改变车窗玻璃全部是白色的单一色调，给汽车增添美感。

● 隔热降温。太阳膜可以减小光线照射强度，起到隔热效果，保持车厢凉爽。

● 防止爆裂。当汽车发生意外时，防爆太阳膜可以防止玻璃爆裂飞散，避免事故中玻璃碎片对司机人员造成伤害，提高汽车安全性。

● 保护肌肤。阳光中的紫外线对人体肌肤具有一定的侵害力，长期受紫外线照射易引起皮肤病。太阳膜可以有效地阻挡紫外线，对肌肤起到保护作用。

● 单向透视。太阳膜的单向透视性可以遮挡来自车外的视线，增强隐蔽性。

太阳膜的种类按颜色可分为自然色、茶色、黑色、天然色、金墨色、浅绿色和变色等品种，按功能不同可分为普通太阳膜、防晒太阳膜和防爆太阳膜等，按产地不同可分为进口和国产太阳膜。

2) 加装天窗

加装天窗的主要目的是有利于车厢内通风换气，因为车厢内的空气状况直接影响到乘客的舒适性。没有天窗的汽车主要是靠侧窗进行通风换气，而打开侧窗后车外的尘土、噪声便会灌进车内，且若是冬夏两季，享受车内暖风和冷气时，会让窗外的寒气或热浪扑面吹来，使人感到很不舒服，同时还破坏了空调的效果。加装天窗后能较好地克服上述不足，实现有序换气。另外，天窗还为驾车摄影、摄像提供了便利条件。

3) 车身装饰

汽车车身装饰可分为三类：一是保护类，为保护车身安全而安装的装饰品，如保险杠、灯护罩；二是实用类，为弥补轿车载物能力不足而安装的装饰品，如行李架、自行车架、备胎架等；三是观赏类，为使汽车外部更加美观而安装的装饰品，如彩条贴、金边贴、全车金标等。

在车身上粘贴形状、色彩各异的彩条贴膜，不仅能突出车身轮廓，还能协调车身色彩，给人以丰富的联想和舒适的心理感受，使车身更加多彩艳丽。

上述装饰中，有些项目会严重改变车辆的原设计外形尺寸，造成车辆超长、超高及超重现象，这是国家有关规定所不允许的。

2. 汽车内饰装饰

汽车内饰包括驾驶室和车厢，它是驾驶员和乘客在行驶途中的生活空间。对汽车内饰进行装饰，营造温馨、美观的车内环境，可使司乘人员乘坐舒适、心情愉快，给人一种宾至如归之感。

1) 座椅装饰

汽车座椅是车内占用面积最大、使用频率最高的部件，所以对其进行装饰不仅要考虑美观性，还要考虑实用性。

① 汽车坐垫的功能：

● 提高舒适性。柔软的汽车坐垫可缓减汽车颠簸产生的振动，减轻旅途疲劳。

● 改善透气性。夏季使用的硬塑料或竹制品坐垫具有良好的透气性，给人凉爽的感觉，有降温消肝功效。

● 增强保健性。汽车保健坐垫可以通过按摩或磁场效应，改善乘员局部新陈代谢，促进血液循环，消除紧张疲劳，达到保健目的。

② 汽车坐垫的种类：

● 柔式坐垫。该坐垫主要由棉、麻、毛及化纤等材料制成。

● 帘式坐垫。该坐垫主要由山竹、石或硬塑料等材料制成的小块单元体串接成帘状进而制成坐垫，该坐垫具有极好的透气性，是高温季节防暑降温的佳品。

● 保健坐垫。该坐垫是根据人体保健需求制成的高科技产品，当乘员随汽车颠簸振动时可起到自动按摩效果，另外坐垫的磁场效应对人体保健也大有益处。

2) 更换真皮座套

目前，国产汽车和经济型进口车出厂时多数没配备真皮座椅。为营造更舒适、温馨的车内空间，越来越多的汽车开始更换真皮座套。

3) 车内饰品装饰

车内饰品种类很多，按照与本体连接形式的不同可分为吊饰、摆饰和贴饰三种。

● 吊饰。吊饰是将饰品通过绳、链等连接件悬挂在车内顶部的一种装饰。

● 摆饰。摆饰是将饰品摆放在汽车控制台上的一种装饰。

● 贴饰。贴饰是将图案和标语制在贴膜上，然后粘贴在车内的一种装饰。

4) 桃木装饰

桃木装饰的特点是美观、高雅、豪华，其优美的花纹具有特殊的装饰效果，主要用于汽车内饰控制台、方向盘及变速杆等部位。

5) 香品装饰

车用香品对净化车内空气、清除异味、杀灭细菌具有重要作用。

现今市面上的车用香品种类繁多，按形式可分为气态、液态和固态；按使用方式可分为喷雾式、泼洒式和自然散发式等。

气态车用香品主要由香精、溶剂和喷射剂组成；液态车用香品由香精与挥发性溶剂混合而成，盛放在各种造型美观的容器中，此种车用香品在汽车室内应用最广。固态车用香品主要是香精与一些材料混合，然后加压成型。

3. 汽车视听装饰

人们在以车代步、乘坐舒适等需求满足之后，又进一步追求坐在车内听广播、欣赏音乐、看电视等享受。因此，汽车装饰项目中便增添了选配、安装和改装视听装置的内容。

1) 汽车视听装饰的作用

在汽车里安装音响、电视等视听设备具有以下作用：

● 减轻驾驶途中的疲劳。在汽车行驶途中，音乐、相声、小品等文艺节目，既可提供优美的听觉享受，又可减轻驾驶途中的疲劳，使司乘人员感到轻松愉快。乘客还可通过汽车电视观看精彩的影视节目，消除途中寂寞。

● 提供交通信息。一些大中城市的广播电台已相继开通交通信息节目，向驾驶员及时传递道路情况、交通情况、汽车使用、维修服务及安全行车知识等信息，还接受驾驶员的信息咨询和投诉，成为驾驶员行车的顾问和向导。

● 减少停车等待中的寂寞。停车等候乘客，这是客车驾驶员经常遇到的，此时打开视听设备，动听的音乐、诙谐的相声和小品可减少等待中的寂寞。

2) 汽车视听装饰的种类

汽车视听装饰主要有汽车收放机、汽车激光唱机、汽车电视机、汽车影碟机等。

4．车载免提电话

大家都知道酒后驾车的危险，但可能不知道，驾车人在行车中手持手机拨打或接听电话，发生交通事故的几率高达 27.3%，与酒后驾车相当，是正常行车的 4 倍。车载免提电话与车载电话的区别在于：一是通话时不必手持话筒，双手照样开车，而一般的车载电话只能在停车或不开车时使用；二是免提电话价格低。车载免提电话主要有以下类型。

(1) 用手机做"心"的免提电话。这是一种上车后将手机置入机座内就可以使用的免提电话装置。它体积小，不影响车内装置，直接接到汽车点烟器，无需改装车内结构，电话声音从高保真扬声器传出。这种产品不仅克服了车载电话和手机号码不同的弊端，而且无需更换手机和车载系统，它适合任何型号的汽车。

(2) 声控免提电话。这种电话靠声音控制，只需轻声一呼，电话就自动接通。这种电话可以预存 50 多个电话号码。当开车时，只需轻轻按一下"一指键"，系统就提示"哪个名字？"，当你说出某人的名字后，系统会提示"哪个地点？"。如果你说"办公室"，电话接通之后你就可以通话了。

(3) 插卡式车载电话。这是同时具有普通车载电话功能和免提声控功能的高档车载电话。手机所具有的功能其应有尽有，而且操作简单，可满足不同客户的需求，真正为客户建立了一个移动的办公室。

5．汽车安全防护装饰

汽车安全防护装饰包括车辆防盗、报警和司乘人员行车保护等装置。它是为提高车辆安全防护性能而采取的技术措施，对加强车辆及行车安全具有重要作用。

1) 汽车防盗装置

汽车防盗装置按照结构的不同大致可分为以下三种：

● 机械式汽车防盗装置。机械式汽车防盗装置大多为各种防盗锁，它们通过锁定方向盘、制动器踏板、变速杆等主要操纵件防止汽车被开走。

● 电子式汽车防盗系统。在高级轿车上多数安装的是微电脑控制的智能型电子遥控防盗器。防盗器可在窃贼接近或进入汽车时，发出蜂鸣、警笛、灯光等信号，既可吓退窃贼，又可引起路人的注意。

● 网络式汽车防盗系统。网络式汽车防盗系统主要是利用 GPS 卫星定位系统对汽车进行监控，从而达到防盗目的。该防盗系统不仅可以锁定汽车点火或启动，还可通过卫星定位系统(或其他网络系统)将报警信息和报警车辆所在位置无声地传送到报警中心。

2) 电子式汽车门锁

电子式汽车门锁主要有以下类型：

● 按键式电子门锁。按键式电子门锁通过键盘(或组合按钮)输入开锁密码，内部控制电路采用电子锁专用集成电路(ABIS)。

● 拨盘式电子门锁。拨盘式电子门锁通过机械拨盘开关输入开锁密码。按键式电子门锁可以改造成拨盘式电子门锁。

● 电子钥匙锁。电子钥匙锁通过电子钥匙输入(或作为)开锁密码，电子钥匙是构成控制电路的重要组成部分。电子钥匙可以由元器件或由元器件构成的单元电路组成，可做成小型手持单元形式。电子钥匙和主控电路之间可以通过声、光、电和磁等多种形式联系。此类产品包括各种遥控汽车门锁、转向锁和点火锁以及电子密码点火钥匙。

● 触摸式电子门锁。触摸式电子门锁采用触摸方法输入开锁密码，操作简单。相对于拉链开关，触控开关使用寿命长、造价低，因此优化了电子门锁控制电路。装有触摸式电子门锁的轿车前门没有门把手，以电子门锁和触摸传感器代之。

● 生物特征式电子门锁。生物特征式电子门锁的特点是将声音、指纹等人体生物特征作为密码输入，由计算机进行模式识别控制开锁。因此，生物特征式电子锁的智能化程度相当高。

3) 汽车安全报警装置

汽车是高速行驶的交通工具，为使汽车驾驶员和行人及时了解汽车运行过程中的各种信息，从而采取果断措施、确保行车安全，现代汽车安装了多种安全报警装置。汽车安全报警装置的种类有：超速报警装置、超车自动报警装置、倒车自动报警装置和多功能安全显示器。

6. 汽车安全保护装置

(1) 汽车安全带。汽车安全带是属于汽车驾驶员和乘客的安全保护装置。当汽车遇到意外情况紧急制动时，安全带可以将驾驶员或乘客束缚在座椅上，以免前冲，从而保护驾驶员和乘客不受二次冲撞造成的伤害。

(2) 汽车安全气囊。安全气囊的安装应考虑以下几点，一是安全气囊的结构形式。目前安全气囊主要分为机械式、电子式和化学式。从反应速度看，电子式及化学式的气囊充气速度较快，机械式的气囊充气速度比较适中。二是安全气囊的安装方式。安全气囊的安装方式主要有两种，即直接将气囊安装在方向盘上，安装气囊组件时原车方向盘不更换；或将整个方向盘换成带有气囊的豪华方向盘，则安装气囊组件时需将原车方向盘更换。三是安全气囊的生产厂家。在选购气囊时应注意认清所购气囊是否有国家安全鉴定权威机构(公安部车检中心)的检测合格证明，同时还要核实经销商及加装店的经营许可文件。

学习任务

课题	品牌汽车美容连锁店或品牌二手车交易中心的调查与参观		
时间		调研企业	
调研人员：			
调研描述及收获：			
教师评价：			

模块四　汽车服务企业的人力资源管理

【教学目标】

最终目标：会进行绩效评估，掌握团队建设的技能。

促成目标：

(1) 会描述人力资源的概念、任务及其特征；

(2) 会描述绩效评估的含义及类型；

(3) 熟悉汽车服务企业的员工招聘程序。

单元一　人力资源管理概述

【案例介绍】

福特汽车公司之所以取得强大的盈利能力和良好的发展势头，与福特近年来创立的独特人力资源管理不无关系。员工创新及协同能力的不断提高，大大增进了企业对环境的适应能力和竞争实力。

传统的人力资源管理大多是为达到公司的目标，建立适合的组织结构和明确的岗位责任制、考核制度，以提高工作效率；或是设计科学的研发、生产、营销制度，以加强员工之间的协调配合。这种管理方式虽然取得了很好的效果，但其过于注重技术层面，具有一定惰性，难以适应复杂而多变的环境。福特公司首席执行官 Jacques Nasser 希望员工能从自己公司的角度去思考和行动。经过实践，福特公司创立了一种最有效的方式，即在网络经济形势下，加强组织协同，协调员工的发展目标和公司目标。

1. 内部网——信息快捷分享平台

网络技术的成熟和广泛使用大大降低了信息的成本，因此企业有机会实现内部信息共享，员工也借此提高了工作能力和效率。福特公司建立了一个包含 50 万种产品设计资源、产品管理工具和战略信息资源的公司局域网(内部网)，网上能提供及时和大量的信息。90%的上网员工都能在网上获得改善工作的方法和工具，高层管理人员也在网上讨论分部商业计划、工程实例和产品发展计划等，完全摒弃以往缓慢而不变的纸张方式。人事管理部门充分利用内部网完成内部员工的培训、岗位轮换工作，更好地处理员工与上司之间的关系。内部网已经成为福特公司事业的基石。

2．相互教育——形成企业认同

福特采用的重要方式之一是相互教育，即将某人所了解或总结的有关自己业务或通常商业上的成功因素表达出来，并与他人共享的一种学习机制。这样，领导成了老师，学生(员工)学习反馈之后也可以成为老师。这种机制并不是一定要寻找出完整正确的答案，而是要了解一个人到底是如何思考的。每个员工将自己的假设、信念或实践向领导、同事和下级公开，力图打开个人头脑中的"黑匣子"，发现尚未发现的好想法或重要见解的雏形。

虽然谁都可以给出自己的观点，但实践中关键还要注意次序问题。福特公司确定先由领导打开这个机制的启动按钮，然后这个领导给出的最初、最原始的观点将被讨论、辩论或纠正。例如，Nasser 和他的领导集体曾在四个远程会议中创造了他们的教育性观点，然后与下层领导讨论。后者也同样需要写出教育性观点，然后在一起讨论和争辩。这种沟通的形式多种多样，有的可能包含图表，有的仅是文字。Nasser 认为，当人们知道他们的工作具有竞争性时，热情会大大被激发，而热情是会"传染"的。这种机制有效地实现了员工之间的沟通，增强了员工对企业的认同感。更重要的是通过不断的信息共享、问题探讨、经验交换，可最大程度地提升企业的整体实力。

3．网络经济下的组织协同

这种网络经济下的组织协同作为一种新型的人力资源管理方式，其实并不排斥传统上通过制度约束来规范员工行为，以达到公司目标的人事管理方法，但同时更应注意以下几点：

(1) "提高管理效率和效益"实际上是以公司利益为主体的，而与消费者、股东及员工利益存在着差异，有时甚至是对立的，尤其与后者的对立更是直接。因此，应将人事管理的重点放在"熨平"这种差异上，以减少由于目标冲突带来的损失；并充分利用现代信息技术，尤其是网络，大大减少管理上的成本支出。

(2) 管理实际上是让组织中的所有人朝统一的目标或方向做出努力。但是，在实践中需要注意的是，这种方式缺乏强有力的制度约束，因此需要对效果加以确认和不断巩固。核心领导层的指导和控制非常重要。

(3) 人才培养既要注重层次性又要注重普遍性，既要建立一个有序滚动的核心管理梯队，又要不断提高员工整体素质。这样才有希望获得持续发展，才会避免"独木难支"或"树倒猢狲散"的局面。

【知识点】

一、人力资源及其特征

一般认为，所谓人力资源，是指能够推动整个经济和社会发展的劳动者的能力，包括能够进行智力劳动和体力劳动的能力。要正确理解这一范畴，必须注意人力资源的以下特征：

(1) 生物性。人力资源存在于人体之中，是有生命的活资源，与人的自然生理特征相联系。

(2) 能动性。在经济活动中，人力资源是居于主导地位的能动性资源。人力资源与其他经济资源相比，不同之处在于它具有目的性、主观能动性和社会意识。

(3) 可再生性。人力资源是一种可再生资源，它可以通过人力总体和劳动力总体内各个个体的不断替换更新和恢复得以实现，是一种用之不尽、可充分开发的资源。

(4) 社会性。从宏观上看，人力资源总是与一定的社会环境相联系的，它的形成、开发、配置和使用都是一种社会活动。从本质上讲，人力资源是一种社会资源，应当归整个社会所有，而不应仅归属于某一个具体的经济单位。

二、人力资源管理的定义及功能

1. 人力资源管理的定义

人力资源管理，就是指运用现代化的科学方法，对与一定物力相结合的人力进行合理的培训和调配，使人力、物力经常保持最佳的比例，同时对人的思想、心理和行为进行恰当的诱导、控制和协调，充分发挥人的主观能动性，使人尽其才、事得其人、人事相宜，以实现企业的发展目标。

对于某个具体的企业而言，人力资源管理就是通过招聘、录用、培训、绩效考评、福利与报酬等工作，从全社会大的人力资源中获取人才、使用人才、培养人才，并通过全体员工的工作实现企业目标的过程。通常人力资源部门要做的主要工作有：人力资源规划、职务设计与工作分析、招聘与甄选、员工培训与能力开发、工作绩效评价、工资福利、劳资关系、工作安全与保健等。

2. 汽车服务企业人力资源管理的主要职能

人力资源管理工作直接影响整个汽车服务企业的经营状况。这种影响可能是有利的，也可能是不利的，具体效果取决于人力资源的具体政策、体制设计和贯彻实施。汽车服务企业人力资源管理工作的任务，就是在汽车服务企业内部设计各种有关的制度，使之有利于充分发挥员工的才干，从而圆满地实现汽车服务企业的各种目标。其主要职能是通过改进员工的职责、技能和动机，来调动员工的积极性和提高工作效率。人力资源管理主要的工作包括如下几个方面：

(1) 工作分析。工作分析是指通过一定的方法对特定岗位信息进行收集和分析，进而对工作职责、工作条件、工作环境以及任职者资格作出明确的规定，并编写工作描述和工作说明的管理活动。

(2) 人力资源规划。其主要内容是：根据企业发展预测企业在未来较长一段时间对员工种类、数量和质量的需求；编制人力资源供给计划，通过内部培养和外部招聘的方式进行人力资源供给，以满足企业的人力资源需要，确保企业发展战略的顺利实施。

(3) 人员招聘。人员招聘是指组织选择合适的渠道和方法，吸引足够数量的人员加入组织，并选择和录用最适合组织和岗位要求的人员的过程。

(4) 培训。培训指组织有计划地帮助员工提高与工作有关的综合能力而采取的努力。

(5) 员工职业生涯管理。员工职业生涯管理指组织和员工共同探讨员工职业成长计划并帮助其发展职业生涯的一系列活动。它可以满足个人成长的需要，也可以实现个人与组织的协调发展。

(6) 薪酬管理。薪酬管理是针对不同的工作，制定合理公平的工资、奖金以及福利计划，以满足员工生存和发展的需要。

(7) 劳动关系管理。劳动关系管理包括与员工签订劳动合同，处理员工与公司或员工之间可能出现的纠纷，规范员工的权利和义务，建立员工投诉制度，根据相关的法律法规处理员工管理的问题。

(8) 绩效评价。绩效评价指衡量和评价员工在确定时期内的工作活动和工作成果的过程。它包括制定评价指标、实施评价、评价后处理等方面的工作。

三、汽车服务企业人力资源开发与管理的特征

1. 地位具有战略性

人力资源在现代化汽车服务企业中的职能和作用至关重要，人力资源管理、市场管理、财务管理和生产管理被视为企业的四大运营职能。在当今世界市场领先和市场营销人员比重很大的情况下，在虚拟生产方式出现后对管理的要求非常高的情况下，技术竞争非常严酷且经营管理、服务人才的作用进一步增加，人力资源开发与管理的作用就更为重要。因此许多汽车服务企业的经营层把人力资源看做是"第一资源"，人力资源开发与管理工作在汽车服务企业战略中占据一定的高度。由此，人力资源开发与管理部门的地位也随之日益提高，并能够在一定程度上参与汽车服务企业的决策。

2. 主体具有多方性

在传统的劳动人事管理中，管理者是专职的劳动人事部门人员。这种管理主体的单一化特征，有着分工明确、责任落实的优点，但其管理往往刻板化、行政化，缺乏汽车服务企业中其他方面的支持，而且往往与其管理对象——员工处于对立状态。在现代汽车服务企业人力资源开发与管理活动中，管理主体由多方面的人员所组成。在这一格局下，各个管理主体的角色和职能如下：

① 部门经理。他们从事大量的日常人力资源开发与管理工作，甚至是汽车服务企业人力资源开发与管理的主要内容。

② 高层领导者。许多汽车服务企业的高层领导相当重视和大量参与人力资源开发与管理，在汽车服务企业的宏观和战略层面上把握人力资源开发与管理活动，甚至直接主持人力资源开发与管理的关键性工作，例如参与人才招聘、进行人事调配、决定年终分配等。

③ 一般员工。在现代汽车服务企业中，广大员工不仅以主人翁的姿态搞好工作、管理自身，而且以主人翁的角色积极参与管理，并且在诸多场合发挥着管理者的作用，例如在全面质量管理(TQM)中对其他人员的错误进行纠正、对自己的上级和同级人员考核打分等。

④ 人力资源部门人员。汽车服务企业人力资源部门中的人员，不仅积极从事着自身的专职人力资源开发与管理工作，而且作为汽车服务企业高层决策的专业顾问和对其他部门进行人力资源管理与指导的技术专家，也对整个汽车服务企业的人力资源开发与管理活动进行协调和整合。

3. 内容具有广泛性

随着时代的发展，人力资源开发与管理的范围日趋扩大，其内容在广泛化。现代汽车服务企业的人力资源范畴包括相当广泛的内容，除去以往的招聘、薪酬、考核、劳资关系

等人事管理内容外，还把与"人"有关的内容大量纳入其范围，如机构的设计、职位的设置、人才的吸引、领导者的任用、员工激励、培训与发展、企业文化、团队建设、汽车服务企业发展等。

4．对象具有目的性

传统的劳动人事管理，是以完成汽车服务企业的工作任务为目标的，员工个人是完成汽车服务企业任务的工具。现代汽车服务企业人力资源开发与管理，则强调员工的业绩，把对人力资源的开发作为取得汽车服务企业效益的重要来源，也把满足员工的需求、保证员工的个人发展作为汽车服务企业的重要目标，即管理是以人为本的。可以说，人力资源本身成为人力资源开发与管理工作的目的，是现代管理中人文主义哲学的反映，它有利于人力资源开发与管理工作产生质的飞跃，也有利于汽车服务企业在其他条件具备的情况下取得巨大的效益。

5．手段具有人道性

在"人力资源"概念提出后，人们对"人力"这一生产要素增加了"人"(Human)的看法，如员工参与管理制度、员工合理化建议制度、目标管理方法、工作再设计、工作生活质量运动、自我考评法、职业生涯规划、新员工导师制、灵活工作制度、员工福利的选择制等。与以往的"人事管理"相比，对人力资源的开发与管理是以人为中心的，其方法和手段有着诸多的人道主义色彩。

单元二　人力资源规划与工作分析

【案例介绍】

2012 年晋江 XX 汽车人力资源规划案。

大部分企业由于人员规模、资金实力等因素的约束，导致在下列方面的"先天不足"。

(1) 人力资源管理的力量问题。对大多数汽车销售 4S 店来说，没有健全的人力资源管理部门，例如很多企业由经理办公室代管执行人事管理职能；人力资源管理人员少，一般不会超过两个。这种力量配备能够完成常规的人事管理职能就不错了，要想发挥现代人力资源的管理职能基本没有可能。

(2) 人力资源管理人员的素质问题。从事人力资源管理的人员一般不具备本专业必备的管理知识，经验上也比较欠缺。这就导致事务性工作，比如开展档案管理、入职离职手续等工作尚可，但管理层面工作无法顺利开展，这也是中小企业人力资源管理"先天不足"的表现之一。

(3) 企业管理者的主观因素。出于市场竞争的严厉，管理者更多关注业务层面的问题，投入到内部管理工作的精力很小；部分中小企业管理者在主观上也存在认识的误区，认为"攘外而不必安内"。

缺乏科学适用的人力资源管理方法也会导致各类问题。比较典型的问题表现在以下两个层面。

(1) 管理模式层面。基于企业的现状，人力资源管理应该基于何种工作模式开展？具体说，企业采用怎样的人力资源管理模式才能保证其人力资源管理职能能较为充分地得到实行？

(2) 操作层面，具体来说有如下几个问题：

① 岗位体系管理与岗位界定不明确的矛盾问题。我们知道，人力资源管理体系建立的基础是岗位管理体系，其他人力资源管理工作，诸如招聘、薪酬管理、绩效管理都需要建立在岗位管理健全的基础上。而汽车行业中小企业由于人员较少，岗位的区分不是非常明晰，所以传统的大企业运用的岗位设计的方法和理论在中小企业不是很适合。这样就产生了中小企业建立了岗位管理体系却无法清晰界定岗位的问题。

② 低支付能力薪酬管理与激励效果之间的矛盾。大部分企业的管理者都会面临资金短缺的问题，在现有薪酬支付能力的情况下如何提升激励的效果是企业人力资源管理中需要考虑的问题。

③ 绩效管理的科学性、完备性与可操作性之间的矛盾。很多大企业请咨询公司做好了绩效管理方案后却放在案头，下不了决心实施。原因无外乎绩效管理方案可能不适合于公司现状或者绩效体系的实施确实需要耗费大量的人力物力。中小企业的这种矛盾尤其突出，如何解决这个问题是中小企业实行绩效管理的关键。

人力资源管理的特点和业务内容决定了人力资源管理不能再继续沿用过去传统的部门式人事专用管理模式，而应在决策层、部门经理和人力资源部门之间进行科学合理的分工与协作。这种分工与协作模式的效果，对中小企业来说，取决于中小企业人力资源管理的如下特点：

(1) 正如我们前面提到的，由于企业规模偏小，企业职能部门及岗位的划分不可能像大企业那样细，人力资源管理的专职人员也少。在这种情况下，将人力资源管理的所有工作交给几个人事干部是不成立的。这时，企业人力资源管理部门或人员的工作重点应该放在基础人力资源体系的设计上，比如岗位分析、岗位评价；对于人力资源的规划、招聘、培训、绩效、薪酬等工作，主要是做好服务支持，以招聘工作为例，招聘工作的招募、选拔、录用等环节中，其中的关键——选拔环节应由各部门负责人把关，招募、录用等事务性工作则由人事部门负责。

(2) 对于企业的人力资源管理工作，我们经常强调不是人力资源部一个部门的事，而是整个企业的事，非人力资源经理的管理者也担负着重要的人力资源管理职能。由于中小企业人数少，部门负责人与员工关系相对于大企业更为紧密，因此，中小企业的人力资源管理需要更多地借助各部门负责人的力量。

(3) 中小企业的人力资源战略规划是组织发展战略的一个非常重要的内容。人力资源规划必须列入人力资源管理的常规业务内容，但是人力资源部自身的力量可能无法承担这个任务，需要由企业决策层来主持，人力资源管理部门和部门负责人协助。

基于中小企业人力资源管理的特点，中小企业需要建立一个在决策层、部门负责人和人力资源管理部门之间科学分工协作的人力资源管理模式，才能有效开展中小企业的人力资源管理，实现企业从传统人事管理到人力资源管理的过渡。这个模式基于三个主体，因此我们可以称之为"三力协作模式"。顾名思义就是三个主体根据不同的分工，互相协作，共同完成中小企业的人力资源管理工作。

总的来说，决策层负责人力资源规划和指导、支持人力资源部门、部门负责人的人力资源管理工作；人力资源管理部门负责各人力资源管理体系的建立等基础业务，并协助各部门负责人做好招聘、考核、薪酬管理中的关键业务，和协助决策层做好人力资源规划；部门负责人负责各项人力资源管理中的关键业务，并协助人力资源部门做好人力资源管理体系的建立等基础工作；协助决策层做好人力资源规划。具体说明如下：

(1) "第一力"，指在人力资源管理系统中，由企业高层，即决策层负责人力资源的战略规划。人力资源战略规划的基本工作程序是：人力资源现状分析——人力资源供求预测——人力资源战略决策——制定人力资源规划方案——执行与评价人力资源战略规划。在人力资源战略规划工作中，决策层主要是做好人力资源战略决策，而此前的大量人力资源现状分析、人力资源供求预测工作由人力资源部门和各部门经理负责，人力资源战略规划方案由人力资源管理部门制定。最后一个步骤，即人力资源战略规划的执行主要由部门经理负责，而对规划的评价则是在决策层的领导下，由三方共同完成的。

(2) "第二力"，部门经理主要负责人力资源管理各个方面的关键业务环节，由人力资源部门与部门负责人共同展开。培训工作的基本步骤是：培训需求评估——培训计划制定——培训计划实施——培训结果评估，其中的关键环节是各岗位员工培训的评估应由部门经理把关。同时，部门经理还要同人力资源部门共同制定培训计划和评估培训结果，而培训计划的实施过程一般应由人力资源部门来组织。员工绩效管理工作的基本步骤是：绩效管理方法和标准的制定——绩效计划制定——绩效辅导——绩效考评——考绩结果反馈与改进。在这里，关键环节是绩效考评实施过程，这应由部门经理把关，并具体确定每位员工的考绩结果。另外，绩效计划、辅导、反馈也由部门经理来负责，人力资源部门则负责组织实施、配合。同时，部门经理还要与人力资源部门一起进行绩效管理方法与标准的制定。薪酬管理工作主要包括确定与调整企业的薪酬制度与体系、薪酬结构、薪酬支付方式以及确定每一位员工的薪酬数量。其中，确定每一位员工的具体薪酬数量是薪酬管理工作的关键环节，应由部门经理来掌握，而其他如薪酬制度与体系、薪酬结构、薪酬支付方式的确定等工作，则由人力资源部门提供系统的服务。

(3) "第三力"，人力资源管理部门负责基础人力资源管理制度体系的建立(岗位管理体系、绩效管理体系、薪酬管理体系等)和日常事务性人事管理工作。岗位分析与岗位评价是企业人力资源管理的基础环节，这一环节的工作好坏关系到其他业务能否规范进行。试定和不断调整岗位分析、岗位评价应该是人力资源部门的工作重点。同时，人事管理的一些日常事务性工作(如员工健康与安全、员工福利、人事统计、考勤管理、劳动合同管理、人事档案管理等)也由人力资源部门负责。当然，如同人力资源部门应该协助配合部门经理的核心业务工作一样，部门经理也要为人力资源部门的工作做好相应的配合，特别是在岗位分析与岗位评价这两项基本业务上，部门经理更应做好协作工作，甚至参与到工作中去。

"三力协作模式"并不是中小企业所独有的，大型企业的人力资源管理工作也需要三方的协作，但是人力资源管理部门会在其中占据主导地位。对于中小企业，主导作用更多体现在各部门负责人身上。

综上，对于中小企业来说，"三力协作模式"是解决人力资源管理人员数量少、专业性弱的可行方法，三方的协作是中小企业全面展开人力资源管理工作的基础。当然，更多的细节问题需要通过梳理人力资源管理流程来进行规范，以更加明确地界定各方的职责权限及管理活动、信息的流转方向。

【知识点】

一、人力资源规划

1．人力资源规划内涵

人力资源规划有时也叫人力资源计划，是指在企业发展战略和经营规划的指导下进行人员的供需平衡，以满足企业在不同发展时期对人员的需求，为企业的发展提供符合质量和数量要求的人力资源保证。简单地讲，人力资源规划就是对企业在某个时期内的人员供给和人员需求进行预测，并根据预测的结果采取相应的措施来实现人力资源的供需平衡。

人力资源规划工作，对于未组建的企业要从工作设计入手，通过工作设计与分析就可以制定工作规范与工作说明书，明确每个岗位的职责与人员素质要求，并以书面的方式说明，如岗位名称、工作内容、考核标准、员工素质要求等。这为后续的人员招聘与甄选、绩效评价、福利与报酬及培训等工作提供了基础。对于已经组建的企业，工作分析是对当前各个职位的要求，尤其是员工需求进行预测，通过对内部员工的审视，初步核定内部晋升的候选人，以激励员工的工作积极性，同时根据未来地区经济发展的趋势及劳动力市场、职业市场的状况对可能的外来候选人进行甄选，确保企业的人力需要。

2．人力资源规划内容

人力资源规划内容主要包括：人力资源管理总体目标和配套政策的总体规划；中长期不同职务、部门或工作类型人员的配备计划；需要补充人员的岗位、数量及人员要求和招聘计划；人员晋升政策，轮换人员岗位、时间计划；培训开发计划，职业规划计划等。

3．人力资源规划步骤

人力资源规划步骤主要有：搜集有关的信息资料；人力资源需求、供给预测；确定人员的总需求；确定人力资源目标；制定具体规划；对人力资源规划进行审核、评估等。

二、工作分析

1．工作分析内涵

工作分析就是全面地收集某一工作岗位的相关信息，对该工作从 6 个方面开展调查研究(工作内容(What)，责任者(Who)，工作岗位(Where)，工作时间(When)，怎样操作(How)，以及为什么要这样做(Why))后，再将该工作的任务要求和责任、权利等进行书面描述，整理成文，形成工作说明书的系统过程。

工作说明书主要包括以下两个方面：

● 工作描述，对岗位的名称、职责、工作程序、工作条件与工作环境等方面进行一般说明。

● 岗位要求，说明担负该工作的员工所应具备的资格条件，如经验阅历、知识、技能、体格、心理素质等各项要求。

工作说明书为人员招聘提供了具体的参考标准，工作分析则提供了所需招聘人员的工作岗位。之后，招聘与甄选到合适的人员成为企业人力资源管理的一项重要工作。

2．工作分析所需的信息

工作分析是一个描述和记录工作各个方面的过程，它需要收集与工作本身相关的各项信息。下面介绍一个有效的工作分析应该包括的内容：

- 背景资料：企业所在的产业、企业的经营战略、企业文化、组织结构和职业分类等。
- 工作活动：实际发生的工作活动、工序、活动记录、负责人的职责等。
- 工作行为：与工作有关的个人行为(如沟通、决策、撰写等)、动作和行为的质量要求。
- 工作设备：计算机(软件和硬件)、安全设施、办公室设备、机器、工具和其他工作器具等。
- 有形和无形物质：与工作有关的有形和无形物质，包括物料、制成品、所应用的知识和所提供的服务等。
- 绩效标准：工作标准、偏差分析、各种量度和评估工作成果的方法等。
- 工作条件：工作环境、工作时间表、激励因素及其他企业和社会环境的条件。
- 人员条件：与工作有关的知识和技能及个人特性的要求。

3．工作分析的流程

作为对工作的一个全面评价过程，工作分析过程可以分为如下 4 个阶段、6 个步骤。

(1) 第一阶段：准备阶段。此阶段可分为 3 个步骤。

① 步骤 1：明确工作分析的目的和结果使用的范围。

② 步骤 2：确定参与人员。

③ 步骤 3：选择分析样本。

(2) 第二阶段：工作信息收集与分析阶段。此阶段包括了 1 个步骤，即

步骤 4：收集并分析工作信息。

(3) 第三阶段：工作分析成果生成阶段。此阶段包括了 1 个步骤，即

步骤 5：编写工作说明书。

(4) 第四阶段：工作分析成果的实施、反馈与完善阶段。此阶段包括了 1 个步骤，即

步骤 6：实施工作说明书的反馈与改进。

三、汽车服务企业员工招聘与培训

1．员工招聘

(1) 招聘员工考虑的因素。汽车服务企业生意兴隆或业务发展时，要面临招聘新员工的问题。招聘新员工要考虑到增加的生产能满足新增员工的工资和福利。因为对大多数汽车服务企业来说，劳动力报酬是企业最大的固定支出。因此，员工招聘要考虑到以下几个因素：

- 确实需要。无论从长期还是短期来考虑，招聘的员工应对企业的发展有很大的好处，而不是可有可无的。坚持少而精、宁缺毋滥是员工招聘的基本原则。
- 职位空缺。当有人因辞职或到其他重要岗位上时，就需要人员补充上来。这时首先应考虑将空缺岗位的相关工作分摊给其他员工是否可行，其次才考虑招聘员工。

● 人才储备。一些关键岗位应有人才储备，否则关键岗位的人员离去对企业的打击将是致命的。

● 长期发展计划。如果汽车服务企业有长期发展计划，就应该提前进行人才规划。

● 季节性因素。汽车服务企业受季节性因素影响，招聘员工时应注意。

(2) 员工招聘途径。企业招聘员工的途径有很多，主要的途径如下：

① 广告。广告招聘，可以借助不同媒体的宣传效果进行辐射面广阔的信息发布，或者有目标性地针对某一个特定的群体。如想招聘本地户籍的劳动力，就可以只在本地发行的日报等媒介上刊登信息。但是广告招聘的缺点就是可能带来许多不合格的应聘者，这就加大了招聘甄选第一步的工作量——仔细检查应聘书，将不合格的应聘者筛选掉。

② 就业服务机构。在美国，就业服务机构有三种类型：由联邦政府、州政府及地方政府开办的就业服务机构；由非营利组织开办的就业服务机构；私人经营的就业服务机构。在中国，情况类似，只是后两者的规模较小，还未能在就业服务市场中发挥重要的作用。

③ 学校分配。每年高等院校学生毕业的时间，是许多企业单位获得求职者最多、最集中的时间。从各个层次的高等院校中，企业可以获得许多很有潜力的应聘者。对于企业而言，选择到哪所院校去招聘，招聘哪些专业的学生，都应该在事前谨慎思考；并对派往学校的招聘人员进行培训，增强他们对大学生的甄选能力，并能够很好地塑造企业形象，提高企业的吸引力。另外，企业招聘人员还要帮助大学生纠正其不切实际的高职位企盼，引导大学生形成正确的就业意识。

④ 员工推荐。这种方式可能是招聘方式中成本最低的，而且经相关研究证明是获取合格应聘者的最好途径。一些企业还制定了这方面的激励政策，对成功推荐新员工的老员工给予奖励。但是员工推荐的缺点在于可能不会增加员工的类别与改善员工结构，那么这种途径就不太可取。

⑤ 随机求职者。这些求职者主动走进企业的人力资源部申请工作，对于这些人许多企业通常予以忽视，认为主动送上门的候选人质量较差。这种认识往往是错误的，因为候选人通常是对企业有所了解后，才会主动递交申请，并且这类人的就职愿望比较强烈，被录用后对组织的忠诚度较高。同时企业是否能够礼貌地对待这些求职者，不仅是对应聘者自尊予以尊重的问题，而且还会影响到企业的社会声誉。

⑥ 内部搜寻。尽管工资待遇、福利保险等实际支付都体现了组织对员工工作的认可，并且对许多人而言，进入一个组织的最先吸引条件就是薪酬，但是内部晋升，或是面向内部员工的、空缺岗位的公开招聘，是增强员工对组织的奉献精神的中心举措，是增强组织内聚力的关键策略。

(3) 招聘的程序。汽车服务企业的人力资源招聘的过程一般包括以下步骤：

① 确定人员的需求。根据企业人力资源规划、岗位说明书和企业文化确定企业人力资源需求，包括数量、素质要求以及需求时间。

② 确定招聘渠道。确定企业是从内部选拔，还是从外部招聘所需人员。

③ 实施征召活动。根据不同的招聘渠道实施征召活动的具体方案，将以各种方式与企业招聘人员进行接触的人确定为工作候选人。

④ 初步筛选候选人。根据所获得的候选人的资料对候选人进行初步筛选，剔除明显不能满足企业需要的应聘者，留下的候选人进入下一轮的测评甄选。

⑤ 测评甄选。采用笔试、面试、心理测试等方式对候选人进行严格测试，以确定最终录取人员。

⑥ 录用。企业与被录用者就工作条件、工作报酬等劳动关系进行谈判，签订劳动合同。

⑦ 招聘录用。对本次招聘活动进行总结，并从成本收益的角度进行评价。

(4) 人员选拔。当企业获得了足够的应聘者之后，下面需要做的事情就是利用各种工具和方法对应聘者的性格、素质、知识和能力等进行系统的、客观的测量和评价，从而做出录用决策。人员选拔是招聘工作中最关键的一步，也是招聘工作中技术性最强的一步，因而，其难度也最大。下面将主要讨论选拔测评用到的人事测评技术。

① 对个人申请表以及简历资料进行审查与筛选。这可以初步帮助招聘者了解应聘者的基本情况并能考察简历中与工作绩效表现相关的硬性的、可证实的内容。

② 笔试，主要是专业知识考试及一般理论知识考试。这类考试主要检测应聘者是否具有岗位所要求的一般理论知识、专业技术知识与实际操作能力。

③ 面试。面试是如今招聘工作中必经的环节，它是一种评价者与被评价者双方面对面的观察、交流互动的测评形式。理想的面试包括五个步骤：面试准备、建立和谐气氛、提问、结束以及回顾总结。

④ 心理测试。所谓心理测试，是指在受控的情景下，对应聘者的智力、潜能、气质性格、态度、兴趣等心理特征进行测度的一种测试方法。心理测试是为了了解被测试者潜在的能力及其心理活动规律的一种科学方法，其目的是判断应聘者的心理素质和能力，从而考察应聘者对招聘职位的适应程度。心理测试具体包括以下几个方面的内容：智力测试、能力测试、个性测试、职业性向测试等。

⑤ 评价中心测试。评价中心是一种综合性的人事测评方法。评价中心技术综合使用了各种测评技术，它最突出的特点就是使用了情境式的测评方法来对被测试者的特定行为进行观察和评价。

评价中心测试的优点表现在：第一，评价中心测试综合使用了多种测评技术，如心理测验、能力测验、面试等，并由多个评价者进行评价。各种技术从不同的角度对被评价者的目标行为进行观察和评价，各种手段之间又可以相互验证，从而能够对被评价者进行较为可靠的观察和评价。第二，评价中心采用的情境式测试方法是一种动态的方法，因此，这种对实际行动的观察往往比被评价者的自我陈述更为准确有效。第三，评价中心测试更多地注重测量被评价者实际解决问题的能力，而不是他们的观念和知识，在这种情况下，被评价者的表现接近于真实的情况，它便于评价人得出更为客观和可信的评价结果。

评价中心测试的主要缺点表现在：第一，成本较高，包括实施评价中心测试的时间成本和费用成本都比较高，一般只适用于选拔和物色较高层次的管理者；第二，主观程度较强，制定统一的评价标准比较困难；第三，实施较为困难，评价中心测试由于模拟情景的复杂程度较高，对任务的设计和实施中的要求也比较高，因此，实施起来相对较难。

评价中心常用的情境式测试方法有：公文处理练习；书面的案例分析；无领导小组讨论；角色游戏等。这些方法都可以用于揭示特定职位上所需的工作特质，从而对被试者进行测评。

2. 员工培训

20 世纪 90 年代，人类社会进入了知识经济时代，汽车服务企业竞争的焦点不仅是资金、技术等传统资源，而且包括建立在人力资本基础之上的创新能力。同时，经济的全球化发展使得汽车服务企业间的竞争范围更加广阔，市场变化速度日益加快。面对这种严峻的挑战，汽车服务企业必须保持持续学习的能力，不断追踪日新月异的先进技术和管理思想，才能在广阔的市场中拥有一席之地。于是，通过不断增加对人力资源的投资、加强对员工的教育培训来提升员工素质，使人力资本持续增值，从而持续提升汽车服务企业的业绩和实现战略规划已成为汽车服务企业界的共识。

(1) 员工培训的目的：强化员工培训，建立有效的培训体系，通过培训向员工传递汽车服务企业的核心理念、企业文化、品牌意识以及运作标准要求，改善岗位人员的工作态度、专业素养及能力，增强汽车服务企业竞争力，最终实现汽车服务企业战略目标；另一方面，将员工个人的发展目标与汽车服务企业的战略发展目标统一起来，满足员工自我发展的需要，调动员工工作的积极性和热情，增强汽车服务企业的凝聚力。

(2) 有效员工培训体系的特征。培训体系是否有效的判断标准是该培训体系是否能够增强汽车服务企业的竞争力，实现汽车服务企业的战略目标。有效的培训体系应当具备以下特征：

① 以汽车服务企业战略为导向。汽车服务企业培训体系源于汽车服务企业的发展战略、人力资源战略体系，因此只有将汽车服务企业战略规划和人力资源发展战略结合，才能量身定做出符合企业持续发展的高效培训体系。

② 注重汽车服务企业核心需求。有效的培训体系是深入发掘汽车服务企业的核心需求，其根据汽车服务企业的战略发展目标预测对于人力资源的需求，提前为汽车服务企业需求做好人才的培养和储备。

③ 多层次、全方位。员工培训说到底是一种成人教育，有效的培训体系应考虑员工教育的特殊性，不同的课程内容应采用不同的训练技法，并针对具体的条件采用多种培训方式，针对具体个人能力和发展计划制定不同的训练计划。在效益最大化的前提下，多渠道、多层次地构建培训体系，达到全员参与、共同分享培训成果的效果，使得培训方法和内容适合被培训者。

④ 充分满足员工自我发展的需要。人的需要是多方面的，而最高需要是自我发展和自我实现。按照自身的需求接受教育培训，是对自我发展需求的肯定和满足。培训工作的最终目的是为汽车服务企业的发展战略服务，同时也要与员工的个人职业生涯发展相结合，实现员工素质与汽车服务企业经营战略的匹配。这个体系应将员工个人发展纳入汽车服务企业发展的轨道，让员工在服务汽车服务企业、推动汽车服务企业战略目标实现的同时，也能按照自己明确的职业发展目标，并通过参加相应层次的培训，实现个人的发展，获取个人成就。另外，激烈的人才市场竞争也使员工认识到，不断提高自己的技能和能力才是其在社会中立足的根本。

(3) 建立有效的培训体系。员工培训体系包括培训机构、培训内容、培训方式、培训对象和培训管理方式等。培训管理包括培训计划、培训执行和培训评估三个方面。建立有效的培训体系需要对上述几个方面进行优化设计：

① 培训机构。汽车服务企业的培训机构有两类：外部培训机构和汽车服务企业内部培训机构。外部机构包括专业培训公司、大学以及跨企业间的合作(即派本公司的员工到其他汽车服务企业挂职锻炼等)。汽车服务企业内部培训机构则包括专门的培训实体，或由人力资源部履行其职责。

　　汽车服务企业从其资金、人员及培训内容等因素考虑，来决定选择外部培训机构还是汽车服务企业内部培训机构。一般来讲，规模较大的汽车服务企业可以建立自己的培训机构；规模较小的公司，或者培训内容比较专业，或者参加培训的人员较少且缺乏规模经济效益时，可以求助于外部培训机构。

　　② 培训对象。根据参加培训人员的不同，有高层管理人员培训、中层管理人员培训、普通职员培训和工人培训。应根据不同的受训对象，设计相应的培训方式和内容。一般而言，对于高层管理人员应以灌输理念能力为主，参训人数不宜太多，采用短期而密集的方式，运用讨论学习方法；对中层人员，应注重人际交往能力的训练和引导，参加规模可以适当扩大，延长培训时间，采用演讲、讨论及报告等交错的方式，利用互动机会增加学习效果；对于普通的职员和工人培训，需要加强其专业技能的培养，可以以大班制的方式进行，长期延伸教育，充实员工的基本理念和加强事务操练。

　　③ 培训方式。从培训的方式来看，有在岗培训和岗前培训。在岗培训包括工作教导、工作轮调、工作见习和工作指派等方式，对于提升员工理念、人际交往和专业技术能力方面具有良好的效果。岗前培训指在专门的培训现场接受履行职务所必要的知识、技能和态度的培训。岗前培训的方法很多，可采用传授知识、发展技能训练以及改变工作态度等方法。在岗培训和岗前培训可相结合，对不同的培训内容采用不同的方式，灵活进行。

　　④ 培训方法，可分为以下几种：

　　● 讲授法。讲授法的特点是比较简单，易于操作，成本不会太高。但是，讲授是一种单向沟通的过程，员工容易感到单调和疲倦，除非将互动的方法和讲授法结合在一起。讲授法是面向全体员工的，并没有针对性。员工的问题难以得到解决，学到的东西也容易忘记。视听教学法其实也是一种讲授方法，但这种方法的费用较高。

　　● 讨论法。讨论法有三种形式，即集体讨论法、小组讨论法和对立讨论法。讨论法的优点是员工的参与性很强，在不停的思想碰撞中，可以出现智慧的火花。讨论法多在员工已经掌握了一定的知识，需要对此加以深化的时候使用。可以请某位专家进行讲授，讲授结束后与员工进行讨论；也可以将论题列出来，每位员工围绕论题谈自己的经验和体会。该法的优点是信息可以多向传递，但费用较高。教师的作用很重要，有时讨论会走题，这就需要教师的指导和控制。

　　● 案例法。案例法属于能力层次的培训。教师向大家介绍案例法的基本知识，然后拿出案例介绍其背景，让员工分成小组讨论。有的时候，教师给出的信息并不完全，还需要员工向教师寻求信息，这样可以锻炼决策时对决策信息需要的判断。有时候，教师不准备案例，而是由员工提前准备关于自己的案例。这种方法费用低，反馈效果好。

　　● 游戏法。这种方法比较生动，容易引起员工兴趣。在实际操作的时候要注意游戏的选择。游戏应当与培训内容联系起来，可以通过游戏领会到培训所要训练员工的内容。不能因为游戏而使员工忘记他们来上课的目的。游戏的插入时间也要注意选择。

　　● 角色扮演法。模拟真实的情境，由员工扮演其中的不同角色，其他员工分成小组讨论。小组代表陈述本组意见后，重新进行演出或播放录像，由教师进行点评。最后，扮演角色的员工要对自己和对方扮演者进行点评。该方法信息传递多向，反馈效果好、实践性强，多用于人际关系能力的训练。

● 自学法。这种方法的不足在于监督性比较差。所以人力资源部门可以规定，在自学一段时间后，员工需要写出心得报告，也可以进行问卷调查，还可以要求员工写出所学资料的纲要。个人的学习方法不同，效率也有高有低，人力资源部有必要对此进行培训。汽车服务企业内部电脑网络培训也是自学法的一种。现在有一种新的概念：E-learning，即电子学习，是未来培训的一个趋势。

⑤ 培训内容。通常可以将员工需要培训的技能领域分为技术的、人际关系的与创新的技能培训。

● 技术技能培训。技术技能培训包括提高员工在阅读、写作、数学运算方面的能力，学会操作新的仪器设备，运用新的计算机程序，掌握新的工作流程与方法等。

● 人际关系技能培训。在一定程度上，一名员工的工作绩效的高低与其本人在企业中的人际关系的好坏有很大的关系。帮助员工确立正确的价值观、良好的职业道德、包容心与良好的服务意识，对企业的经济、社会效益的增长有重要的作用。

● 创新技能培训。对于那些经常处理非常规的、富于变化的问题的员工，其解决问题、创新应对的能力就非常重要。具体的培训内容有：让员工完成一些数理、逻辑作业或面对冲突、剧变环境，强化其逻辑、推理和确定问题的能力，对因果关系作出评价，制定解决问题的方案，分析备选方案并进行决策。

单元三　绩效评估管理

绩效评估也叫业绩考评，是汽车服务企业人事管理的重要内容，更是汽车服务企业管理强有力的手段之一。绩效考评的目的是通过考核提高每个员工的工作效率，最终实现提高汽车服务企业核心竞争力的目标。

【案例介绍】

XXXX 汽车维修服务有限公司绩效考核管理标准。

一、制定目的

为了更好地调动员工的工作积极性、主动性和主人翁责任感，全面了解、评估员工工作绩效，提高企业对人力资源控制和配备的有效性，并通过科学考核发现人才、使用人才，从而为员工提供一个竞争有序、积极向上的工作氛围，特制定本考核标准。

二、适用范围

公司服务部相关职能部门与岗位。

三、制定原则

(1) 长期激励和短期激励平衡。
(2) 努力做到内部与外部的平衡。
(3) 坚持分层考核原则。
(4) 坚持工作业绩考核和工作质量考核相结合。
(5) 坚持定性考核与定量考核相结合，争取采用更多的量化指标。
(6) 按照部门、岗位职能合理编排考核要素。

四、考核原则

(1) 坚持公平、公正、公开的原则。要求考核者对所有考核对象一视同仁、对事不对人。坚持定量与定性相结合，建立科学的考核要素体系与考核标准。
(2) 坚持全方位考核的原则。采取自我鉴定、上下级之间考评、考评领导小组考核相结合的多层次考核方法，使所有层次员工均有机会参与公司管理和行使民主监督权力。
(3) 坚持工作业绩与工作质量、服务质量相结合的原则。

五、考核目的

(1) 作为确定员工岗位薪酬、奖金、福利待遇的重要依据。
(2) 作为确定员工职务晋升、岗位调配的重要依据。
(3) 作为获得专业(技能)培训、潜能开发的主要依据。
(4) 鞭策后进，激励先进。
(5) 增强员工之间的沟通，强化团队精神和提升企业整体竞争能力。

六、薪酬结构

1．制订原则

薪酬使员工能够与公司一同分享公司发展所带来的收益，把短期收益、中期收益与长期收益有效结合起来。薪酬结构遵循按劳分配、绩效考核、公平及可持续发展的原则。薪酬分配的依据是：贡献、能力和责任。

2．薪资构成

● 实发工资 = 保薪工资 × 80% + 绩效奖金 + 附加工资 − 其他扣款。
● 保薪工资：根据员工岗位、学历、工龄、职称及技能水平等合理设置，按照合同及相关标准执行。
● 绩效奖金：(工作业绩考核分数+工作质量考核分数)×100%×绩效奖金系数×绩效奖金基数。此部分以员工当月完成的工作任务、质量、工作态度和遵守规章制度等要素为依据确定，是对员工综合考核成绩的奖励体现。(其中，绩效奖金基数 = 浮动奖金(保薪工资 × 20%) + 工作绩效奖金)
● 附加工资：指公司规定的如职务补贴、通信补贴、夜班补贴、加班补贴等附加补贴。

● 其他扣款：指养老保险个人承担部分、水电费、个人所得税等国家与公司规定的扣款内容。

3．绩效奖金方案

(1) 核发奖金条件：必须完成公司规定的总保底产值，然后核发奖金，否则不核发奖金。

(2) 奖金分配方案：前台、事故业务从保薪工资中拿出 20% 做为浮动奖金参与个人绩效考核。

● 前台业务：绩效奖金＝[个人实际完成的产值×提奖比率＋(保薪工资×20%)]×考核分数。

● 事故业务：部门绩效奖金＝实际完成的产值×提奖比率(另：毛利不低于 32%～40%，每低于 32% 一个百分点扣 5% 的部门绩效奖金，每高出 40% 一个百分点部门绩效奖金加 5%)；个人绩效奖金＝[部门绩效奖金÷部门奖金系数总和×个人奖金系数＋(保薪工资×20%)]×个人绩效考核分数。

● 机电部：小组绩效奖金＝实际完成工时×提奖比率×考核分数；

  个人绩效奖金＝小组绩效奖金÷部门奖金系数总和×个人奖金系数。

● 钣金部：部门绩效奖金＝实际完成工时×提奖比率×考核分数；

  个人绩效奖金＝部门绩效奖金÷部门奖金系数总和×个人奖金系数

● 油漆部：部门绩效奖金＝实际完成工时×提奖比率×考核分数；

  个人绩效奖金＝部门绩效奖金÷部门奖金系数总和×个人奖金系数。

● 配件部：待定。

● 行政、财务、内勤：待定。

4．奖金核发

(1) 实行月度考核、季度集中发放，发放日期为隔一个月的 20 号前后发放上个季度奖金。

(2) 以下情况不核发奖金(包括浮动奖金部分)

● 违反公司规章制度规定扣除奖金的，不核发奖金。

● 奖金发放日期前离职的不核发奖金。

● 考核分数低于 70 分的不核发当月奖金。

● 有重大投诉，对公司声誉、信誉造成严重后果的不核发当月奖金。

5．绩效考核加、减分数条件

● 必须在完成公司分配部门任务目标的前提下才能享受加分。

● 加、减分项目详见部门考核标准。

七、绩效考核方法

通过员工自评、考核小组工作现场不定时考核、外部客户反馈信息、内部部门反映情况、公司系统统计数据相结合的办法来综合全面考评。

八、考核组成员

由公司总经理授权组成。

九、考核标准

1. 前台业务人员(考核每一位员工)

1) 工作成绩考核要素: 60%

(1) 每月完成产值情况(权重40%)。预期目标产值: 120万; 任务目标产值: 100万。

(2) 每月完成接车台次(权重20%)。预期目标台次: 380台; 任务目标台次: 320台。

2) 工作质量、工作态度考核要素(满分100分): 40%

(1) 按照公司行为规范严格要求自己(服务礼仪、着装、头发、指甲等内容),每发现一次不到位扣1分,累计满3次,则本项不得分。

(2) 保持部门岗位区域环境卫生的整洁、办公台物品整齐有序,严禁办公台上放置与工作无关的物品,不到位一次扣1分。

(3) 第一时间接待客户,使用文明用语,详细、准确、耐心地听取客户车辆的维修意见/方案,了解客户的需求及期望;车辆预检认真仔细,填写《接车预检单》详细认真并做好客户财产登记,一份不详细扣1分。

(4) 检查维修项目内容,客户如有不修的,要如实填写维修备忘录,并请客户签字认可,未经客户许可,发现一次扣2分。

(5) 熟练掌握维修系统软件,按要求制作工单和整齐装订所有单据,准确估价,并向客户说明估计维修费及修完后实际费用,请客户签字,未经客户同意,发现一次扣5分。

(6) 即时下达派工单,将客人指引到客户休息区休息,为客户提供满意的服务,发现不指引客户到休息区的,每次扣2分。

(7) 做好接车前及交车前检查,当着客户的面安放/拿掉防护"三件套",并与客户、车间、配件部密切沟通,每发现一辆车没有放,扣1分。

(8) 在扩大工单时要及时告知客户新增维修项目所需要的时间与费用,并要求客户认可,未经客户同意,发现一次扣5分。

(9) 做好交车前所有准备,陪同客户在车旁交车时,详细向客户解释已完成的车辆维修工作内容,未按交车流程交车,发现一次扣2分。

(10) 详细向客户解释发票内容与优惠项目,主动将客户送出公司大门,一次未做到则扣2分。

(11) 负责部门所接车辆的客户投拆,根据《客户投诉记录表》记录的投诉内容认真处理,处理不了的要及时向上一级领导汇报,未及时处理发现一次扣5分。

(12) 对接待车辆的客户资料、信息要及时更新、维护,未及时更新的一次扣1分。

(13) 与客户建立良好的沟通平台,能找准客户利益与公司利益的平衡点,每月有客户投诉一次扣5分,对公司造成恶劣影响的投诉(如媒体曝光)本项不得分。

(14) 出现安全事故一次本项不得分,并根据公司相关规定进行处罚(如撞车事故)。

(15) 上班时间不做与工作无关的事,并检查督导本部门员工按照规范流程接待每一位客户。

(16) 检查所有接待车辆的工时定位是否合理，如有不合理现象视情况给予扣分。

(17) 时间观念强，无迟到、早退、出勤不打卡、旷工记录。迟到、早退、出勤不打卡一次扣 2 分，旷工一次本项无分。

(18) 如有不团结同事、不服从领导分工、不配合其他部门工作行为，则一次扣 2 分。

3) 加分项目：20 分

(1) 当月所接待车辆台次高于部门平均值 15%(含 15%)以上(+5 分)。

(2) 当月所接待车辆产值大于部门平均值 15%(含 15%)以上(+5 分)。

(3) 当月所接待车辆客户服务满意度达到 98%(含 98%)以上(+5 分)。

(4) 当月超过预期目标任务(+5 分)。

4) 减分项目：20 分

(1) 本月所接待客户服务满意度 95%以下(含)(−10 分)。

(2) 本月完成个人产值在任务目标产值 80%(含)以下(−10 分)。

2. 事故业务人员(工作业绩部分以部门为单位考核，工作质量考核到个人)

(1) 工作成绩考核要素：60%；

(2) 工作质量、工作态度考核要素：40%；

(3) 加分项目：+20 分；

(4) 减分项目：−20 分。

3. 机电人员(以小组为单位考核)

1) 工作成绩考核要素：60%

(1) 完成修车台次(权重 20%)。

(2) 完成修车工时(权重 40%)。

2) 工作质量、工作态度考核要素：40%

3) 加分项目：20 分

4) 减分项目：10 分

4. 钣金部考核要素(以部门为单位考核)

1) 工作成绩考核要素：60%

(1) 完成修车工时(权重 50%)。

(2) 完成修车台次(权重 10%)。

2) 工作质量、工作态度考核要素：40%

(1) 部门卫生责任区环境整洁有序，发现一次卫生不清洁扣 2 分。

(2) 部门员工工作服清洁、佩戴工号牌、保持良好的精神面貌，一人没有戴工牌或不按要求着装扣 2 分。

(3) 大梁校正仪等修理工具设备、工具小车外观要求整洁，工具摆放整齐，一次不符合扣 2 分。

(4) 拆装件按类别分类摆放、整齐有序，发现一次不整齐扣 2 分。

(5) 钣金工具房整洁有序，工具摆放整齐，发现一次不整齐扣 2 分。

(6) 办公室、员工休息室地面干净，办公桌整洁、整齐，物品摆放有序，一次不符合扣 2 分。

(7) 拆装垃圾按照可回收与不可回收分类存放，并及时清理，一次没及时清理扣 2 分。

(8) 接到维修工单后，施工时按钣金工艺操作规程认真、仔细操作，维修材料申报要准确无误，材料误报一次扣 1 分。

(9) 保持工作地面清洁，无油污、水渍，一次不符合扣 2 分。

(10) 严格按照设备工具操作规程、规范使用各种设备、工具，并定期保养使之保持良好状态，操作不当造成损坏一次扣 2 分。

(11) 在维修工单承诺的时间内完成作业，遇扩大订单需延长时间应及时告知前台业务人员所需时间，没有及时通知造成客户一次抱怨的本项不得分。

(12) 节约能源，减少成本，充分利用可恢复的旧件，主动修复旧件等用品，没有履行的一次扣 2 分。

(13) 按维修工单的服务内容进行施工作业，完工确认签字并进行仔细地自检，然后才交到下道工序，一次无自检签字扣 2 分。

(14) 有较强的工作责任心及技能水平，各工序间应加强沟通以保证任务的圆满完成，造成工作延误一次扣 2 分。

(15) 每出现内返修一台扣 2 分，扣完为止。

(16) 出现一次外返修扣 5 分，并按照公司规定赔偿 30%～100% 的材料成本。

(17) 出现一次安全事故本项无分，并根据事故大小另行处理。

(18) 出现一次质量事故扣 5 分，并按照公司相关规定赔偿 30%～100% 的材料成本。

(19) 加强业务学习，积极参加公司组织的培训及其他的技能培训，一人无故不参加扣 2 分。

(20) 时间观念强，无迟到、早退、出勤不打卡、旷工记录。迟到、早退、出勤不打卡一次扣 2 分，旷工一次本项无分。

(21) 如有与同事不团结、不服从领导分工、不配合其他部门工作行为，则一次扣 2 分。

3) 加分项目：20 分

(1) 本月所维修车辆产值高于目标任务 10%(含 10%)以上(+5 分)。

(2) 本月所维修车辆台次高于目标任务 10%(含 10%)以上(+5 分)。

(3) 本月所维修车辆返修率低于 2%(含 2%)(+10 分)。

4) 减分项目：10 分

本月所维修车辆返修率高于 5%(含 5%)以上(−10 分)。

5. 油漆部考核要素(以部门为单位考核)

1) 工作成绩考核要素：60%

(1) 维修工时完成情况(权重 50%)。

(2) 维修台次完成情况(权重 10%)。

2) 工作质量考核要素：40%

(1) 部门卫生责任区环境整洁有序，发现一次卫生不清洁扣 2 分。

(2) 部门员工工作服清洁、佩戴工号牌、保持良好的精神面貌，一人没有戴工牌或不按要求着装扣 2 分。

(3) 烤漆房、喷枪、干磨机、抛光机等设备、工具定期维护，保持设备工具整洁，工具摆放整齐，发现一次不整洁扣 2 分。

(4) 油漆工具房、调漆房整洁有序，工具设备、油漆用品摆放整齐，一次不符合扣 2 分。

(5) 办公室、员工休息室地面干净，办公桌整洁、整齐，物品摆放有序，发现一次不整洁扣 2 分。

(6) 垃圾按照可回收与不可回收分类存放，并及时清理，没有及时清理扣 1 分。

(7) 接到维修工单后，施工时按油漆工艺操作规程认真仔细操作，如有违反扣 2 分。

(8) 在打磨、喷漆、抛光过程中，工作环境地面要保持清洁，发现一次不整洁扣 1 分。

(9) 严格按照设备操作规程、规范使用各种设备，并定期保养使之保持良好状态，操作不当造成损坏一次扣 2 分。

(10) 在维修工单承诺的时间内完成作业，如有特殊情况要及时与业务人员联系，未及时通知造成工作延误的，每次扣 2 分。

(11) 节约能源，减少成本，对喷漆过程中所产生的材料、辅料要合理利用，避免造成材料浪费，造成材料浪费的一次扣 2 分。

(12) 按维修工单的服务内容进行施工作业，完工确认签字并进行仔细的自检，一次无自检签字扣 2 分。

(13) 每出现内返修一台扣 2 分，扣完为止。

(14) 出现一次外返修扣 5 分，并按照公司规定赔偿 30%～100%的材料成本。

(15) 出现一次安全事故本项无分，并根据事故大小另行处理。

(16) 出现一次质量事故扣 5 分，并按照公司相关规定赔偿 30%～100%的材料成本。

(17) 有较强的工作责任心及技能水平，各工序间应加强沟通以保证任务的圆满完成，造成工作延误一次扣 2 分。

(18) 加强业务学习，积极参加公司组织的培训及其他技能培训，一人无故不参加扣 2 分。

(19) 本部门员工时间观念强，无迟到、旷工记录，迟到一次扣 2 分，旷工一次扣 5 分。

(20) 如有与同事不团结、不服从领导分工、不配合其他部门工作行为，则一次扣 2 分。

3) 加分项目：20 分

(1) 本月所维修车辆产值高于目标任务 10%(含 10%)以上(+5 分)。

(2) 本月所维修车辆台次高于目标任务 10%(含 10%)以上(+5 分)。

(3) 本月所维修车辆返修率低于 2%(含 2%)(+10 分)。

4) 减分项目：10 分

本月所维修车辆返修率高于 5%(含 5%)以上(-10 分)。

【知识点】

1．绩效评估的含义和类型

1）绩效评估的含义

绩效评估是指收集、分析、评价和传递某一个人在其岗位上的工作行为表现和工作结果方面信息的过程。绩效评估是评价每个员工的工作结果及其对组织贡献的大小的一种管理手段，所以每一个组织都在事实上进行着绩效考核。由于人力资源管理已经越来越受到企业重视，因此，绩效评估也就成为企业在员工管理方面的一个核心职能。

绩效评估的基本定义是：通过各种科学的定性和定量的方法来评定和测量员工在职务上的工作行为和工作成果。绩效评估是汽车服务企业管理者与员工之间的一项管理沟通活动。其结果可以直接影响到薪酬调整、奖金发放及职务升降等诸多员工的切身利益。

2）绩效评估管理的目的

绩效评估管理的目的包括：

- 为员工的晋升、降职、调职和离职提供依据。
- 是企业对员工的绩效考评的反馈。
- 对员工和团队对企业的贡献进行评估。
- 为员工的薪酬决策提供依据。
- 对招聘选择和工作分配的决策进行评估。
- 了解员工和团队对培训和教育的需要。
- 对培训和员工职业生涯规划效果进行评估。
- 为工作计划、预算评估和人力资源规划提供信息。

所以，建立员工绩效评估管理系统，是为了使员工的贡献得到认可并且帮助员工提高工作绩效，最终实现汽车服务企业的发展。

3）绩效评估的基本类型

① 效果主导型。考评的内容以结果为主，着眼于"干出了什么"，重点在结果而不是行为。由于它考评的是工作业绩而不是工作效率，所以标准容易制定，并且容易操作。目标管理考评办法就是该类考评。它具有短期性和表现性缺点，对具体服务员工较合适，但事务性人员不适合。

② 品质主导型。考核的内容以员工在工作中表现出来的品质为主，着眼于"他怎么干"，由于其包括如忠诚、可靠、主动、有创新、有自信、有协助精神等内容，所以很难具体掌握。此类型的考评操作性与有效度较差，适合对员工工作潜力、工作精神及沟通能力进行考评。

③ 行为主导型。考核的内容以员工的工作行为为主，着眼于"如何干"、"干什么"，重在工作过程。考评的标准容易确定，操作性强，适合于管理性、事务性工作的考评。

2．绩效评估管理的程序

一般而言，绩效评估工作大致要经历制定评估计划，选取考评内容及确定评估标准和方法，收集数据，分析评估，结果运用五个阶段。

(1) 制定绩效评估计划。为了保证绩效评估顺利进行，必须事先制定计划，在明确评估目的的前提下，有目的地要求选择评估的对象、内容、时间。

(2) 确定评估的标准、内容和方法，具体说明如下：

① 确定评估的标准。绩效评估必须有标准，以作为分析和考查员工的尺度，一般可分为绝对标准和相对标准。绝对标准如出勤率、废品率、文化程度等是以客观现实为依据，而不以考核者或被考核者的个人意志为转移的标准。所谓相对标准，如在评选先进时规定10%的员工可选为各级先进，于是采取相互比较的方法，此时每个人既是被比较对象，又是比较的尺度，因而标准在不同群体中往往就有差别，而且不能对每一个员工单独做出"行"与"不行"的评价。

一般而言，评估标准采用绝对标准。绝对标准又可以分为业绩标准、行为标准和任职资格标准三大类。

② 选取考评内容可分为下面三个方面：

● 选取考评内容的原则。考评内容主要是以岗位的工作职责为基础来确定的，但是注意要遵循下述三个原则：与汽车服务企业文化和管理理念相一致、要有所侧重、不考评无关内容。

● 对考评内容进行分类。为了使绩效考评更具有可靠性和可操作性，应该在对岗位的工作内容分析的基础上，根据汽车服务企业的管理特点和实际情况，对考评内容进行分类。比如将考评内容划分为"重要任务"考评、"日常工作"考评和"工作态度"考评三个方面。

"重要任务"是指在考评期内被考评人的关键工作，往往列举1～3项最关键的即可，如对于维修人员可以是考评期的维修数量和质量，销售人员可以是考评期的销售业绩。"重要任务"考核具有目标管理考核的性质。对于没有关键工作的员工(如清洁工)则不进行"重要任务"的考评。

"日常工作"的考核条款一般以岗位职责的内容为准，如果岗位职责内容过杂，可以仅选取重要项目考评。它具有考评工作过程的性质。

"工作态度"的考核内容主要是指对工作能够产生影响的个人态度，如协作精神、工作热情、礼貌程度等，对于不同岗位的考评有不同的侧重。比如，"工作热情"是行政人员的一个重要指标，而"工作细致"可能更适合财务人员。另外，要注意一些纯粹的个人生活习惯等与工作无关的内容不要列入"工作态度"的考评内容。不同分类的考评内容，其具体的考评方法也不同。

● 选择评估方法。在确定评估目标、对象、标准后，就要选择相应的评估方法。常用的评估方法有业绩评定表、工作标准法(劳动定额法)、强迫选择法、排序法、硬性分布法、关键事件法、叙述法、目标管理法。

(3) 收集数据。绩效评估是一项长期、复杂的工作，对作为评估基础的数据收集工作要求很高。在这方面，国外的经验是注重长期的跟踪。随时收集相关数据，使数据收集工作形成一种制度。其主要做法包括：

● 记录法。对运输、服务的数量、质量、成本等，按规定填写原始记录和统计表。

● 定期抽查法。定期抽查服务的数量、质量，用以评定期间内的工作情况。

- 考勤记录法。出勤、缺勤及原因、是否请假，一一记录在案。
- 项目评定法。采用问卷调查形式，指定专人对员工逐项评定。
- 减分登记法。对按职务(岗位)要求规定应遵守的项目，制定出违反规定的扣分方法，定期进行登记。
- 行为记录法。对优秀行为或不良行为进行记录。

指导记录法。不仅记录部下的极限行为，而且将其主管意见及部下的反应也记录下来，这样既可考察部下，又可考察主管的领导工作。

(4) 分析评估。这一阶段的任务是根据评估的目的、标准和方法，对所收集的数据进行分析、处理、综合。其具体过程如下：

- 划分等级。把每一个评估项目，如工作态度、人际关系、出勤、责任心、工作业绩等，按一定的标准划分为不同等级。一般可分为3~5个等级，如优、良、合格、稍差、不合格。
- 对单一评估项目的量化。为了能把不同性质的项目综合在一起，就必须对每个评估项目进行量化，给不同等级赋予不同数值，用以反映实际特征。如：优为10分，良为8分，合格为6分，稍差为4分，不合格为2分。
- 对同一项目不同评估结果的综合。在有多人参与的情况下，同一项目的评估结果会不相同。为综合这些意见，可采用算术平均法或加权平均法进行综合。以 5 等级为例，3个人对某员工工作能力的评估分别为 10 分、6 分、2 分。如采用算数平均法，该员工的工作能力应为 6 分；如采用加权平均，3 个人分别为其上司、同事、下属，其评估结果的重要程度不同，可赋予他们不同的权重，如上司定为50%，同事为30%，下属为20%，则该员工的工作能力为：$10 \times 50\% + 6 \times 30\% + 2 \times 10\% = 7.0$ 分，介于良和合格之间。
- 对不同项目的评估结果的综合。有时为达到某一评估目标，要考察多个评估项目，只有把这些不同的评估项目综合在一起，才能得到较全面的客观结论。一般采用加权平均法。当然，具体权重要根据评估目的、被评估人的层次和具体职务来定。

(5) 结果运用。得出评估结果并不意味着绩效评估工作的结束。在绩效评估过程中获得的大量有用的信息可以运用到汽车服务企业各项管理活动中。

- 向员工反馈评估结果，帮助员工找到问题、明确方向，这对员工改进工作、提高绩效会有促进作用。
- 为人事决策，如任用、晋级、加薪、奖励等提供依据。
- 检查企业管理各项政策，如人员配置、员工培训等方面是否有失误，还存在哪些问题。

单元四　薪酬体系设计

员工为企业工作的动力有很多，但是薪酬无疑是最直接的一种动力。薪酬管理是企业经营管理工作的焦点之一。薪酬体系是指薪酬中相互联系、相互制约、相互补充的构成要素形成的有机统一体。薪酬体系设计是薪酬的"骨骼"，以此为基础展开的薪酬管理工作，直接牵动着企业的运营效率。因此，如何成功地设计薪酬体系变得十分重要。

【知识点】

1. 薪酬体系的作用与意义

(1) 决定人力资源的合理配置与使用。薪酬是用人单位为获得劳动者未来提供的劳动而承诺支付给劳动者的劳动报酬，这种劳动报酬可以是实物形态的，也可以是非实物形态的。

薪酬作为实现人力资源合理配置的基本手段，在人力资源开发与体系中起着十分重要的作用。薪酬一方面代表着劳动者可以提供的不同劳动能力的数量与质量，反映了劳动力供给方面的基本特性，另一方面代表着用人单位对人力资源种类、数量和程度的需要，反映了劳动力需求方面的特征。薪酬体系就是运用薪酬这个人力资源中最重要的经济参数，来引导人力资源向合理的方向运动，从而实现企业目标的最大化。

(2) 影响劳动效率。传统的薪酬体系，仅具有物质报酬分配性质，忽视了精神激励，很少考虑被管理者的行为特征，难以调动员工的工作积极性。现代薪酬体系将薪酬视为激励劳动效率的主要杠杆，不仅注重利用工资、奖金、福利等物质报酬从外部激励劳动者，而且注重利用岗位的多样性、工作的挑战性、取得成就、得到认可、承担责任、获取新技巧和事业发展机会等精神报酬从内部激励劳动者，从而使薪酬管理过程成为劳动者的激励过程。劳动者在这种薪酬体系下，通过个人努力，不仅可以提高薪酬水平，而且可以提高个人在企业中的地位、声誉和价值，从而大大提高员工的积极性和创造性。

(3) 关系社会的稳定。在我国现阶段，薪酬是劳动者个人消费资料的主要来源。从经济学角度看，薪酬一经向劳动者付出即退出生产领域，进入消费领域。作为消费性的薪酬，保障了劳动者的生活需要，实现了劳动者劳动力的再生产。因此，在薪酬体系中，如果薪酬标准确定过低，劳动者的基本生活就会受到影响，劳动力的耗费就不能得到完全的补偿；如果薪酬标准过高，又会对产品成本构成较大影响，特别是当薪酬的增长普遍超过劳动生产率的增长时，还会导致成本推动型的通货膨胀。这种通货膨胀一旦出现，首先从国内来说，一方面会给人民生活直接带来严重影响；另一方面，通货膨胀造成的一时虚假过度需求，还会促发"泡沫经济"，加剧经济结构的非合理化。此外，薪酬标准确定过高，还会导致劳动力需求萎缩、失业队伍壮大，影响社会的安定。

2. 薪酬的主要内容

薪酬的构成具有很多层次内容，并通过不同形式体现出来，其主要包括三个板块：基本薪酬、绩效薪酬和间接薪酬。其中，基本薪酬对应基本工资，绩效薪酬对应奖金和分红，间接薪酬对应津贴、补贴和福利等。

(1) 基本工资。基本工资是指用来维持员工基本生活的工资。它常常以岗位工资、职务工资、技能工资、工龄工资等形式来表现。它一般不与企业经营效益挂钩，是薪酬中相对稳定的部分。

(2) 奖金。奖金即奖励或考核工资，是与员工、团队或组织的绩效挂钩的薪酬。它体现的是员工提供的超额劳动的价值，具有很强的激励作用。

(3) 分红。分红也叫利润分享，是员工对组织经营效益的分享。它常常以股票、期权等形式来表现。它也可看成奖金的第二种形式，即来自利润的绩效奖金，其直接与组织效益状况挂钩。

(4) 津贴和补贴。它们是对工资或薪水难以全面、准确反映的劳动条件、劳动环境、社会评价等因素对员工造成某种不利影响或者保证员工工资水平不受物价影响而支付给职工的一种补偿。人们常把与工作联系的补偿叫津贴，如高温费、出差补助等；把与生活相联系的叫补贴，如误餐费。

(5) 福利。福利与基本工资和奖金不同，一般不以员工的劳动情况为支付依据，而以员工作为组织成员的身份为支付依据，是一种强调组织文化的补充性报酬。福利按其针对对象的范围大小，可分为全员性福利和部分员工福利。如某些企业内部有针对高层管理者的每年一周的海外旅游考察福利。福利按照其是否具有强制性，可分为法定福利与企业自主福利。法定福利包括基本养老保险、医疗保险、失业保险、工伤保险、生育保险和住房福利等。其中前三项保险通常称为"三险"，为强制险种，是各企事业单位必须按规定严格执行的。五项保险统称为"五险"，"五险"再加上住房公积金统称为"五险一金"。企业自主福利则多种多样，如带薪年假、晋升、培训、免费班车等。组织福利在改善员工满意度方面起着重要的调节作用。

薪酬各部分的构成、功能及特征如表 4-1 所示。

表 4-1 薪酬各部分的构成、功能及特征

薪酬分类	薪酬构成	功 能	决定因素	变动性	特点
基本薪酬	基本工资	体现岗位价值	职位价值、能力、资历	较小	稳定性、保障性
绩效薪酬	奖金	对良好业绩的回报	个人绩效、团队绩效、组织绩效	较大	激励性、持续性
	分红	对优秀业绩的回报	组织效益	较大	激励性、持续性
间接薪酬	福利	提高员工满意度；避免企业年资负债	就业与否、法律法规	较小	针对所有员工满意度保障性、调节性
	津贴补贴	提高员工满意度	工作条件、工作环境、社会评价等	较小	针对特定员工满意度保障性、调节性

3. 薪酬体系设计的基本程序

薪酬体系的建立是一项复杂而庞大的工程，不能只靠文字的堆砌和闭门造车的思考来完成。设计汽车服务企业的薪酬体系应该遵循以下几个基本程序。

(1) 合理而详尽的岗位分析。岗位分析是汽车服务企业薪酬体系的基础。岗位分析也可以称为工作分析或岗位描述，即根据汽车服务企业发展战略的要求，通过问卷法、观察法、访谈法、日志法等手段，对汽车服务企业所设的各类岗位的工作内容、工作方法、工作环境以及工作执行者应该具备的知识、能力、技能、经验等进行详细描述，最后形成岗位说明书和工作规范。岗位分析是一项基础工作。分析活动需要汽车服务企业人力资源部、员工及其主管上级共同努力和合作来完成。员工的工资都是与自己的工作岗位所要求的工

作内容、工作责任、任职要求等紧密相连的。因此，科学而合理的薪酬必须同员工所从事的工作岗位的内容、责任、权利、任职要求所确立的该岗位在汽车服务企业中的价值相适应。这个价值是通过科学的方法和工具分析得来的，它能够保证薪酬的公平性和科学性，也是破除平均主义的必要手段。

(2) 公平合理的岗位评价。岗位评价是在对汽车服务企业中存在的所有岗位的相对价值进行科学分析的基础上，通过分类法、排序法、要素比较法等方法对岗位进行排序的过程。

岗位评价是新型薪酬体系的关键环节，要充分发挥薪酬机制的激励和约束，最大限度地调动员工的工作主动性、积极性和创造性，在设计汽车服务企业的薪酬体系时就必须进行岗位评价。

(3) 薪酬市场调查。薪资调查是指通过各种正常的手段获取相关汽车服务企业各种职务的薪资水平及相关信息。对薪资调查的结果进行统计和分析，就会获得汽车服务企业的薪资体系决策的有效依据。调查的内容可以是：汽车服务企业经营范畴、汽车服务企业类型、汽车服务企业经营规模、区域分布状况、年度汽车服务企业经营状况、未来汽车服务企业规划等；薪酬结构与组成比例、岗位价值系数与人工成本线性关系、各职系职种人工成本比例关系、关键岗位人工成本比例关系、人工费率等。

(4) 薪酬方案的草拟。在完成了上述三个阶段的工作、掌握了详尽的资料之后，才能进行薪酬方案的草拟工作。薪酬体系方案的草拟就是在对各项资料及情况进行深入分析的基础上，运用人力资源体系的知识开始薪酬体系的书面设计工作。

(5) 方案的测评。薪酬方案草拟结束后，不能立刻实施，必须对草案进行认真地测评。测评的主要目的是通过模拟运行的方式来检验草案的可行性、可操作性，预测薪酬草案的双刃剑作用是否能够很好地发挥。

(6) 方案的宣传和执行。经过认真测评以后，应对测评中发现的问题和不足进行调整，然后就可以对薪酬方案进行必要的宣传或培训了。薪酬方案不仅要得到汽车服务企业中上层的支持，更应该得到广大员工的认同。经过充分的宣传、沟通和培训，薪酬方案即可进入执行阶段。

(7) 反馈及修正。薪酬方案执行过程中的反馈和修正是必要的，这样才能保证薪酬制度长期、有效地实施。另外，对薪酬体系和薪酬水平进行定期调整也是十分必要的。

4. 薪酬体系设计过程中应该注意的问题

(1) 公平性。合理的薪酬制度首先必须是公平的，只有公平的薪酬才是有激励作用的薪酬。但公平不是平均，真正公平的薪酬应该体现在个人公平、内部公平和外部公平三个方面。

所谓个人公平就是员工对自己的贡献和得到的薪酬感到满意。在某种程度上讲，薪酬即是汽车服务企业对员工工作和贡献的一种承认，员工对薪酬的满意度也是员工对汽车服务企业忠诚度的一种决定因素。

所谓内部公平就是员工薪酬在汽车服务企业内部的贡献度及工作绩效与薪酬之间关系的公平性。内部公平主要表现在两个方面，一是同等贡献度及同等工作绩效的员工无论他们的身份如何(无论是正式工还是聘用工)，他们的薪酬应该对等，不能有歧视性的差别；二是不同贡献度岗位的薪酬差异应与其贡献度的差异相对应，不能刻意地制造岗位等级差异。

外部公平是指汽车服务企业的薪酬水平相对于本地区、同行业内在劳动力市场的公平性。外部公平要求公司的整体工资水平保持一个合理程度，同时对于市场紧缺人才实行特殊的激励政策，并关注岗位技能在人才市场上的通用性。

(2) 重要性。要充分认识到薪酬在汽车服务企业人力资源体系中的重要性，就必须对薪酬进行正确的定位。薪酬能为汽车服务企业做什么，不能做什么？任何一家汽车服务企业的薪酬设计以及体系建立过程都应建立在对此问题回答的基础上，而许多汽车服务企业在薪酬体系方面出现失误往往都是由于未能认真思考及对待这一问题。从薪酬体系的实践来看，唯薪酬论和薪酬无用论都是片面的，都是不正确的。

因此，一方面要承认，较高的薪酬对于某些特定人群，尤其低收入者和文化素质不高的人还是有较明显的激励作用。但在另一方面又必须清醒地认识到，对于汽车服务企业中的高素质人才而言，"金钱不是万能的"，加薪产生的积极作用也同样遵循边际收益递增然后递减的规律，而减薪之前更要考虑稳定性的因素。

(3) 必须处理好短期激励和长期激励的关系。薪酬的激励作用是大家都承认的，但如何处理好薪酬体系的短期激励和长期激励的关系是一个更重要的问题。要处理好薪酬的短期激励和长期激励的关系，应该先处理好以下几个问题。

① 必须全面地认识薪酬的范畴。薪酬不仅仅是工资，它应该是包括各类工资(基本工资、岗位工资、绩效工资等)、奖金、职务消费、各类补贴、各类福利的一个完整系统。

② 在设计薪酬方案的时候，首要考虑的因素应该是公平性。公平性是好的薪酬方案激励性和竞争性的基础。

③ 在处理薪酬各部分的时候，要区别对待。对各类工资、奖金、职务消费就应该按岗位和贡献的不同拉开差距，而对于各类福利就应该平等，不能在汽车服务企业内部人为地制造森严的等级。

(4) 薪酬的设计要处理好老员工与新员工的关系。汽车服务企业的发展是一个长期积累的过程，在这个过程中，老员工是做出了很大贡献的。同时，不断地引进汽车服务企业所需要的各类人才也是人力资源体系的重要工作。因此，在设计汽车服务企业薪酬体系时，既要体现出对老员工历史贡献的认同，又要注意避免过大的新老员工薪酬差异，以免造成新员工的心理不平衡和人才的流失。

(5) 薪酬的设计要注意克服激励手段单一、激励效果较差的问题。设计汽车服务企业的薪酬体系尤其要注意发挥薪酬的激励作用，然而"金钱不是万能的"，如何克服薪酬差异在激励方面表现出来的手段单一和效果较差的问题是薪酬设计中的一个重要问题。

员工的收入差距一方面应取决于员工所从事的工作在汽车服务企业中的重要程度以及外部市场的状况，另一方面还取决于员工在当前工作岗位上的实际工作业绩。然而，许多汽车服务企业既没有认真细致的职位分析和职位评价，也没有清晰、客观、公平的绩效评价，所以拉开薪酬差距的想法也就成了一种空想，薪酬的激励作用仍然没有发挥出来。

(6) 汽车服务企业薪酬制度调整要在维护稳定的前提下进行。薪酬分配的过程及其结果所传递的信息有可能会激励员工有更高的工作热情、更强烈的学习与创新愿望，也有可能导致员工工作懒散、缺乏学习与进取的动力。因此，在对汽车服务企业的薪酬制度进行调整时，必须以维护稳定为前提，要注意维护大多数员工的利益和积极性。损害大多数员工的利益、挫伤大多数员工积极性的薪酬改革是不可取的。

总之，汽车服务企业薪酬体系是一项复杂而庞大的工程，只有对薪酬体系进行多方面、全方位的设计，才能保证薪酬的公平性和科学性，充分发挥薪酬机制的激励和约束作用，使薪酬成为一种能完成汽车服务企业目标的强有力的工具。

学习任务

课题名称	模拟汽车服务企业招聘
时间	

参与人员：

活动描述及收获：

教师评价：

模块五　经销商内部管理

【教学目标】

最终目标: 掌握电子商务在汽车服务企业中的应用。

促成目标:

(1) 了解汽车服务企业管理信息系统的基本类型;

(2) 熟悉 ERP 管理系统。

单元一　维修质量与维修技术管理

客户车辆维修质量的好坏, 是经销商内部管理的综合反映, 它关系着经销商的生存和发展。不断提高维修质量, 是经销商质量管理的头等大事。

【案例介绍】

XX 汽车驻车制动力不满足国标要求。

一、问题发生

自 XX 汽车生产以来, 轮毂试验中部分车辆不能满足国标驻车制动力要求, 而此部分车辆的检验员采用了错误、违背检验工艺的极端检验方法(测试手制动时, 踩脚制动)。这使得本应满足国标驻车制动力要求的车辆在驻坡车道上, 还存在明显溜坡现象。现场了解后, 返工人员和检验员均口头说 XX 汽车本来就存在着这样的问题。

二、分析问题

经在生产线跟踪了解, XX 汽车驻车制动手柄调整工艺应在制动液加注前就调整拉索, 同时, 以拧进多少个螺纹判定拉索锁紧螺母标准。从工艺上分析得知: ① 制动液加注前, 后制动器分泵内最大有效容积不能完全注满制动液; ② 手制动拉索长度由于受到现有制造工艺的限制, 其变化范围只能保证位于 ±5 mm 之间, 另外, 手制动拉索本身固有一定伸缩性。由此可知, 按以上方法调整驻车制动, 必然存在以下问题: ① 后轮阻滞力过大; ② 手制动行程过小; ③ 驻车制动不能满足要求; ④ 手制动行程过大; ⑤ 驻车制动蓄备行程不足。

三、制定临时措施

XX 汽车公司针对以上原因，特对工艺作了相应修改，制定如下临时措施：① 将现在 Z065 工位手制动行程调整工序转移到制动液加注后进行；② 将以拉索锁紧螺母的拧紧判定标准改为拉起驻车制动手柄的松紧力度。

四、验证跟踪

要求汽车公司立即按以上临时措施实施，对在线 XXX 车辆抽样 20 台检验，进行转毂试验和驻坡试验(试验条件：① 最大驻坡度；② 空载含一名驾驶员；③ 离合器处于分离状态)。其验证结果为：

(1) 满足驻车制动机构装有自动调节装置时，允许在全行程的四分之三以内达到规定制动效能的要求。

(2) 后轴轮系阻滞力满足不应大于车轮所在轴轴荷 5% 的要求。

(3) 驻车制动力满足不应小于该车在测试状态下整车重量 20% 的要求。

(4) 手操纵力均能满足不大于 400 N 的要求。

(5) ABS 动态试验均能一次操作检验合格。

(6) 满足在空载状态下驻车制动装置应能保证车辆在坡度为 20% 的坡道上固定不动的要求。

五、制订永久措施

经过临时措施的实施，并验证其措施效果，确定该措施有效。要求汽车公司将临时措施立即生效、改为永久措施，并以工艺卡的形式得以固化。同时，该措施推广到售后市场，避免同样问题发生。永久措施为：

(1) 调整工艺更改为制动液加注后再调整驻车制动拉索。

(2) 将拉起驻车制动手柄的松紧力度作为拧紧判定的标准。

六、规范检验

(1) 轮毂试验操作严格按操作工艺执行，绝不允许在测量手制动时，踩踏脚踏板，施加脚制动力。

(2) 制定检验标准空载 1 人能在 20% 坡道驻坡。

七、推广和思考

虽该问题得到了有效和根本上的控制，但仍然有部分车辆流到市场上；虽然用户没有反馈，但一定程度上给 "XX" 品牌带来了负面影响。通过此问题，暴露了检验员只是为了检验车辆合格而检验，并不是真正地为了质量而检验。同时，说明了质量管理领导者存在 "屁股决定脑袋" 的现象。另外，工艺人员在制定、编写装配操作工艺时，没有验证工艺的可行性和有效性，出了问题根本没有深入调查，"道听途说" 就作出初步判定，也没深入追究将问题一查到底，对工艺和质量的控制缺乏应有的力度！我们的工艺员、质量人员、领导者又该如何去做？该如何端正我们的质量态度呢？是不是该达到如下共认识呢？

(1) 质量要求不能仅仅满足用户无投诉无抱怨，更要超出用户的期望。

(2) 不要拿市场作为产品试验场，若等用户将问题反馈并抱怨后再改进，往往为期已晚。

(3) 质量无大小之分。

(4) 产品质量提升的主要因素往往不是技术问题，而质量意识、工作态度的问题。

【知识点】

一、维修质量管理

各个经销商在汽车生产企业的帮助指导下，必须建立健全的内部质量管理制度，从而通过维修质量的提高来提升维修率，进而提高客户满意度。

1．维修质量管理制度

(1) 做好维修车辆的内部检验工作。对于到经销商处维修的车辆，经销商的维修技师对已完成维修的车辆要进行自检、互检。内部质量检验员进行车辆的最终质量检验工作，通过"三检"制，保证维修车辆的质量。

(2) 做好备件的入库检验制度。对新购入的备件，在入库前必须由专人逐件进行检验查收。尤其现在的汽车备件市场进一步开放，假冒伪劣备件越来越多，让人防不胜防。作为非专业维修人员的备件采购人员，很难进行细致真实地鉴定，所以更有必要完善与加强验收手段：在维修用件时，要认真填写《领料单》，注明备件的规格、型号、材质、产地、数量，并由领发人员分别签字盖章。为了保证备件质量，汽车生产企业应要求经销商必须从他们的备件部门采购原厂配件。

(3) 做好计量器具和检测设备的管理和使用工作。计量管理工作是经销商维修保养工作中最不受重视的工作，但计量管理工作是质量保证体系链中的一个重要环节，是保证维修质量的重要手段。因此，必须加强计量器具和检测设备的管理。要按有关规定，明确专人保管、使用和鉴定，确保计量器具和设备的精度。

(4) 做好技术业务培训工作。经销商内部通过技术经理或者是内部培训员加强维修技师的技术业务培训，提高维修技师素质、专业维修能力。只有这样才能保证车辆的维修质量，才能提高维修技师的工作效率。

(5) 建立健全岗位责任制度。维修质量是靠每个岗位的工作人员来实现的，因此必须建立严格的岗位责任制度。只有这样才能增强每位员工的质量意识，进而保证车辆的维修质量意识，从而保证车辆的维修质量。

2．维修质量的控制

(1) 专用工具的使用：

① 对于维修项目中要求使用专用工具的操作过程，维修技师必须使用专用工具工作。

② 技术经理或者内部培训员负责对经销商维修技师进行专用工具使用培训，并有权对维修过程中的专用工具使用情况(是否正确使用)进行监督。

(2) 维修过程的控制：

① 车辆维修后，维修技师自检并签字确认。

② 维修班长对自检后的车辆进行互检并签字确认。

③ 质量检验员对维修后经过自检和互检的车辆进行综合检查，确认没有问题(或发现问题，但客户签字同意不维修)后，签字确认，并交付客户使用。

④ 每月对维修过程中出现的质量问题进行汇总统计分析，找出原因，制定解决措施，并由专人负责问题的跟踪和解决，如表 5 -1 所示。

(3) 对专用工具的使用和维修质量情况的检查。汽车生产企业的售后服务部门不定期地对特定维修项目进行抽查，重点检查专用工具的使用情况和维修质量，并做好记录，以作为经销商年终考评时的一项参考依据。

二、经销商维修技术管理

国内大多数品牌的汽车生产企业都制定了售后服务维修技术管理要求，对经销商的信息反馈、技术资料的利用、专用工具的使用以及维修质量的控制工作进行了详细全面的规定，以促进经销商管理工作的有效进行。

例如，一汽大众汽车有限公司的技术服务手册是由一汽大众汽车有限公司的质保、产品等部门及各经销商反馈的信息汇总而成，主要包括现场问题解决措施、产品质量问题解决办法、技术更改信息等。下面以一汽大众汽车有限公司的经销商维修技术管理为例进行介绍。

1．技术文件的管理

技术经理负责经销商内部技术文件的主管工作。技术经理指定专人负责技术文件的下载、汇总、下发、应用等工作，确保技术文件正确、及时使用，并做好技术文件的保密工作。

技术经理或者内部培训员负责根据技术文件上的内容对维修技师展开内部培训，且技术经理定期对维修技师进行考核。

2．专用工具及测量仪器的技术管理

① 专用工具和测量仪器的配置及管理：按汽车生产企业的要求配备齐全，设置专用工具员进行管理并建立借用档案，专用工具员应熟悉专用工具和测量仪器的基本使用功能。

② 专用工具和测量仪器的状态：定期维护、保养，无损坏，仪器辅助设施配置齐全，建立维护档案。

③ 技术经理有计划地对站内相关维修技师进行专用工具、设备使用培训。

④ 对经销商缺少的必备的专用工具要尽快订货完善，避免因为缺少专用工具而影响维修质量。

3．售后车辆信息反馈

① 经销商应定期(每周)将批量投放的车辆信息进行汇总、整理，并以《车辆信息反馈单》的方式从网上反馈给汽车生产企业的售后服务部门。

② 新产品、新项目首批投放地区的经销商应做好售后质量信息快捷反馈工作，以《质量信息快速反馈单》的方式反馈给汽车生产企业的售后服务部门。

表 5-1 一汽大众月维修质量月分析表

经销商维修质量月分析表

	1月	2月	3月	4月	5月	6月	7月	8月	9月	10月	11月	12月
维修台次	1148	882	1048	1044	1031							
外部返修台次	0	0	1	0	0							
内部返修台次	14	16	14	15	12							
外部返修率	0.00%	0.00%	0.01%	0.00%	0.01%							
内部返修率	1.21%	1.58%	1.00%	1.00%	1.00%							

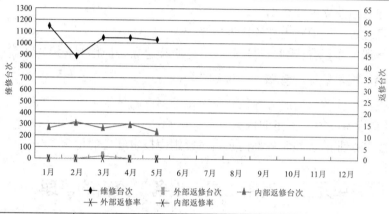

本月维修质量存在问题(内/外)	存在问题原因	解决措施	负责人	完成时间
保养后底护板有异响	维修人员工作粗心大意,维修技术监督工作没有落实	坚决执行三检,加大奖惩力度	王斌	6.1
雾灯安装方法有问题	工作时粗心大意	严格按照维修手册标准调整检修	王斌	6.1
保养时备胎气压漏检	新员工暂不能够胜任本职工作	加强对新员工的培训,提高保养抽查台次	王斌	6.1
发动机有异响检修多次	员工技术能力不足	对常见故障进行汇总并统一培训	王斌	6.1

上月维修质量存在问题(内/外)	解决措施	有效否	进一步措施	负责人	完成时间
更换冷凝器后行驶颠簸路面前部异响	加强对三检制度的重视程度	无效	请示服务总监	王斌	6.1
更换转向助力泵后油管漏油	加强对三检制度的重视程度	无效	请示服务总监	王斌	6.1
车辆行驶跑偏,进行定位调整	定位前做好前期的检查工作	无效	请示服务总监	王斌	6.1
水温过高,进行了二次维修	提高培训及考核机制,逐渐提高员工的技术水平	无效	请示服务总监	王斌	6.1
遥控偶尔无锁车功能,进行多次维修	制定偶发记录跟踪表,进行监控	无效	请示服务总监	王斌	6.1

技术经理: 　　　　　　　　　　　　　　　　　　　　　　　服务总监:

③ 遇到需要汽车生产企业支持的问题时，经销商应按维修手册有关要求进行检修及故障排除，并将检修过程在网上填写《车辆信息反馈表》后反馈。

④ 经销商处理完重大问题后，应将总结报告按时反馈给汽车生产企业的售后服务部门。

⑤ 经销商维修人员在解决技术疑难问题后，应及时报告给技术经理；技术经理应对故障现象、故障分析、故障排除及建议等内容进行整理，并以典型故障排除报告样式将信息反馈给汽车生产企业的售后服务部门。

4. 经销商内部培训

① 经销商必须建立内部培训机。

② 技术经理负责经销商内部的培训工作。

③ 内部培训工作要有计划。每次培训后，必须建立培训档案记录，以备查询。

5. 对经销商技术管理的考核

① 汽车生产企业的售后服务部门负责考核经销商的技术水平，考核结果作为经销商年终评比及对经销商索赔能力评定的依据。

② 汽车生产企业的售后服务部门负责对经销商技术经理的日常工作进行考核。

单元二　专用工具、设备、资料的管理

通常所说的汽车专业工具及设备是指根据某一汽车的结构特点而专门用来维修该汽车的设备或工具。其主要由汽车生产企业指定的厂商负责生产和供货，并随着车型的发展有所新增或改变。这类设备与工具是其他车型的设备与工具所不能取代的。

专用工具及设备的主要用途有以下三点：

① 用于特殊零部件或者总成的拆装。

② 用于总成或车辆性能的检测、调整。

③ 方便工人的操作，保证维修的质量和效率。

一、专用工具及设备管理

1. 专用工具及设备管理规定

各个经销商应该在与汽车生产企业签订《意向性协议》后的规定时间内订购汽车保养及维修所必须的专用工具、检测仪及设备。各品牌汽车生产企业经销商的维修设备及工具配备标准见表 5-2。

经销商如果因特殊原因不能按规定时间订购专用工具、设备，应及时向汽车生产企业的售后服务部门以书面形式说明原因并提出延迟的申请。

汽车生产企业的售后服务部门根据各个经销商反馈的订货时间，安排订购专用工具及设备。

汽车生产企业的售后服务部门将专用工具、仪器、设备准备齐全后，立即通知各个地区的经销商汇款。

表 5-2 各品牌汽车生产企业经销商的维修设备及工具配备标准(仅供参考)

工具类型		序号	设备工具名称	配备数量	配备要求	备注
通用设备工具	一般设备工具	1	双柱举升机	8	必备	公用
		2	活塞式空压机	2	必备	公用
		3	工具小车	8	必备	个人
		4	虎钳	3	必备	公用
		5	手电钻(10 mm)	1	必备	公用
		6	液压机(≥15 t)	1	必备	公用
		7	测量工具(套)	1	必备	公用,含计量器具
		8	轮式液压千斤顶(≥2 t)	3	必备	公用
		9	支撑架(≥2 t)	6	必备	公用
		10	液压小吊车(≥1 t)	1	必备	公用
		11	台式砂轮机	1	必备	公用
		12	台钻(16 mm)	1	必备	公用
		13	总成部件拆装举升器	1	必备	公用
		14	机电维修班级常用工具(套)	2	必备	公用,含计量器具
通用设备工具	机电维修设备工具	15	个人常用机电维修工具(套)	6	必备	个人,含计量器具
		16	数字式万用表(带温度测量)	3	必备	公用,含计量器具
		17	带气压表充气嘴	2	必备	公用,含计量器具
		18	正时枪	2	必备	公用,含计量器具
		19	转速表	1	必备	公用,含计量器具
		20	汽油车气缸压力表	1	必备	公用,含计量器具
		21	废油收集器	2	必备	公用
		22	尾气排放气体分析仪	1	必备	公用,含计量器具
		23	冷却系统检测仪	1	必备	公用
		24	显示仪表测量仪	1	必备	公用
		25	密度计	2	必备	公用
		26	蓄电池充电机	1	必备	公用
		27	蓄电池检测仪	1	必备	公用
		28	电喷喷油嘴清洗机	1	必备	公用
		29	R134a 制冷剂加注机	1	必备	公用
		30	制冷剂测漏仪	1	必备	公用
		31	轮胎拆装机	1	必备	公用
		32	车轮动平衡机	1	必备	公用

续表

工具类型		序号	设备工具名称	配备数量	配备要求	备注
通用设备工具	钣金设备工具	33	钣金工常用工具(套)	2	必备	个人
		34	砂轮打磨机	2	必备	个人
		35	车身修理夹钳(套)	1	必备	公用
		36	玻璃胶枪	1	必备	公用
		37	惰性气体保护焊机	1	必备	公用
		38	气(电)动锯	1	必备	公用
	油漆设备工具	39	油漆喷枪	2	必备	个人
		40	刮灰板	2	必备	个人
		41	磨灰胶托	2	必备	公用
		42	红外线干燥器	1	必备	公用
		43	抛光机	1	必备	公用
		44	烤漆房	1	必备	公用
专用工具及专用设备			根据具体车型配备		必备	公用

各地区的经销商接到通知后必须在两周内按通知上的账号及款额汇出专用工具、设备款。汇款后将电汇底联传真给汽车生产企业的售后服务部门。

汽车生产企业的售后服务部门接到经销商的电汇底联后将在两天之内通知发货及开具发票、结清货款及运费,并按经销商回款额多退少补。

2. 专用工具及设备的到货清点

① 经销商在收到专用工具、设备后,应派专人在1周内按订单进行认真清点。

② 清点后记录清点时间及结果并加盖公章后反馈给汽车生产企业的售后服务部门。

③ 经销商订购的工具、设备的质量担保期为1年。

④ 若存在缺件或有缺陷工具,则在反馈清点结果的同时将相应信息反馈给汽车生产企业售后服务部门。

⑤ 汽车生产企业的售后服务部门将调查反馈信息是否属实,若属实则必须落实缺件及有缺陷工具的补发或更换等事宜。

⑥ 经销商必须在到货后立即清点,并在清点后立即将清点结果反馈给汽车生产企业的售后服务部门,如因清点结果反馈不及时而影响质量担保的实施,后果由经销商负责。

3. 补订专用工具

经销商在使用过程中可能会出现专用工具的丢失及损坏。经销商丢失及损坏的专用工具必须及时补订。经销商应将所需补订的专用工具、设备的订货号及名称反馈给汽车生产企业的售后服务部门。汽车生产企业的售后服务部门根据经销商所反馈的专用工具、设备信息、定期汇总后安排订货。到货和汇款发货的工作程序与订购专用工具的相同。补订的专用工具及设备一样要遵守到货清点的制度。

二、资料管理

汽车生产企业为保证售后服务工作的正常开展，必须对经销商实施有效管理，而实施管理是通过下发各种资料来实现的。汽车生产企业为经销商提供技术、管理等的文件资料或光盘，以便经销商的服务人员学习和查阅；或者提供其作为处理问题的依据，如《索赔员工作手册》等；或者提供管理的标准和方法及其努力方向，如《售后服务管理手册》等；或者提供有利于经销商的服务人员提高自身业务水平的书籍，如《自学手册》、《典型案例分析》等，从而提高工作人员的技术水平和管理水平，为客户提供更加快速和满意的服务。

资料发放管理规定：

(1) 资料的发放。经销商与汽车生产企业签订意向性合作协议后，就可以到汽车生产企业的售后服务部门领取资料了。随着新技术和新车型的增加，售后服务部门将随时为各个经销商邮寄补发新增加的资料。

(2) 资料的管理。经销商应对资料实行严格的管理，建立独立的资料室或在工具间内设立资料专柜，并由专人负责管理。参加了汽车生产企业培训的人员要做好经销商内部的培训工作，同时经销商应收回每期发放的资料，并统一保管，以备其他员工学习和查阅。资料管理人员对管理类资料和技术类资料应分别存放且应进行编码，并建立资料明细。技术文件类的资料其配置及状态应齐备、完好、可随时借阅，并且应具有能阅读光盘版技术资料的设备。维修技术资料应得到应有的利用，技术经理应每季度抽查1~2项维修项目进行考核，维修人员应会查阅维修技术资料，并按维修资料要求进行维修。维修技术资料应放在固定位置由技术经理指定专人管理，并建立资料目录及借阅档案。

管理人员对资料的借用应认真登记，并实行损坏、丢失赔偿制度，责任落实到人。经销商必须保证资料配备齐全。如资料经长期使用，破损严重，经销商应向售后服务科申请更新。申请更新时应写出书面材料，由经销商负责人签字并加盖经销商业务专用章，再经汽车生产企业售后服务部门驻当地现场代表审核签字后，传真给售后服务部门，售后服务部门审核通过后将为其免费更新。如果因经销商管理不善，导致资料破损或丢失，应及时向售后服务部门申请补领，申请补领时应写出书面材料，由经销商负责人签字并加盖业务专用章后传真给售后服务部门。售后服务部门审核通过后将为其补发，但会收取资料成本费，并另加收一倍的成本费作为罚金。

单元三 汽车服务企业相关岗位的信息管理

【案例介绍】

案例1：上海通用汽车公司的柔性生产与精益物流。

上海通用汽车公司(简称上海通用)的生产物流是中国乃至全世界柔性生产与精益物流的典范。可以想象，在上海通用车间，无数各式各样的零部件聚集到部件装配车间或者总装配车间，被准确无误地送入自动化生产线，又被丝毫不差地安装到不同类型的汽车上，组成一辆辆具有人类灵气和生命力的汽车。整个生产过程如此复杂，又如此精益美丽，这就是现代企业生产物流的无限魅力。

柔性化生产源自汽车业发达的欧美，是 20 世纪末国际上先进的生产理念，是"以客户为中心"的理念在生产上的延伸，是最优的多品种、小批量产品的生产方法。其所带来的时间与成本优势，能快速以现代国际化企业的要求来进行汽车厂的建设，从而为中国汽车消费者带来最具吸引力的产品，因此必须引进柔性生产系统。上海通用汽车的生产线投产后，不同品种、不同规格的各型各款轿车实现了共线生产，成为通用公司全球范围内柔性最强的生产线之一，在世界汽车制造业中也屈指可数。

柔性生产的前提条件是对生产线物料及时准确地供给。如果把资金比作公司的血液，那么物料供应无疑就是生产线的血液，物料供应系统就是生产线的供血系统。与公司的营销体系相对应，上海通用实行的是拉动式的物料供应系统，这是目前国际上较为先进的拉动式经营策略，是保持生产过程中库存量最小的系统。也就是说，公司根据收到的订单安排生产，与此同时，生成相应的物料计划发给各个供应商。这样既保证生产时有充足供货，又不会有库存来占用资金和仓库。

如何保证生产线前的物料供应及时准确呢？这同样也是依靠高科技信息系统支持的、简单实用的看板拉动式体系来完成。当生产线工人发出物料需求指令时，该指令由处于物料箱内带有条码的看板来传递。当工人开始使用一箱零件时，就把看办卡放在工位旁的固定地点。物料人员定时收取看办卡，使用条码、扫描仪和光缆通信等工具，确定下一次供物料时间。司机根据看办卡从临时仓库取出新的物料，并在每一箱中放入一张看办卡，然后将新的物料送至操作工处。此外，生产线工人还可通过物料索取系统，使用按钮、灯板等设备作为电子拉动信号传递对消耗物料进行补充的信息。当生产线货架或货盘中用到仅剩最后几个零件时，操作工按动按钮，物料索取灯启动，司机立即将索取卡送到物料存储区，取出物料送到工位，并将物料索取灯关闭，确认物料发送。这套电子拉动系统确保了信息的准确性，基本上消除了由于数据传递失误而引起的物料短缺。

另一部分物料，如保险杆、座椅等较大的选装零件通过联网计算机系统将即时的需求计划传递给供应商，其中包括交货时间、排序信息及交货数量，供应商将经过排序的物料准确及时地送到生产线旁。为了配合柔性生产的需求，物料系统还做了其他调整。其中之一就是对部分零部件实施排序配送。举例来说，三种不同尺寸的车窗玻璃，由同一个工人共线装配，如果不对玻璃进行排序，生产线旁必须安放三个不同的料架，而工人也必须花费时间进行辨别，根据车型不同从不同料架上取货。因此排序法对节省生产线物料空间，提高工作效率有很大作用。此外，物料部门还增加了车间的货物窗口，采用新型料架，改进物料摆放，提高配送化程序。上海通用物流系统对柔性生产的支持更多地体现在一点一滴的细微之处。无论是生产线大量使用的空中悬链输送系统、随行夹具、标准多样的物流容器等，还是大量使用的地面有轨平移输送车、自动回传输送台以及为生产线配送物料的电动牵引拖挂车等，无一不体现标准、规范、精益之特色。可以说正是大量物料输送装置的精心设计、标准精巧的物料集装器具的充分使用、现场整齐规范的物料摆放等为上海通用实施精益物流管理打下了良好基础。

通过精益物流管理，上海通用取得了降低库存、节省占地空间、减少搬运、便于操作、简洁系统、使用最少设备等效果，既保障了柔性生产线的正常运行，也对产品质量地不断提高有巨大促进作用，从而强化了企业的核心竞争力。

案例 2：典型 4S 计算机管理系统在实际中的应用。

1．根据企业情况选择使用规模

(1) 局域网使用。适合经营场所集中在一个地方的 4S 店，所有参与使用 4S 软件的计算机都集中在一个局域网内。前厅销售接待、后厅维修接待、车间管理、财务结算、库房管理等岗位分开，各行其责，严格按照规范流程管理。

(2) 广域网使用。汽车 4S 店的经营场所分散在不同的地方，每个地方都能上 ADSL 或宽带(必须是同一运营商提供)，且带宽在 1M 或 1M 以上。数据库集中在总部或使用计算机较多的地方。

2．4S 计算机管理系统概述

1) 系统特点

① 先进的客户管理。本系统引入先进的客户关系管理理念，全面协助企业管理客户资源。通过对客户资源有效地管理，达到缩短销售周期、提高服务质量、提升客户满意度与忠诚度的目的，从而增加企业综合竞争能力。

② 全面流畅的业务管理。系统功能包括售前的客户接待跟踪、售中车辆订购或销售、财务收款开票、销售代办服务、售后客户回访等功能。整套软件功能全面、流程清晰，所有业务单据全部可以通过电脑直接打印输出。

③ 强大的统计查询分析功能。系统除提供各种业务数据、财务数据的查询统计功能外，还提供强大的分析功能，包括客户特征分析、成交率分析、销售周期分析、库存周期分析、销售分类汇总分析等。

④ 灵活的自定义功能。系统提供较多的个性功能，允许用户在一定范围内根据自身的需要或喜好自行设计、更改系统中常用的表单表格、自由组合数据筛选条件、自行定义常用的基础字典等。

系统的结构是按照配件管理的流程安排的，界面为导航加菜单结构。系统上部菜单为系统主菜单，分为基础数据、客户关系、订购管理、销售管理、财务管理、业务管理、统计查询七大功能模块，点击菜单导航可打开各模块的子模块。中部为汽车销售主要功能模块图标，单击图标可打开功能模块。下部表框为统计报表模块，放置的是汽车销售管理中经常用到的各主要统计查询报表。

2) 主要功能说明

(1) 客户关系管理。本系统全面集中管理客户资源，包括潜在客户与成交客户，记录客户的基本资料与详细资料，包括与客户接触的完整记录。通过对客户资源和关系的有效管理从而达到以下目的：

① 防止客源流失。业务员只能看到自己或允许查看的有限的客户资料与业务数据，所以即使业务员流动也无法带走其他业务员的客户数据，同时原来的客户数据也完好的保存在数据库内，继续为公司所用；系统自动通过客户名称、证件号码、联系电话、手机等信息判断记录的相同性，能有效杜绝业务员间相互争抢客户、争夺销售业绩，从而便于业绩考核。

② 有效监督、指导业务员工作。

③ 业务员对客户的所有联系活动都有记录，一方面有效地监督业务员的工作情况，另一方面根据业务员联系客户的进展情况予以工作指导。

④ 全面提高服务质量。通过对车辆档案跟踪、特殊日期等资料为客户提供体贴的保养、保险、年检提醒及温馨的节日、生日关怀，从而提高服务质量、提升客户满意与忠诚度。

⑤ 为营销策划提供准确数据。通过记录分析客户特征、购车意向、意见反馈等数据，为营销策划提供准确的决策数据。比如通过客户来源、客户区域、年龄段、意向价位、关注内容等分布情况制定广告策略、促销政策等。

(2) 车辆管理功能可分为如下几种。

① 车辆采购：记录车辆采购渠道、所购车型、配置、颜色、数量、价格、选配内容等信息，并随时可查看采购合同履行情况，且可根据实际情况更改采购合同数据。

② 车辆入库：包括车辆采购入库、销售退货入库、车辆移入车库。详细记录入库车辆的基本信息，包括车型、配置、颜色、底盘号、发动机号、保修卡号、合格证号、随车附件、入库仓库等信息，并可打印车辆入库单。

③ 车辆出库：包括销售出库、采购退货出库、车辆移出车库等。主要功能是根据业务单据进行出库确认，打印输出出库单，减少车辆库存数量。

④ 车辆库存：查询在库车辆及车辆基本信息。

⑤ 车辆附加：在出厂配置基础上增加或更换某些汽车部件，增加汽车价值。

(3) 车辆销售管理包括以下几个部分。

① 车辆订购：没有现货提供给客户时，系统提供车辆订购功能，主要记录需要的车型、配置、颜色等基本信息，记录车辆价格、付款方式、交货时间等基本约定，有代办的要记录代办项目及收费情况，有赠品的还可进行相关数据的录入。系统还提供订购单、订购合同等打印输出功能。

② 车辆销售：记录客户及所购车辆的详细信息，以及定价、优惠、合同价与实际价、付款方式、车辆流向、车辆用途、业务员等基本信息，有代办的要记录代办项目及收费情况，有赠品的还可以进行相关数据的录入。系统还提供销售单、销售合同等打印输出功能。

③ 销售代办：根据合同约定，替客户代办相关项目，登记对方单位、代办成本的数据，便于财务付款及单车收益核算。

④ 合同查询：查询订购合同及销售合同的履行情况，包括是否选车、钱是否付清、销售代办是否完成、发票是否已开、车辆是否出库等。

⑤ 财务管理：根据采购、销售等业务来完成定金、车款、代办款等收款工作及车辆采购、车辆附加、销售代办产生的付款工作，对销售车辆开具销售发票及进行收益核算。

(4) 业务管理包括以下内容。

① 资料文档：管理公司及业务上的相关资料及文档，支持格式包括 WORD、EXCEL、JEPG、POWERPOINT、BMP 等格式，可以方便管理公司合同、规章制度、车辆信息等资料和文档。

② 商家档案：记录被关注商家的基本信息，包括名称、地址、经营车型、联系人、联系电话等信息。

③ 销售查询：记录市场调查的基本信息，包括车辆售价、有无货源、货源基本情况等信息，并可按日期、车型等条件进行查询。

（5）统计查询。系统提供的报表涵盖车辆采购、订购、销售、车辆入出库、车辆库存、财务收付、客户管理等相关数据报表，包括采购合同台账、车辆销售台账、车辆入出库明细表、车辆库存报表、客户档案表、车辆库存周期、车辆销售收益、财务收付明细表、销售业绩统计表等。

【知识点】

一、汽车服务企业信息化管理概述

随着信息的飞速发展，计算机已广泛应用于各个行业。汽车服务业由于经营品种、企业规模的多样化，对计算机及其应用程度也不尽相同。但随着我国汽车保有量的增长，企业内外部信息量也急剧增长，这些都促使汽车服务企业对信息处理手段和方法的现代化要求越来越强烈。在汽车服务业推广应用计算机系统，提高服务人员素质，对企业经营管理者要素进行合理配置和优化组合，使经营活动过程的人流、物流、资金流、信息处于最佳状态，以求获得最佳效益已成为全行业的共识。

1. 我国汽车服务企业信息化管理现状

我国汽车行业的信息化管理起步于 20 世纪 90 年代，但是由于受管理体制、传统观念等影响，企业的信息化往往流于形式，往往只能在部分领域实现信息系统的智能，甚至成为形象工程，所以成功的企业信息化案例少之又少。近几年来，汽车行业日程已提升到长远规划、战略发展的层次上来。我国汽车服务产业是伴随着我国汽车行业信息化发展而发展起来的，其现状可概括为"21 世纪的网络，20 世纪 90 年代的软件，但是，只有 80 年代的应用，70 年代的管理"。其信息化水平参差不齐，除一些 4S 店在汽车制造商的要求下，信息化管理和应用达到一定层次外，其他企业长期以来基本沿用以人工为主的报表方式来对企业信息进行管理，结果是信息量少、管理水平和效率低，致使决策者只能凭主观进行决策，从而造成很大的损失和浪费。当中虽然也有个别公司在管理中应用了计算机，但主要是利用其进行统计报表、工资发放和文字处理等，给决策者提供的信息也较少，无法清晰准确地控制业务过程，对于科学决策意义不大。总的来说，我国汽车企业信息管理水平主要存在以下一些问题。

（1）基础薄弱。相对于国外同行来说，我国汽车服务企业信息管理总体应用水平还相当低，尤其是企业间的数据交换、企业集团内部位于不同地理位置上的分公司之间的信息交流、企业之间的数据确认等方面。除了极少企业应用了 EDI 系统之外，更多的则还是以传真加电话的方式进行联系和沟通。数据交换、商业合同等多以书面或其他介质为主，同时辅以 E-mail 进行。企业之间设计信息的传送更多地仍以最原始的图纸传送方式为主；配备 CAD 系统的企业则以数据磁带的方式进行传递，只有少量的信息借助互联网进行传送。大部分汽车服务企业未从企业的高度对企业的管理信息系统进行全面规划和在项目实施过程中严格把关。领导和管理人员对企业信息化的参与力度不强，没有将信息建设与提升管理水平紧密结合起来。

（2）信息资源缺乏规范、标准化的管理。我国汽车制造起源于大而全的方式。直到 20 世纪 90 年代，从零部件到整车的生产基本上是在一个企业(集团)的内部完成，这导致了产品及零部件标准的封闭性。同时，由于长期手工管理习惯的形成，企业内部的信息编码体系并没有得到实际应用，这又形成了在一个企业内的不同部门之间不能用一套统一的识别系统对管理实体进行识别的现象。汽车服务作为整车制造企业的下游企业，其编码一般依据的是整车企业的编码，因此，也缺乏规范化和标准化。

(3) 信息资源共享问题。由于信息标准的不统一，信息资源的共享性差就成为了一个突出的问题。汽车信息资源共享，是指通过计算机、网络、通信等技术将可公开的、有关汽车技术、销售、市场、维修、检测及教育培训等方面的信息资料公布，使不同地域的汽车用户可以随时使用；同时整车生产商与零部件供应商之间能够共享相同的信息标准，并进行信息交换。目前国家正在建立这样的一套标准，但在这套标准出台之前，企业各自的标准还要继续使用。即使国家推出了一套信息标准，汽车服务企业掌握这套标准并完成新标准对原有信息系统的改造，还需要大量的资金和时间上的投入。汽车行业的信息资源难以共享的问题还将存在较长时间。

另外，目前国内汽车网站多以企业自建为主，其特点是缺乏系统性，信息资源重复建设，缺少权威性、规范性、全面性。

(4) 缺乏公共电子商务平台。电子商务正剧烈改变着西方传统的汽车生产与销售，世界各大汽车厂商都想抓住电子商务的良好机遇发展自己。1999 年 8 月，通用汽车公司宣布成立一个名为 e-GM 的业务中心，其职能是充分利用飞速发展的互联网技术，使公司在全球的产品和服务更加贴近其各自的目标顾客，真正实现企业与顾客之间的实时交流与互动。福特汽车公司认为，企业建立网站只是从物理世界向真实世界转变的第一阶段；第二阶段是在企业的网站上设立对话功能，顾客可以在网上比较价格和产品，并在线提出问题，由企业的专家及时给予回应；福特汽车公司目前正在实施第三阶段，即开始订货及生产的过程，其与微软公司的联盟正是为此目的而进行的，即顾客可以在福特的网站上根据实际需求订货；第四阶段，实现真正的依据订货而生产的供应链，届时福特汽车公司的零部件供应商和各整车生产商都可以在网上及时收到用户的特殊订货，并使绝大部分汽车在订货后10 天内完成制造并发货。除此之外，以北美的三大汽车厂家为主的汽车生产厂家以及共1300 家零部件供应公司组成的汽车工业组织建立了覆盖北美的汽车信息交换网络，已于1998 年开始运转。日本汽车工业协会也在计划建立一个这种模式的组织，并于 1999 年 10月开始试行。这就意味着必须通过这些网络，才能与这些公司进行业务往来。

在我国，几大汽车集团之间仅存在着竞争关系，并无合作的打算。一个国家级的汽车电子商务平台的建设不可能由某一个大型汽车集团独立完成，而汽车产业的全球化采购和全球化合作又是 21 世纪国际汽车产业发展的趋势。在这样的趋势下，尽快推动我国汽车集团间的合作，建设以国内主要汽车集团为主要应用对象的汽车电子商务平台迫在眉睫。

(5) 严重缺乏客户信息管理系统。客户满意度贯穿了汽车服务企业服务管理的全过程，由于手段的制约，影响客户满意度的事件时有发生，如客户到服务站维修时，客户报上姓名后，服务人员不知道该客户是不是企业的销售客户；车辆维修时，业务接待员不能及时掌握维修进度，不知道能否按时交车；客户回访时，销售人员回访和服务人员回访口径不统一，回访信息不能共享，彼此不知道客户的回访情况。这些都说明我国汽车服务业对客户信息还没有进行系统化管理。

2．汽车服务企业管理信息系统的基本内涵

(1) 汽车服务企业管理信息系统的定义。汽车服务企业信息化就是将因特网技术和信息技术应用于汽车服务业生产、技术、服务及经营管理等领域，从而不断提高信息资源开发效率、获取信息经济效益的过程。汽车服务信息的主要内容有：对汽车消费者信息的服务化、汽车购买的电子化、与整车制造商的信息传递与共享、汽车服务企业内部管理的信息化以及汽车物流控制的信息化等。它涉及消费者、整车制造、零部件供应、汽车销售、汽车保险金融、汽车技术服务、汽车回收、汽车美容养护、汽车物流和第三方服务机构等。

汽车服务企业管理信息系统是一个以人为主导，利用计算机硬件、软件、网络通信设备以及其他办公设备进行汽车服务企业管理、业务信息的收集、传输、储存、更新和维护，以企业战略竞优、提高效益和效率为目的，支持汽车服务企业高层决策、中层控制、基层运作的人机集成系统。汽车服务企业管理信息系统强调从系统的角度来处理企业经营活动中的问题，把局部问题置于整体之中，以求整体最优化。它能使信息及时、准确、迅速送到管理者手中，提高管理水平。汽车服务企业管理信息系统在解决复杂的问题时，可广泛应用现代数学成果，建立多种数学模型，对管理问题进行定量分析。汽车服务企业管理信息系统把大量的事务性工作交由计算机完成，使人们从繁琐的事务中解放出来，有利于管理效率的提高。

(2) 汽车服务企业管理信息系统的特征如下。

① 为管理服务。汽车服务企业管理信息系统的目的是辅助汽车服务企业进行事物处理，为管理决策提供信息支持，或者是宣传企业、扩大影响，因此必须同汽车服务企业的管理体制、管理方法、管理风格相结合，遵循管理与决策行为理论的一般规律。为了满足管理方面提出的要求，汽车服务企业管理信息系统必须准备大量的数据(包括当前的和历史的、北部的和外部的、计划的和实际的)、各种分析方法、大量数学模型和管理功能模型(如预测、计划、决策、控制模型等)。

② 适应性和易用性。根据一般系统理论，一个系统必须适应环境的变化，尽可能做到当环境发生变化时，系统不需要经过大的变动就能适应新的环境。这就要求系统便于修改。一般认为，最容易修改的系统是积木式模块结构的系统，由于每个模块相对独立，其中一个模块的变动不会或很少影响其他模块。建立在数据库基础上的汽车服务企业管理信息系统，还应具有良好的适应性。与适应性一致的特征就是方便用户使用。适应性强，系统的变化就小，用户使用自然就熟能生巧、方便容易了。易用性是汽车服务企业管理信息系统便于推广的一个重要因素，要实现这一点，友好的用户界面是一个基本条件。

③ 信息、管理互为依存。汽车服务企业的决策和管理必须依赖于及时正确的信息。信息是一种重要的资源，在物流管理控制和战略计划中，必须重视对信息的管理。

3．汽车服务企业管理信息系统基本类型

目前，在实践应用中的管理信息系统有四种：业务信息系统、管理信息系统、决策支持系统以及办公信息系统。它们的设计原理、方法和技术基本上是一样的，只是因应用目的与要求的不同而有所区别。

(1) 业务信息系统。业务信息系统是为日常业务处理提供信息的。就制造型企业而言，其日常业务有生产、销售、采购、库存、运输、财务、人事等方面的业务工作。每一类业务工作都形成信息子系统，如销售信息子系统、采购信息子系统、库存信息子系统、运输信息子系统、财务信息子系统等。业务信息系统应具有数据处理功能、数据管理功能、信息检索功能和监控功能。

(2) 管理信息系统。管理信息系统简称 MIS(Management Information System)，是以系统思想为指导，以计算机为基础建立起来的、为管理决策服务的信息系统。MIS 输入的是一些与管理有关的数据，经过计算机加工后输出供各级管理人员使用的信息。MIS 不仅能进行一般的事务处理、代替管理人员的繁杂劳动，而且能为管理人员提供辅助决策方案，为决策科学化提供应用技术和基本工具。MIS 是信息化社会发展的必然产物，也是企业管理现代化的重要进程。对一个企业来说，建立 MIS 以处理日益增多的信息，目的是为了提高企业的管理效率、管理水平和经济效益。管理信息系统一般应具有以下主要功能：数据处理功能、预测功能、计划功能、优化功能和控制功能。

(3) 决策支持系统。决策支持系统简称为 DSS(Decision Support System)，它是以电子计算机为基础的知识信息系统。DSS 可以提供信息，协助解决多样化和不确定性问题，并对决策进行支持。

目前在 DSS 中广泛应用数量化方法，即用数学模型和方法对可供选择的各种方案进行定量的描述和分析，从而提供数量依据供决策者权衡选择，最终从中获取最佳或满意的方案。常用的方法有：数学分析中的优化方法，概率统计中的统计预测、回归分析、相关分析，运筹学中的排队论以及模糊数学中的一系列理论和方法等。

决策支持系统由下面三个主要部分组成：

① 语言系统。语言系统的主要功能是表示问题，即描述所要解决的问题。一个语言系统可以使用通用的计算机程序设计语言，也可以使用专用的查询和语言。

② 知识系统。知识系统是有关问题领域的知识库系统。知识库系统由数据库、方法库和模型库三个子系统组成。方法库和模型库子系统起支持作用，在多用户环境下，能够使一个临时用户用最少的程序工作得到最多的系统支持，从而能简便、迅速地解决用户问题。

③ 问题处理系统。问题处理系统是决策支持系统的核心。任何一个问题处理系统都必须具备从用户和知识系统收集信息的能力，也必须具备将问题变换为合适的、可执行的行动计划的能力。问题处理系统另一个必不可少的功能是分析能力。当问题处理系统完成模型和数据的确认后，分析机构就开始工作，并控制它们的执行。

(4) 办公信息系统。办公信息系统用计算机来处理企业或行政机关办公工作中的大量公文管理工作，也称为办公自动化系统。

二、互联网络在汽车服务中的应用

自 20 世纪 90 年代初开始，Internet 商业化取得巨大成功，并进入了所谓的互联网络经济。互联网经济的商业模式成功的主要标志为：企业用户将 Internet 接入和将 WWW 服务委托给 ISP 管理；企业用户将一些简单应用，如电子邮件委托给 ASP 管理；企业用户通过 Internet 进行商务操作及电子商务，实现"零摩擦"商务交易。与传统商务操作过程相比，互联网络可以为企业节省约 40%的商务开销。这正是互联网络经济的真正驱动力。互联网络的巨大经济效益促进其在企业中的快速普及，汽车服务也不例外。

传统意义上，我国汽车服务企业长期以来一直处于原始、落后的现状，这种落后表现在管理水平、技术水平、人员素质、设备装备等诸方面。信息化和电脑技术把汽车服务企业引向现代化管理模式和管理方式。企业发展的根本在于人，管理"服务"将成为未来竞争最重要的手段，对于汽车服务企业来说尤其如此。这种主动服务，就是建立稳定的客户关系，并依赖于客户信息和服务档案的建立与管理。而大量的企业经营数据信息，仅凭人工来完成是难以想象的。利用电脑技术，建立企业网络数据库才是成功之路。

事实上，汽车服务企业经常需要处理大量复杂的数据信息，仅仅依靠人力往往难以对客户及车辆档案、企业经营数据等进行准确地统计分析。而运用电脑管理，速度快、时间短、资料全、效率高。例如，一个30人的维修企业，月度工时统计如采用人工计算，需要一个统计员1～2天的时间，而采用电脑进行统计仅仅需要几秒，效率提高何止几千倍。由此看来互联网在汽车服务界的应用前景十分广阔。

(1) 汽车服务方面的专业互联网在汽车服务企业的应用中，因汽车服务技术人员可方便、快捷地查询各类技术支持资料，减少服务时间而显著提高生产效率，仅此一项即可为企业节约可观的经济收入。以欧亚笛威汽车维修互联网为例，该网站目前已有网员600余家，每家会员修理厂利用互联网方便、快捷地查询资料，提高生产力，可产生至少5万元/年的经济效益，全年的总经济效益可达3000万元/年，由此产生的影响是十分巨大的。

(2) 随着电脑的迅速普及，大批会使用电脑和互联网的人才将源源不断地进入汽车服务企业，为企业的职工队伍注入新的血液和活力。由于他们的文化素质较高、求知欲强、对新生事物具有很强的敏感性，因此使企业内部产生了掌握现代信息技术的需求，这种需求将会更进一步推动利用互联网获得信息资源在汽车服务企业的应用。

(3) 现代汽车服务企业采用基于互联网的电脑管理方式不仅势在必行，而且时机也已经成熟。原因如下：其一，电脑硬件的价格已经降至很低的水平；其二，软件的开发、设计也越来越成熟，功能方面也越来越适合汽车服务企业的实际运作；其三，随着一些大中专汽车专业毕业生进入汽车服务企业，为实行电脑管理奠定了良好的人才基础；其四，远程通信技术的诞生为软件的售后维护工作奠定了坚实的基础。表5-3所示为汽车服务企业可以利用的一些因特网服务项目。

表5-3 因特网服务项目

服务	描述
电子邮件	可将文本、声音和图片发送到其他地方
FTP	可将另一台计算机上的文件拷贝到你的计算机上
新闻讨论组	针对一个特定主题进行在线讨论
聊天室	两个或多个人在线实时地以文本形式进行对话
因特网电话	可与世界各地因特网上的其他用户通信
因特网视频会议	支持同时的语音和视觉通信
即时通信	允许两个或多个人在因特网上即时通信
附加的因特网服务	为个人和公司提供各种其他服务

三、电子商务

近年来电子商务正在以极快的速度发展，并逐渐进入人们的日常生活。电子商务是世界性的经济活动。它离不开对信息资源的利用和管理，运用了信息技术和系统思想。电子商务能高效利用有限的资源，加快商业周期循环，节省时间，减少成本，提高利润和增强企业的竞争力。从业务流程的角度看，电子商务是指信息技术的商业事务和工作流程的自动化应用。如今电子商务已发展成为一个独立的学科，企业的信息化是它发展的基础。电子商务正在改变工业化时代企业客户管理、计划、采购、定价及衡量内部运作的模式。消费者开始要求能在任何时候、任何地点，以最低的价格及最快的速度获得产品。企业不得不为满足这样的需求而调整客户服务驱动的物流运作流程和实施与企业合作伙伴(供应商、客户等)协同商务的供应链管理。ERP 为企业实现现代化供应链管理提供了坚实的平台，是企业进行电子商务的基础。

1．电子商务的分类

按照不同的方式可对电子商务进行不同的分类，现在主要的分类方式是按交易对象分类，主要有以下几种。

(1) 企业对企业(Business to Business，B to B，又可简化为 B2B)，即企业与企业之间，通过 Internet 或专用网方式进行电子商务活动。推动这种模式发展的主要力量是传统产业大规模进入电子商务领域，通过电子商务改善市场营销和企业内部管理方式，从而创造出全新的企业经营模式。企业间电子商务可分为两种类型，即非特定企业间的电子商务和特定企业间的电子商务，前者是指在开放的网络当中为每笔交易寻找最佳伙伴，并与伙伴进行全部交易行为。特定企业间的电子商务是指在过去一直有交易关系或者在进行一定交易后要继续进行交易的企业，为了相同的经济利益，而利用信息网络来进行设计开发市场及库存管理。企业间可以使用网络向供应商订货、接受发票和付款。

(2) 企业对消费者(Business to Customer，B2C)，即企业通过 Internet 为消费者提供一个新型的购物环境——网上商店，以实现网上购物、网上支付。这种模式着重于以网上直销取代传统零售业的中间环节，创造商品零售新的经营模式。

(3) 企业对政府(Business to Government，B2G)。这种商务活动覆盖企业与政府间的各项事务。例如，政府采购清单可以通过 Internet 发布，通过网上竞价方式进行招标，公司可以以电子交换方式来完成。除此之外，政府还可以通过这类电子商务实施对企业的行政事务管理，如政府用电子商务方式发放进出口许可证、开展统计工作，企业可以通过上网办理交税和退税等。

(4) 个人与政府间电子商务(Government to Customer，G2C)，即政府通过网络实现对个人相关方面的事务性处理，如通过网络实现个人身份的核实、报税、收税等政府对个人的事务性处理。

(5) 消费者对消费者(Customer to Costomer，C2C)。消费者对消费者方式是大家比较熟悉的方式，如网上拍卖等。

在这些交易类型中，B2B 是主要形式，占总交易额的 70%～80%。这是由于企业组织的信息化程度和技术水平比个体消费者明显要高而产生的。

企业级电子商务是电子商务体系的基础。在科技高速发展、经济形势快速变化的今天，人们不再是先生产、后寻找市场，而是先获取市场信息再组织生产。随着知识经济时代的来临，信息已成为主导全球经济的基础。企业内部信息网络(Intranet)是一种新的企业内部信息管理和交换的基础设备，在网络、事务管理以及数据处理库上继承了以往的MIS(管理信息系统)成果，而在软件上则引入因特网的通信指标和 WWW 内容的标准。Intranet 的兴起，将封闭的、单向系统的 MIS 改造为一个开放、易用、高效及内容和形式丰富多彩的企业信息网络，从而实现企业的全面信息化。企业信息网络应包含生产、产品开发、销售和市场、决策支持、客户服务的支持及办公事务管理等方面。对于大型企业，同时要注意建设企业内部科技信息数据库，如技术革新、新产品开发时，可将档案、能源消耗、原辅材料等各种数据进行数据库建设。当然还要选择一些专业网络和地方网络入网。

2．电子商务的系统构成

电子商务是商业的新模式，各行业的企业都将通过网络链接在一起，使得各种现实与虚拟的合作都成为可能。电子商务是一种以信息为基础的商业构想的实现，用来提高贸易过程中的效率，其主要内容有信息管理、电子数据交换、电子资金转账。

(1) 电子商务的处理方式与范围。电子商务的处理方式和范围主要包括以下三方面：

① 企业内部之间的信息共享和交换。通过企业内部的虚拟网络，分布各地的各分支结构以及企业内部的各级人员可以获取所需的企业信息，避免了纸张贸易的内部流通，从而提高效率，降低经营成本。

② 企业与企业之间的信息共享和交流。EDI 是企业之间进行电子贸易的重要方式，避免了人为的错误和低效率。EDI 主要应用在企业与企业之间、企业与批发商之间、批发商与零售商之间。

③ 企业与消费者之间。企业在因特网上设立网上商店，消费者通过网络在网上购物、在网上支付，为消费者提供了一种新型的购物环境。

在传统的实物市场进行商务活动是依赖于商务环境的(如银行提供支付、媒体提供宣传服务等)，电子商务在电子虚拟市场进行商务活动同样离不开这些商务环境，并且提出了新的要求。电子商务系统就是指在电子虚拟市场进行商务活动的物质基础和商务环境的总称。最基本的电子商务交易系统包括企业的站点、电子支付系统、实物配送系统三部分，以实现交易中的信息流、货币流和物流的畅通。电子商务站点为顾客提供网上信息交换服务，电子支付系统实现网上交易的支付功能，而实物配送系统是在信息系统的支撑下完成网上交易的关键环节。但对某些数字化产品则无须进行实物配送，仅依赖网上配送即可，如计算机软件产品的网上销售。

(2) 电子商务系统由下面几个部分组成：

① 客户关系管理系统。客户关系管理系统使企业能够对与客户(现有的或潜在的)有关的各种要素(客户需求、市场背景、市场机会、交易成本及风险)做出分析与评估，从而最大限度地获得客户，进而扩大市场。无论企业的客户通过何种方式与企业取得联系，都要通过 CRM 来实现企业与各户的交流与互动。

② 在线订购系统。在线订购系统适用于中小贸易公司或生产性企业。系统通过互联网，

将所有有业务关系的单位联系在一起，使企业的客户或者企业的分销商、分/子公司、代理等市场渠道可以通过该系统实现随时随地的网上交易，从而降低了传统的采购或订货的成本和时间，进而可以更有效地利用资源，提高工作效率。公司通过在线订购系统可以加强对商品的管理，可以在网上全方位展示商品并配以文字说明，可以随时调整商品价格。公司对市场销售渠道的订货业务进行管理，可随时查询订单的执行情况，对客户资料进行统计分析，评估市场销售渠道的稳定性。公司对订单进行汇总处理，建立统一的订单数据库，对订单信息进行自动化处理并打印报表，自动转交给相关业务部门处理。

③ 网上购物系统。网上购物系统即网上商城，用户在网上挑选并购买商品，付款可用邮寄方式，也可网上支付。

④ DRP 资源分销管理系统。此系统是指为解决企业用户利用互联网管理企业信息流，特别研发的应用服务系统。可以依据企业的管理需求，量身定制属于企业特有的管理软件，极大地提高企业的业务处理效率，降低运行成本。

⑤ B2B 电子商务，即商品信息交换网站。这种类型的网站主要是提供一个网上的交易平台，类似于一个自由市场；网站的经营者类似于自由市场的管理者，一般并不直接介入到具体的交易中，而主要由买方和卖方自由进行交易，网站的经营者则收取相应的会员费。这样的网站包括常见的商品信息网、招聘网站等。

四、汽车服务企业资源计划

1. ERP 的产生与发展

20 世纪 90 年代初，世界经济格局发生了重大变化，市场变为顾客驱动，企业的竞争变为 TQCS(时间，质量，成本，服务)等全方位的竞争。随着全球市场的形成，一些实施 MRPII 的企业感到仅仅面向企业内部集成信息已经不能满足实时了解信息、响应全球市场的需求。

MRPII 的局限性主要表现在：经济全球化使得企业竞争范围扩大，这就要求企业在各个方面加强管理，并要求企业有更高的信息化集成，要求对企业的整体资源进行集成管理，而不仅仅对制造资源进行集成管理；企业规模不断扩大，多集、多工厂要求协同作战、统一部署，这已超出了 MRPII 的管理范围；信息全球化发展的趋势要求企业之间加强信息交流和信息共享，信息管理要求扩大到整个供应链的管理。

在这种背景下，美国加特纳咨询公司根据市场的新要求在 1993 年首先提出了企业资源计划概念。随着科学技术的进步及其不断向生产与库存控制方面的渗透，解决合理库存与生产控制问题，需要处理的大量信息和企业资源管理的复杂化要求信息处理的效率更高。传统的人工管理方式难以适应以上系统，只有依靠计算机系统才能实现，而且信息的集成度要求扩大到整个企业资源的利用和管理。

ERP 是建立在信息技术基础上，利用现代企业的现金管理思想，全面地集成企业所有资源信息，为企业提供决策、计划、控制与经营业绩评估的全方位和系统化的管理平台。

根据计算机技术的复杂性和供需链的管理要求，可推论各类制造业在信息时代管理信息系统的复杂趋势和变革。随着人们认识地不断深入，ERP 覆盖了整个供需链的信息集成，并且不断被赋予了更多的内涵，已经能够体现精益生产、敏捷制造、同步工程、全面质量管理、准时生产、约束理论等诸多内容。近年来，ERP 的研究和应用更为复杂，各大媒体广泛报道，各种研讨会大量召开，出现了各具特色的应用软件产品，ERP 的概念和应用也以企业信息化领域为核心，逐渐深入到政府、商贸等其他相关行业。

从最初的定义来讲，ERP 只是一个企业服务的管理软件。在这之后，全球最大的企业管理软件公司 SAP 在为企业服务 20 多年的基础上，对 ERP 的定义提出了革命性的"管理 + IT"的概念，那就是：

① ERP 不只是一个软件系统，更是一个集组织模型、企业规范和信息技术、实施方法为一体的综合管理应用体系。

② ERP 使得企业的管理核心从"在正确的时间制造和销售正确的产品"转移到了"在最佳的时间和地点，获得企业的最大利润"，这种管理方法和手段的应用范围也从制造企业扩展到了其他不同的行业。

③ ERP 从满足动态监控发展到了商务智能的引入，使得以往简单的事物处理系统变成了真正具有智能化的管理控制系统。

④ 从软件结构而言，现在的 ERP 必须能够适应互联网，能够支持跨平台、多组织的应用，并和电子商务的应用具有广泛的数据、业务逻辑接口。

因此，当下所说的 ERP，通常是基于 SAP 公司的定义来说的。ERP 是整合了现代企业管理理念、业务流程、信息与数据、人力物力、计算机硬件和软件等内容的企业资源管理系统。ERP 为企业提供了全面解决方案，除了提供制造资源计划 MRPII 原来包含的物料管理、生产管理、财务管理以外，还提供如质量、供应链、运输、分销、客户关系、售后服务、人力资源、项目管理、实验室管理、配方管理等管理功能。ERP 涉及企业的人、财、物、产、供、销等方面，实现了企业内外部的物流、信息流、价值流的集成。

2．ERP 的管理思想

ERP 管理思想的核心是实现对整个供应链和企业内部业务流程的有效管理，主要体现在以下三个方面。

(1) 体现了对整个供应链进行管理的思想。在知识经济时代，市场竞争的加剧，传统的企业组织和生产模式已不能适应发展的需要。与传统的竞争模式不同的是，企业不能单独依靠自身的力量来参与市场竞争，企业的整个经营过程与整个供应链中的各个参与者有紧密地联系。企业要在竞争中处于优势，必须将供应商、制造厂商、分销商、客户等纳入一个衔接紧密的供应链中，才能合理有效地安排企业的产、供、销活动，才能满足企业利用全社会一切市场资源进行高效生产经营的需求，以期进一步提高效率，并在市场上赢得竞争优势。简而言之，现代企业的竞争不是单个企业间的竞争，而是一个企业供应链与另一个企业供应链的竞争。ERP 实现了企业对整个供应链的管理，这正符合了企业竞争的要求。

(2) 体现精益生产、同步工程和敏捷制造的思想。与 MRPII 相比，ERP 支持混合型生产系统，体现了先进的现代管理思想和方法。其管理思想主要体现在两个方面：一方面表现在"精益生产"，即企业按大批量生产方式组织生产时，纳入生产体系的客户、销售代理商、供应商以及协作单位与企业的关系已不是简单的业务来往，而是一种利益共享的合作关系。这种合作关系组成了企业的供应链。这就是精益生产的核心。另一方面表现在"敏捷制造",即企业面临特定的市场和产品需求,在原有的合作伙伴不一定能够满足新产品开发生产的情况下,可通过组织一个由特定供应商和销售渠道组成的短期或一次性的供应链,形成"虚拟工厂",把供应和协作单位看成企业组织的一部分,运用"同步工程"组织生产,用最短的时间将产品打入市场,同时保持产品的高质量、多样化和灵活性。这就是"敏捷制造"的核心,计算机网络的迅速发展为"敏捷制造"的实现提供了条件。

(3) 体现事先计划和事中控制的思想。在企业的管理过程中,控制往往是企业的薄弱环节,很多企业在控制方面由于信息的滞后,使得信息流、资金流、物流不同步。企业控制更多的是事后控制。ERP 的应用改变了这种状况,ERP 系统体现了事前计划和事中控制的思想。ERP 的计划体系主要包括:主生产计划、物料需求计划、能力计划、采购计划、销售执行计划、利润计划、财务预算和人力资源计划等,并且这些计划的功能和价值已经完全集成到了整个供应链中。ERP 事先定义了事务处理的相关会计核算科目与核算方式,以便在事务处理发生的同时自动生成会计核算记录,保证了资金流与物流的同步记录和数据的一致性。从而可以根据财务资金的状况追溯资金流向,也可追溯相关的业务活动,这样改变了以往资金流信息滞后于物料流信息的状况,便于实施事务处理进程中的控制与决策。此外,计划、事务处理、控制与决策功能都要在整个供应链中实现。ERP 要求每个流程业务过程最大限度地发挥人的工作积极性和责任心。因为流程之间的衔接要求人与人之间要有合作,这样才能使组织管理机构从金字塔式结构转向扁平化结构,这种组织机构提高了企业对外部环境变化的响应速度。

3. ERP 的作用

ERP 之所以得到许多企业的认可,是因为 ERP 的使用给企业带来了切实的效益。它的作用主要表现在定量和定性两个方面。

1) 定量方面

① 降低库存。这是最常见的效益。因为它可使一般用户的库存下降 30%~50%,库存投资减少 40%~50%,库存周转率提高 50%。

② 按期交货,提高服务质量。当库存减少并稳定的时候,用户服务的水平就提高了。使用 ERP 的企业的准时交货率平均提高 55%,误期率平均降低 35%,按期交货率可达 90%,使得销售部门的信誉大大提高。

③ 缩短采购提前期。采购人员有了及时准确的生产信息,就能集中精力进行价值分析、货源选择、研究谈判策略、了解生产问题,这就缩短了采购时间和节省了采购费用,可使采购提前期缩短 50%。

④ 提高劳动生产率。由于零件需求的透明度提高,计划也做了改进,因此能够做到零件供应地及时与准确,所以生产线上的停工待料现象将会大大减少。停工待料减少 60%,劳动生产率提高 5%~15%。

⑤ 降低成本。由于库存费用下降、劳力节约、采购费用节省等一系列人、财、物的效应,必然会引起生产成本的降低,可使制造成本降低 12%。

⑥ 提高管理水平。管理人员减少 10%,生产能力提高 10%~15%。

2) 定性方面

① ERP 的应用简化了工作程序，加快了反应速度。以前业务部接到客户订单，必须通过电话、传真或电子邮件与相关机构联系，才能决定是否接受订单，这种询问环节数量多、周期长，经常贻误商机。而采用 ERP 之后，业务人员只要查询一些业务的生产状况、库存情况，就可以做出是否接受订单的决策，从而掌握最佳的时机，并及时对企业生产计划作出调整。

② ERP 的应用保证了数据的正确性、及时性。有很多企业对自身情况不是很了解，如当前的库存到底为多少、预算的执行情况如何、销售计划的完成情况等。如果应用 ERP，就可以解决这些问题。以往许多资料是企业几个部门所共有的，但是共享数据由于种种原因而存在误差，产生了不一致性。到底是哪个环节出问题，要发现是很困难的。在 ERP 环境下，数据信息的键入只需一次，各个需要数据的部门通过公共的数据库就可实现数据信息的共享。这使得数据的管理和维护大为方便，而且数据的一致性也得到保证。

③ ERP 的应用降低了企业的成本，增加了收益。企业各环节的沟通都在网上进行，许多事务性的工作流程被消除，从而减少了管理费用，降低了经营成本。由于对信息掌握能力的加强和对市场需求变化反应的迅速，公司可以增进与供应商、经销商、客户的联系，从而提高客户的满意度。另外，生产成本的降低及生产能力的提高，使得公司可以及时给顾客提供高品质的产品或服务，从而企业形象和竞争力得到巩固和加强。

④ ERP 的应用提高了企业对市场变化的应变能力。企业内部各部门、各车间的信息能互相交换，实现资料共享，打破了部门之间、车间之间信息分割、资料多元、相互封锁的局面，形成了统一的信息流。从市场到产品，从产品到计划，从计划到执行，最后将信息反馈到企业高层决策。信息的统一，大大提高了决策的可靠性，提高了企业对市场变化的应变能力。

⑤ 由于实行了统一的计划、统一的信息管理，部门之间、车间之间的矛盾减少，相互理解增多，开会、讨论也减少。管理人员从日常事务中得到解放后，可专心致力于本部门业务的研究，实现规范化和科学管理。

⑥ 生产环境出现变化，手工操作、手工传递信息逐步减少，代之以信息自动输出、计算机报表显示。

4．ERP 系统的结构

ERP 是将企业所有资源进行集成管理，简单说是将企业的三大流：物流、资金流、信息流进行全面一体化管理的管理信息系统。

企业 ERP 系统可以整合主要的企业流程为一个单一的软件系统，允许信息在组织内平顺流动。这些系统主要针对企业内的流程，但也可能包含与客户和供应商的交易。

ERP 系统从各个不同的主要企业流程间搜集数据，并将数据储存于单一广泛的数据库中，让公司各部门均可使用。管理者可获得更准确、更及时的信息来协调企业每天的运作，并且有整体观地考察企业流程及信息流。

利用 ERP 系统帮助管理企业内部制造、财务与人力资源流程已成为主流。在其设计之初并不支持与主要流程有关的企业外部实体，然而企业软件供应商已经开始加强他们的产品，让企业可以将其企业系统与经销商、供货商、制造商、批发商及零售商的系统连接，或是将企业系统与供应链及客户关系管理系统连接。

学习任务

课题内容	调研丰田公司销售管理系统		
时间		调研企业	
调研人员：			
调研描述及收获：			
教师评价：			

模块六　汽车服务企业财务管理

【教学目标】

最终目标：掌握企业成本的控制。

促成目标：

(1) 了解汽车服务企业管理中财务管理、资金管理的概念；

(2) 掌握企业成本控制的方法；

(3) 理解筹资管理基本知识。

单元一　汽车服务企业财务管理

【案例介绍】

XX汽车售后服务企业资产负债表，见表 6-1。

表 6-1　某汽车售后服务企业资产负债表

201X 年 12 月 31 日

编制单位：A 企业　　　　　　　　　　　　　　　　　　　　　　　　　　单位：万元

资产	年初数	期末数	负债及所有者权益	年初数	期末数
流动资产			流动负债		
货币资金	23	50	短期借款	45	60
短期投资	80	60	应付账款	158	180
应收账款	100	150	预收账款	30	40
预付账款	11	46	其他应付款	12	7
存货	326	259			
流动资产合计	540	565			
			流动负债合计	245	287
长期投资	45	30	长期借款	530	680
固定资产净值	1002	1256			
无形资产	8	6	所有者权益		
			实收资本	80	80
			盈余公积	42	60
			未分配利润	700	750
			所有者权益合计	822	890
资产总计	1597	1857	负债及所有者权益总计	1597	1857

【知识点】

一、概述

1. 汽车服务企业财务管理的概念和目标

财务管理是有关资金的获得和有效使用的管理工作。财务管理的目标取决于企业的总目标，并且受财务管理自身特点的制约。汽车服务企业财务管理具体表现在对企业资金供需的预测、组织、协调、分析、控制等方面。通过有效的理财活动，可以理顺企业资金流转程序和各项分配关系，以确保服务工作的顺利进行，使各方面的利益要求得到满足。

1) 汽车服务企业的目标及其对财务管理的要求

汽车服务企业是营利性组织，其出发点和归宿点是获利。企业一旦成立，就会面临竞争，并始终处于生存和倒闭、发展与萎缩的矛盾之中。企业必须生存下去，才可能获利，而只有不断发展才能求得生存。因此，汽车服务企业管理的目标是生存、发展和获利。

① 生存。企业生存的基本条件是收抵支，如果企业长期亏损、扭亏无望，就失去了存在的意义，则企业不能生存。企业生存的另一个条件是到期偿债，如果企业到期不能偿债，就可能被债权人接管或被法院宣告破产。因此，保持收抵支和到期偿债的能力、减少破产的风险，是企业能够长期、稳定地生存下去的基本保证，也是对财务管理的第一要求。

② 发展。在科技不断发展的今天，在竞争日益激烈的市场中，一个企业如果不能发展，不能不断地提高企业产品和服务质量，不能扩大企业的市场份额，就会被其他企业排挤，甚至被市场淘汰。汽车服务企业的发展集中表现为扩大收入。扩大收入的根本途径在于提高服务的质量、扩大维修和配件销售的数量，这就要求根据市场的需求，不断地更新设备，不断地提高技术，不断地提高企业服务人员的素质。而这些要求，都必须由企业付出大量的货币资金，即企业的发展离不开资金。因此，筹集企业发展所需的资金，是对财务管理的第二个要求。

③ 获利。企业必须能够获利，才有存在的价值。建立汽车服务企业的目的就是获利，增加获利是汽车服务企业最具综合能力的体现。获利不仅体现了企业的出发点和归宿点，而且可以概括其他目标的实现程度，有利于其他目标的实现。从财务上看，获利是使资产获得超过投资的回报。在市场经济中，每一项资金的来源都是有成本的，每一项都是投资，都是要求有回报的，企业的财务人员应当使资金得到最大限度的利用。因此，通过合理有效的手段使企业获利，是对财务管理的第三个要求。

综上所述，汽车服务企业的目标是生存、发展和获利，企业的这个目标要求财务管理能完成资金筹措，并有效地加以投放和使用。企业的成功和生存，在很大程度上取决于它过去和现在的财务政策。财务管理不仅与资产的获得及合理使用有关，而且与企业的生产、销售管理直接联系。

2) 汽车服务企业财务管理的目标

企业财务管理目标是理财活动所希望实现的结果，是评价理财活动是否合理的基本标准。不同的财务管理目标，应采用不同的财务管理运行机制。

① 利润最大化目标。利润最大化目标是指通过对企业财务活动的管理，不断增加企业

利润，使企业利润达到最大。企业财务管理人员在进行管理的过程中，将以此原则进行决策和管理。利润最大化作为企业财务管理目标有合理的一面，即有利于企业经济效益的提高，但也存在以下问题：

- 没有考虑利润的取得时间，没有考虑资金的时间价值。
- 企业在追求利润时容易产生短期行为。
- 没有考虑所取得的利润和所承担风险的关系。
- 没有考虑所取得的利润与投资额之间的比例关系。

② 股东财富最大化目标。股东财富最大化目标是指通过财务上的合理经营，使企业股东的财富达到最大。股东财富最大化，可演化为股票价格最大化，这是因为股东财富是由其所拥有的股票价格决定的，即股票价格达到最高时，则股东财富也达到最大。

③ 企业价值最大化目标。企业价值最大化目标是指通过企业财务上的合理经营，采用最优的财务政策，充分考虑资金的时间价值和风险与报酬的关系，以谋求企业整体价值达到最大。以企业价值最大化作为财务管理目标的优点如下：

- 企业价值最大化目标扩大了考虑问题的范围，并且注重在企业发展中考虑各方利益关系。
- 企业价值最大化目标科学地考虑了风险和报酬的关系。
- 企业价值最大化目标考虑了取得报酬的时间，并能用时间价值原理进行计量。
- 企业价值最大化目标能够克服企业在追求利润上的短期行为。

企业进行财务管理，就是要正确比较报酬与风险之间的得失，努力实现二者之间的最佳平衡，使企业价值达到最大。所以，企业价值最大化目标体现了对经济效益的深层次认识，成为现代财务管理的最优目标。

2．企业财务管理的内容、作用

1) 企业财务管理的内容

财务管理是对企业财务活动及所涉及的资产、负债、所有者权益、收入、费用、利润等进行的管理。它包括了从企业开办到企业终止与清算的全部财务活动。

① 筹资和投资管理。企业应按照社会主义市场经济的要求，建立企业资本金制度，确保资本金保全和完整。要采用科学的方法进行筹资和投资决策，选择有利的筹资渠道和投资方向，以取得良好的筹资效果和投资利益。

② 资产管理，包括流动资产管理、固定资产管理、无形资产管理、递延资产管理和其他资产的管理。资产管理的目标是合理配置各类资产，充分发挥资产的效能，最大限度地加速资产的周转。

③ 成本费用管理，是指对企业生产经营过程中经营费用的产生和产品成本的形成所进行的预测、计划、控制、分析和考核等一系列管理工作。加强成本、费用管理是扩大生产、增加利润和提高企业竞争能力的重要手段。

④ 综合管理，包括财务指标管理体系、销售收入和盈利管理、企业终止与清算的管理、企业内部经济核算的管理和企业资产评估。

2) 企业财务管理的作用

① 财务管理是企业经营决策的重要参谋。企业经营决策，是有关企业总体发展和重要

经营活动的决策。决策正确与否，关系到企业的生存和发展。在决策过程中，要充分发挥财务管理的作用，运用经济评价方法对备选方案进行经济可行性分析，为企业领导的正确决策提供依据、当好参谋，保证所选方案具有良好的经济性。

② 财务管理是企业聚财、生财的有效工具。企业进行生产经营活动必须具备足够的资金。随着生产经营规模的不断壮大，资金也要相应增加。无论是企业开业前还是在生产经营过程中，筹集资金都是保证生产经营活动正常进行的重要前提。企业在财务管理中要依法合理筹集资金，科学、有效地用好资金，提高资金利用效果，创造更多的利润。

③ 财务管理是控制和调节企业生产经营活动的必要手段。企业财务管理主要通过价值形式对生产经营活动进行综合管理，及时反映供、产、销过程中出现的问题，通过资金、成本、费用控制手段，对生产经营活动进行有效的控制和调节，使其按预定的目标进行，取得良好的经济效益。

④ 财务管理是企业执行财务法规和财经纪律的有力保证。企业的生产经营活动必须遵守国家政策，执行国家有关财务法规、制度和财经纪律。资金的筹集必须符合国家有关筹资管理的规定，成本、费用开支必须按规定的开支标准和范围执行，税金的计算和缴纳、利润的分配都必须严格按税法和财务制度的规定执行。企业财务管理工作在监督企业经营活动、执行财务法规、遵守财经纪律方面有重要的使命，应起到保证作用。

3. 影响企业财务管理目标的因素

研究企业财务管理环境的目的，在于使企业财务管理人员懂得在进行各种财务活动时，应充分考虑各种环境因素的变化，作出相应的财务管理措施，以达到财务管理的预定目标。

1) 外部环境因素

企业财务管理的外部环境是指存在于企业外部的、对企业财务活动具有影响的客观因素的综合。在市场经济条件下，企业财务管理的外部环境包括以下几个方面。

① 法律环境。财务管理的法律环境是指企业和外部发生经济关系时所应遵守的各种法律、法规和规章，主要包括：

● 企业组织法律规范。企业必须依法成立，不同的企业要按照不同的法律规范组建，这些法律规范包括《中华人民共和国公司法》、《中华人民共和国全民所有制企业法》等。

● 税务法律规范。任何企业都有法定的纳税义务，任何企业都必须按照税法纳税。税法包括《中华人民共和国增值税法》等，可分为三类：所得税、流转税以及其他地方税法规范。

● 财务法律规范。财务法律规范是指企业进行财务处理时应遵循的法律规范，包括《中华人民共和国会计法》、《企业财务通则》等。

② 金融环境。金融环境是企业重要的环境因素。金融机构、金融市场和利息率等因素是影响财务管理的主要金融环境因素。金融机构包括银行和非银行金融机构；金融市场主要包括外汇市场、资金市场、黄金市场等，是企业进行筹资和投资的场所。

③ 经济环境。宏观经济环境是指国家各项经济政策、经济发展水平及经济体制对财务管理工作的影响。经济政策包括财政、税收、物价、金融等各个方面的政策。这些政策都将对企业的经营和财务管理工作产生重要影响。企业在制定财务决策时，必须充分考虑有关经济政策对企业本身的影响。经济发展水平越低，财务管理水平也越低。经济体制是指

对有限资源进行配置而制定并执行决策的各种机制。在社会主义市场经济体制下，我国企业筹资、投资的权利归企业所有，企业必须根据自身条件和外部环境做出各种各样的财务决策并实施。

2) 企业内部环境

企业财务管理的内部环境是指企业内部客观存在的、对企业的财务活动能施加影响的所有因素的综合。企业财务管理的内部环境包括许多内容，其中对财务管理有重大影响的有企业管理体制和经营方式、市场环境、采购环境和生产环境等。在不同的企业内部环境约束下，企业应采取不同的财务政策和财务管理办法。

4. 财务管理的原则与基础观念

1) 财务管理的原则

① 系统原则。财务管理经历了从资金筹集开始，到资金投放使用、耗费，到资金回收、分配等几个阶段，而这些阶段组成了一个相互联系的整体，具有系统的性质。为此，做好财务工作，必须从各组成部分的协调和统一出发，这就是财务管理的系统原则。

② 平衡原则。这包括两个方面的平衡：一是指资金的收支在数量上和时间上达到动态的协调平衡，从而保证企业资金的正常周转循环；二是指盈利与风险之间相互保持平衡，即在企业经营活动中必须兼顾和权衡盈利与风险两个方面。承认盈利一般寓于风险之中的客观现实，不能只追求盈利而不顾风险，也不能害怕风险而放弃盈利，应该趋利避险，实现双方平衡。

③ 弹性原则。在财务管理中，必须在准确和节约的同时，留有合理的伸缩余地，以增强企业的应变能力和抵御风险能力。在实务中，常体现为实现收支平衡，略有节余。贯彻该原则的关键是防止弹性的过大或过小，因为弹性过大会造成浪费，而弹性过小会带来较大的风险。

④ 成本效益最大化原则。其内涵是在规避风险的前提下，所得最大，成本最低。因而在筹资、投资及日常的理财活动中都应进行收益与成本的比较和分析。按成本效益原则进行财务管理时，在效益方面，既要考虑短期效益，又要考虑长期效益；在成本方面，既要考虑有形的直接耗损，又要考虑资金使用的机会成本，更要考虑无形的潜在损失。

⑤ 利益关系协调原则。企业不仅要管理好财务活动，而且要处理好财务活动中的财务关系，诸如企业与国家、所有者、债权人、债务人、内部各部门以及职工个人之间的财务关系，这些财务关系从根本上讲是经济利益关系。因此，企业要维护各方面的合法权益，合理公平地分配收益，协调好各方面的利益关系，调动各方面的积极性，为同一个理财目标共同努力。

2) 财务管理的基础观念

资金时间价值和投资风险价值是现代财务管理的两个基础观念，资金筹集管理、现金投放使用管理和资金分配管理中都必须加以考虑和应用。

① 资金时间价值。资金时间价值是指资金在运动中，随着时间的推移而发生的增值，以及一定量的货币资金在不同的时间上具有不同的价值，其实质是资金周转使用后的增值额。资金时间价值的大小取决于资金数量的多少、占用时间的长短、收益率的高低等因素。一定量的资金，周转使用时间越长，其增值额越大。

从形式上讲，资金的时间价值是资金所有权与使用权分离后，所有者向使用者索取的一种报酬；从来源上讲，资金时间价值是社会资金使用效益的一种体现。因此，企业的利润是资金时间价值的来源在社会范围内的再分配。

② 投资风险价值。投资风险价值是指投资者由于冒着风险进行投资而获得的超过资金时间价值的额外收益，又称为投资风险收益、投资风险报酬。投资者所冒风险越大，其要求的回报率也越高。投资风险可用风险收益额和风险收益率表示。风险收益率是指风险收益额对于投资额的比率。在不考虑通货膨胀的情况下，它包括两部分：一部分是无风险投资收益率，即货币时间价值；另一部分是风险投资收益率，即风险价值。在财务活动过程中，投资收益的取得必须以一定的风险控制为基础，保证盈利与风险之间的相互平衡。

二、汽车服务企业筹资管理

资金是汽车服务企业进行生产经营活动的必要条件。企业筹集资金，是指企业根据生产经营、对外投资和调整资金结构的需要，通过筹资渠道和资金市场，运用筹资方式，经济有效地筹措资金的过程。

1. 筹资管理的目标和原则

1) 企业筹资的目的和要求

企业进行资金筹措的基本目的是自身生存和发展，通常受一定动机的驱使，主要有业务扩展性动机、偿债动机和混合性动机。

企业筹集资金总的要求是要分析评价影响筹资的各种因素，讲究筹资的综合效果，主要包括确定资金需要量、控制资金投放时间、选择资金来源渠道、确定合理资金结构等。

2) 筹资管理的目标

筹资管理的目标是在满足生产经营需要的情况下，不断降低资金成本和财务风险。汽车服务企业，为了保证服务活动的正常进行或扩大经营服务范围，必须具有一定数量的资金。企业的资金可以从多种渠道、用多种方式来筹集，而不同来源的资金，其可使用时间的长短、附加条款的限制、财务风险的大小、资金成本的高低都不一样。企业应该以筹集企业必需的资金为前提，以较低的筹资成本和较小的筹资风险获取较多的资金，从而满足企业生产经营需要。

3) 筹资原则

企业筹资是一项重要而复杂的工作，为了有效地筹集企业所需资金，必须遵循以下基本原则：

● 规模适当原则。企业的资金需求量往往是不断变动的，企业财务人员要认真分析科研、生产、经营状况，采用一定的方法，预测资金的需求数量，确定合理筹资规模，既要避免因筹资不足而影响生产经营的正常进行，又要防止资金筹集过多而造成资金浪费。

● 筹措及时原则。企业财务人员在筹集资金时必须考虑资金的时间价值。根据资金需求的具体情况，合理安排资金的筹集时间，适时获取所需资金，既要避免过早筹集资金形成资金投放前的闲置，又要防止取得资金的时间滞后、错过资金投放的最佳时间。

● 来源合理原则。资金的来源渠道和资金市场为企业提供了资金源泉和筹集场所，它反映资金的分布状况和供求关系，决定着筹资的难易程度。不同来源的资金，对企业的收益和成本有不同的影响，企业应认真研究资金来源渠道和资金市场，合理选择资金来源。

● 方式经济原则。企业筹集资金必然要付出一定的代价，不同的渠道、不同的方式下筹集到的资金其筹集成本不同，因此，企业筹资时应对各种筹资方式进行分析、对比，选择经济、可行的筹资方式，确定合理的资金结构，以便降低成本、减少风险。

● 风险原则。采取任何方式筹资都会有一定的风险，企业要筹资，就要冒风险，但这种冒险不是盲目的，必须建立在科学分析、严密论证的基础上，根据具体情况做具体分析。在实际工作中，并不一定风险越小越好，但风险太大也不好。

● 信用原则。企业在筹集资金时，不论何种渠道、什么方式，都必须恪守信用，这也是财务管理原则在筹资活动中的具体化。

2．企业筹资管理中的相关概念

1）权益资本与负债资本

● 权益资本。权益资本是企业依法长期拥有、自主调配使用的资金，主要包括资本公积金、盈余公积金、实收资本和未分配利润等。权益资本主要通过吸收直接投资和发行股票等方式筹集，其所有权归投资者，又称自有资金。

● 负债资本。负债资本是企业依法长期拥有、自主调配使用的资金，主要包括银行及其他金融机构的各种贷款、应付债券、应付票据等，又称借入资金或债务资金。负债资本主要通过银行贷款发行债券、商业信用、融资合作等方式筹集。它体现了企业与债权人之间的债权债务关系。

2）资金成本与资金结构

● 资金成本。为筹集和使用资金而付出的代价就是资金成本，主要包括筹资费用和资金使用费用两部分。前者如向银行借款时需要支付的手续费、发行股票债券等而支付的发行费用，后者如向股东支付的股利、向银行支付的利息、向债券持有者支付的债息等。

资金成本是比较筹资方式、选择筹资方案的依据，也是评价投资项目、比较投资方案和追加投资决策的主要经济标准。资金成本还可以作为评价企业经营成果的依据。

● 资金结构。广义的资金结构是指企业各种资金的构成及其比例关系。短期债务资金占用时间短，对企业资金结构影响小，而长期债务资金是企业资金的主要部分，所以通常情况下，企业的资金结构指的是长期债务资金和权益资本的比例关系。

3．筹资渠道与筹资方式

企业资金可以通过多种渠道，用多种方式来筹集。筹资渠道是筹措资金来源的方向与通道。筹资方式是指企业筹集资金采用的具体形式。研究筹资渠道与方式是为了明确企业资金的来源并选择科学的筹资方式，从而经济有效地筹集到企业所需资金。

(1) 筹资渠道可分为以下几种：

● 国家财政资金。国家财政资金进入企业有两种方式：一是国家以所有者的身份直接向企业投入的资金，这部分资金在企业中形成国家大的所有者权益；二是通过银行以贷款方式向企业投资，形成企业的负债。国家财政资金虽然有利率优惠、期限较长等优点，但国家贷款的申请程序复杂，并且规定了用途。

● 银行信贷资金。银行贷款是指银行以贷款的形式向企业投入资金，形成企业的负债(在特定情况下，银行也可以直接持有企业的股份)。银行贷款是我国目前各类企业最主要的资金来源渠道。

● 非银行金融机构资金。非银行金融资金主要是指信托投资公司、保险公司、证券公司、租赁公司、企业集团、财务公司提供的信贷资金及物资融通等。

● 其他企业资金。其他企业资金主要是指企业间的相互投资以及在企业间的购销业务中通过商业信用方式取得的短期信用资金占用。

● 居民个人资金。居民个人资金是指在银行及非银行金融机构之外的居民个人的闲散资金。

● 企业内部形成资金。企业内部形成资金是指所有者通过资本公积、盈余公积和未分配利润等形式留在企业内部的资金，是所有者对企业追加投资的一种形式，并成为所有者权益的组成部分。

● 外商资金。外商资金是指外国投资者以及我国香港、澳门和台湾地区的投资者投入的资金。

(2) 企业资金筹集的方式。目前，企业在国内的筹资方式主要有吸收直接投资、发行股票、长期借款、发行债券、租赁筹资、商业信用、短期借款等。

● 吸收直接投资。吸收直接投资是指在企业的生产经营过程中，投资者或发起人直接投入企业的资金，包括固定资产、流动资产和无形资产。这部分资金一经投入，便构成企业的权益资本。这种筹资方式是非股份制企业筹集权益资本的最重要的方式。

● 发行股票筹资。发行股票是股份制企业筹集权益资本的最重要的方式。股票是股份制企业为筹集自有资本而发行的有价证券，是股东按其所持股份享有权利和承担义务的书面凭证，代表持股人对股份公司的所有权。根据股东承担的风险和享有权利不同，股票可分为优先股和普通股两大类。

● 发行债券筹资。企业债券是指企业按照法定程序发行，约定在一定期限内还本付息的债券凭证，代表持有人与企业的一种债务关系。企业发行债券一般不涉及企业资产所有权、经营权，企业债权人对企业的资产和所有权没有控制权。

债券的种类有不同的划分办法。按照发行区域，可分为国内债券和国际债券；按照有无担保，可分为无担保债券和有担保债券；按照能否转换成公司股票，可分为可转换债券和不可转换债券；按公司是否拥有提前回收债券的权利，可分为可回收债券和不可回收债券。债券的基本特征：第一，期限性。各种公众债券在发行时都要明确规定归还期限和条件。第二，偿还性。企业债券到期必须偿还本息。不同的企业债券有不同的偿还级别，如果企业破产清算，则按优先级别先后偿还。第三，风险性。企业经营总有风险，如果企业经营不稳定，风险较大，其债券的可靠性就较低，受损失的可能性也比较大。第四，利息率。发行债券要事先规定好利息率。通常债券的利息率固定，与企业经营效果无关，无论经营效果是好是坏都要按时、按固定利息率向债权人支付利息。

● 银行贷款筹资。银行贷款是指银行按一定的利率，在一定的期限内，把货币资金提供给需要者的一种经营活动。银行贷款筹资，是指企业通过向银行借贷以筹集所需资金。贷款利率的大小随贷款对象、用途、期限的不同而不同，并且随着金融市场借贷资本的供求关系的变动而变动。流动资金的贷款期限可按流动资金周转期限、物资耗用计划或销售收入来确定，固定资产投资贷款期限一般按投资回收期来确定。企业向银行贷款，必须提出申请并提供详尽的可行性研究报告及财务报表，获准后在银行设立账户，用于贷款的取得、归还和结存核算。

● 租赁筹资。租赁是一种以一定费用借贷实物的经济行为，即企业依照契约规定通过向资产所有者定期支付一定量的费用，从而长期获得某项资产使用权的行为。现代租赁按其形态主要分为两大类：融资性租赁和经营性租赁。融资性租赁是指承租方通过签订租赁合同获得资产的使用权，然后在资产的经济寿命期内按期支付租金。融资租赁是一个典型的企业资金来源，属于完全转让租赁。经营性租赁是不完全转让租赁。它的租赁期较短，出租方负责资产的保养与维修，费用按合同规定的支付方式由承担方负担。由于出租资产本身的经济寿命大于租赁合同的持续时间，因此，出租方在一次租赁期内获得的租金收入不能完全补偿购买该资产的投资。

● 商业信用。商业信用是指企业之间的赊销、赊购行为。它是企业在资金紧张的情况下，为保证生产经营活动的连续进行，采取延期支付购贷款和预售销货款而获得短期资金的一种方式。采用这种方式，企业必须具有较好的商业信誉，同时国家也应该加强引导和管理，避免引发企业间的三角债务。

企业筹资的过程中，究竟通过哪种渠道、采用哪一种方式必须根据企业自身情况来确定。

4. 企业筹资决策分析

1) 资本成本的确定

资本成本是指企业为筹措和使用资本而付出的代价，包括筹资过程中发生的费用，如股票、债券的发行费用；在占用资金过程中支付的报酬，如利息、股利等。合理测定各种来源的资本成本是筹资决策的一项重要内容。

企业通常是通过多种渠道、采用多种方式来筹措资金的，不同来源的资金其成本也不同。为了进行筹资决策和投资决策、确定最佳资本结构，需要测算企业各种资金来源的综合资本成本和边际成本。综合资本成本是以各种资本占用全部资本的比重为权数，对各种来源的资本成本进行加权平均计算，又称为加权平均资本成本。综合资本成本是由资本成本和加权平均权数两个因素所决定。边际资本成本是企业筹措新资金的成本。如新增 1 元资金，其成本为 0.08 元。边际资本成本是加权平均资本成本的一种形式，其计算方法也按加权平均法计算，它是企业追加筹资额时必须考虑的因素。

2) 财务风险衡量

财务风险是由企业筹资决策所带来的风险，有两层含义：一是指企业普通股东收益的可变性；二是指企业利用财务杠杆而造成的财务困难的可能性。而财务杠杆则是指资本成本固定性的筹资方式，主要是借贷、租赁和优先股筹资方式，对普通股每股利润和企业价值会产生影响，同时也会产生财务风险。财务杠杆的基本原理是指在长期资金总额不变的条件下，企业从营业利润中支付的债务成本是固定的，当营业利润增多或减少时，每元营业利润所负担的债务成本就会相应的减少或增大，从而给每股普通股带来额外的收益或损失。

财务风险衡量是指利用财务杠杆给企业带来的破产风险时，企业预期筹资效益的保证。

其常用的分析方法有期望值分析法、标准离差分析法等。

3) 资本结构优化

资本结构优化是指企业各种资金的构成及其比例关系，通常是指企业长期负债资本和权益资本的比例关系。资本结构是企业筹资决策的核心问题。企业在筹资决策过程中应确定最佳资本结构，并在以后追加筹资中继续保持最佳资本结构。

在企业资本结构中，合理地安排负债，对企业有重要影响。由于负债资金具有双重作用，所以适当利用负债可以减小企业资金成本；但当企业负债比例太高时，则会带来较大的财务风险。因此，企业必须权衡财务风险与资金成本的关系，确定最佳的资本结构。

建立最佳资本结构就是合理配置长期负债与所有者权益的构成比例。其目的是使企业资本总成本最低、企业资本价值最大，同时风险也不太大，在可以承受范围内。所谓优化资本结构，就是促使资本结构的最佳组合，即在兼顾风险的基础上，达到综合资本成本率最低。

三、汽车服务企业资产的管理

资产是企业所拥有或控制、能用货币计量、并能为企业提供经济效益的经济资源，包括各种财产、债权和其他权利。资产的计价以货币作为计量单位，反映企业在生产经营的某一个时间点上所实际控制资产存量的真实状况。对企业来说，管好、用好资产是关系到企业兴衰的大事，必须予以高度的重视。

资产按其流动性通常可以分为流动资产、固定资产、长期资产、无形资产、递延资产和其他资产。这里只介绍流动资产和固定资产的管理。

1. 流动资产管理

流动资产是指可以在1年内或者超过1年的一个营业周期内变现或者运用的资产。流动资产在企业再生产过程中是一个不断投入和回收的循环过程，很难评价其投资报酬效率。从这一点上看，对流动资产进行管理的基本任务是：努力以最低的成本满足生产经营周转的需要，从而提高流动资产的利用效率。

按资产的占用形态，流动资产可以分为现金、短期投资、应收及预付款和存货。在汽车服务企业中，流动资产主要指现金及有价证券、应收账款、存货等。这里仅介绍现金、应收账款及存货的管理。

① 现金管理。现金是企业占用在各种货币形态上的资产，是企业可以立即投入流通的交换媒介，它是企业流动性最强的资产。现金的项目包括库存现金、银行存款、各种票据、有价证券及各种形式的银行存款和银行汇票、银行本票等。

作为变现能力最强的资产，现金是满足正常经营开支、清偿债务本息、履行纳税义务的重要保证。同时，现金又是一种非盈利性资产，若持有量过多，企业会承担较大的机会成本，降低资产的获利能力。因此，必须在现金流动性与收益性之间做出合理的选择。

现金管理的目的是在保证企业生产经营所需现金的同时，节约使用资金，并从暂时闲置的现金中获得最多的利息收入。

现金管理的内容主要包括：编制现金收支计划，以便合理地估算未来的现金需求；对日常现金收支进行控制，力求加速收款、延缓付款；用特定的方法确定理想的现金余额，即当企业实际的现金余额与最佳的现金余额不一致时，采用短期融资或归还借贷和投资有价证券等策略来达到比较理想的状况。

现金收支计划是预定企业现金的收支状况，并对现金平衡的一种打算。它是企业财务管理的一项重要内容。

② 应收账管理。应收及预付款是一个企业对其他单位或个人有关支付货币、销售产品或提供劳务而引起的索款权。它主要包括应收账款、应收票据、其他应收款、预付货款等。汽车服务企业涉及的有关应收及预付款的业务主要是：企业因提供汽车维修的劳务性作业而发生的非商品交易的应收款项、企业在外地购买设备或材料配件等而发生的预付款项、其他业务往来及费用的发生涉及的其他应收款项。

应收账款是企业因销售产品、材料、提供劳务等业务，应向购货单位或接受劳务单位收取的款项。汽车服务企业因销售产品、提供汽车维修劳务等发生的收入，在款项尚未收到时属于应收账款。应收账款的功能在于增加销售、减少存货，同时也要付出管理成本，甚至发生坏账。近年来，由于市场竞争的日益激烈，汽车服务企业应收账款数额明显增多，已成为流动资产管理中的一个日益重要的问题。为此，要加强对应收账款的日常控制，做好企业的信用调查和信用评价，以确定是否同意顾客赊账。当顾客违反信用条件时，还要做好账款催收工作，确定合理的收账程序和讨债方法，使应收账款政策在企业经营中发挥积极作用。

③ 存货管理。库存是指企业在生产经营过程中，为销售或耗用而储存的各种物资。对于汽车服务企业来说，库存主要是为耗用而储备的物资，一般是指汽车维修的材料、配件等。它们经常处于不断耗用与不断补充之中，具有鲜明的流动性，且通常是企业数额最大的流动资产项目。库存管理的主要目的是控制库存水平，在充分发挥库存功能的基础上，尽可能地减少存货，降低库存成本。常用的存货控制方法是分级归口控制，其主要包括三项内容：

● 在厂长经理的领导下，财务部门对存货资金实行统一管理，包括制定资金管理的各项制度、编制存货资金计划，并将计划指标分解落实到基层单位和个人，对各单位的资金运用情况进行检查和分析，统一考核资金的使用情况。

● 实行资金的归口管理。按照资金的使用与管理相结合、物资管理与资金管理相结合的原则，每项资金由哪个部门使用，就由哪个部门管理。

● 实行资金的分级管理，即企业内部各管理部门要根据具体情况将资金计划指标进行分解，分配给各所属单位或个人，层层落实，实行分级管理。

2. 固定资产管理

固定资产是指使用期限较长、单位价值较高的主要劳动资料和服务资料，并且在使用过程中保持原有实物形态的资产，主要包括房屋及建筑物、机器设备、运输设备和其他与生产经营有关的设备、工具器具等。固定资产是汽车服务企业中资产的主要种类，是资产管理的重点。

1) 固定资产的分类及计价

① 固定资产的种类及特征。按经济用途将固定资产分为生产用固定资产、销售用固定资产、科研开发用固定资产和生活福利固定资产四种。汽车服务企业的固定资产主要是生

产性固定资产，且多为专用设备。按使用情况不同，可将固定资产分为：使用中的固定资产、未使用的固定资产和不需要用的固定资产。按所属关系不同，可将固定资产分为：自有固定资产和融资租入的固定资产。

固定资产的特征：投资时长，技术含量高；收益能力高，风险较大；价值的双重存在；投资的集中性和回收的分散性。

固定资产是企业资产中很重要的一部分，它的数额表示企业的生产能力和扩张情况。因此必须加强对固定资产的管理。固定资产管理的任务是：认真保管，加强维修，控制支出，提高利用率，合理计算折旧。

② 固定资产的计价。固定资产的价值按货币单位进行计算，称为固定资产的计价。正确对固定资产进行计价，严格按国际标准和惯例如实反映固定资产的增减变化和占用情况，是加强固定资产管理的重要条件，也是进行正确折旧计算的重要依据。

为了全面反映固定资产价值的转移和补偿点，固定资产通常采用以下三种计价形式：

● 原值，即原始价值，是指企业在购置和建造某项固定资产时支出的货币总额。

● 净值，即折余价值，是指固定资产原值减去累计折旧后的余额，反映了固定资产的现有价值。

● 重置价值，即重置完全价值，是指在当前市场价格水平下，重新构建该项固定资产或与其相同生产能力固定资产所需的全部支出。当企业因故取得无法确定原价的固定资产时，可按重置价值计价入账。

以上三种计价标准对固定资产的管理有着不同的作用。采用原值和重置价值计价形式，可使固定资产在统一计价的基础上，如实地反映企业固定资产的原始投资，并用来进行折旧计算。折余价值计价形式可以反映企业当前实际占用在固定资产上的资金。将折余价值与原始价值进行比较，可以了解固定资产的新旧程度。

2) 固定资产的日常管理

为了提高固定资产的使用效率和保护固定资产的安全完整，做好固定资产的日常管理工作至关重要。其主要包括以下几个方面：

● 实行固定资产归口分级管理。企业的固定资产种类繁多，其使用单位和地点也很分散。为此，要建立各职能部门、各级单位在固定资产管理方面的责任制，实行固定资产的归口分级管理。

归口管理就是把固定资产按不同类别交由相应职能部门负责管理。各归口管理部门要对所分管的固定资产负责，保证固定资产的完全完整；分级管理就是按照固定资产的使用地点，由各级使用单位负责具体管理，并进一步落实到班组和个人，做到层层有人负责，物物有人管理，保证固定资产的安全管理和有效利用。

● 编制固定资产目录。为了加强固定资产的管理，企业财务部门应与固定资产的使用部门和管理部门一起按照国家规定的固定资产划分标准，分类详细地编制"固定资产目录"。在编制固定资产目录时，要统一固定资产的分类编号。各管理部门和使用部门的账、卡、物要统一用此编号。

● 建立固定资产卡片或登记簿。固定资产卡片实际上是以每一独立的固定资产项目为对象开设的明细账。企业在收入固定资产时设立卡片，登记固定资产的名称、类别、编号、预计使用年限、原始价值、建造单位等原始资料。还要登记有关验收、启用、大修、内部转移、调出、及时报废清理等内容。

实行这种办法有利于保护企业固定资产的完整无缺，促进使用单位相关设备的保养和维护，提高设备的完好程度，有利于做到账账、账实相符，为提高固定资产的利用效果打下良好的基础。

● 正确地核算和提取折旧。固定资产的价值是在再生产过程中逐渐地损耗并转移到新产品中去的。为了保证固定资产在报废时能够得到更新，在其正常使用过程中，要正确计算固定资产的折旧，以便合理地计入产品成本，并以折旧的形式回收，保证再生产活动的持续进行。

● 合理安排固定资产的修理。为了保护固定资产经常处于良好的使用状态和充分发挥工作能力，必须经常对其进行维修和保养。固定资产修理费一般可直接计入有关费用，若修理费支出不均衡且数额较大，为了均衡企业的成本、费用负担，可采取待摊或预提的办法。采用预提办法时，实际发生的修理支出可冲减预提费用；若实际支出大于预提费用的差额则计入有关费用；小于预提费用的差额用来冲减有关费用。

● 科学地进行固定资产更新。财务管理的一项重要内容是根据企业折旧基金积累的程度和企业发展的需要，建立起企业固定资产适时更新规划，满足企业周期性固定资产更新改造的要求。

(3) 固定资产的折旧管理包括如下内容：

① 固定资产折旧与折旧费的概念。固定资产在使用过程中，由于机械磨损、自然腐蚀、技术进步和劳动生产率提高而引起的价值损耗，会逐渐地、部分地转移到营运成本费用中。这种转移到营运成本费用中的固定资产价值损耗，称为固定资产折旧。

固定资产的损耗分为有形损耗和无形损耗两种。有形损耗是指由于机械磨损和自然力影响或腐蚀而引起使用价值和价值的绝对损失；无形损耗是指由于技术进步和生产率的提高而引起的固定资产价值的相对损失。

固定资产由于损耗而转移到成本费用中去的那部分价值，应以折旧费的形式按期计入成本费用，不得冲减资本金。固定资产转移到成本费用中的那部分价值称为折旧费。

② 固定资产折旧的计算方法。固定资产的价值是随使用而逐渐减少的，以货币形式表示的固定资产因自身消耗而减少的价值，就称为固定资金的折旧。

汽车服务企业的折旧计算方法，主要有以下几种：

● 使用年限法。使用年限法是将固定资产的原值减去预计残值和清理费用，即按预计使用年限平均计算的一种方法，又称为直线法。

预计净残值率是预计净残值与原值的比率，它一般应按固定资产原值的3%～5%确定，低于3%或者高于5%的，由企业自主确定，并由主管财政机关备案。

● 工作量法。对某些较大的设备，若不经常使用，维修企业可以采用工作时间法计算折旧。

● 双倍余额递减法。双倍余额递减法是以平均使用年限折旧率的双倍为固定折旧率，并按每期期初固定资产折旧价值为基数来计算固定资产折旧的一种方法。它是在先不考虑固定资产净残值的情况下来计算的。

● 年数总和法。年数总和法又称年数合计法或年数比例递增法。它同双倍余额递减法的特点相似，所不同的是：年数总和法计算折旧的基数不变，而年折旧率是随固定资产使用年限逐年变动的，所以又称为变率递减法。

3．固定资产投资管理

1）投资项目评价的一般方法

投资方案评价时使用的指标分两类：一类是非贴现指标，即没有考虑货币时间价值因素的指标，主要有回收期法、会计收益率法等；另一类是贴现指标，即考虑货币时间价值因素的指标，主要包括净现值、现值指数、内含报酬率等。这里只介绍计算方法简单的、未考虑货币时间价值的评价方法。

① 回收期法。回收期指投资引起的现金流入与投资额相等时所需的时间，它代表收回投资所需要的年限。回收期越短，方案越优。

② 会计收益率法。这种方法计算简便，应用范围很广。它在计算时使用会计表上的数据以及普通会计的收益和成本概念。此种方法将比较会计收益率的高低，收益率高的为优先考虑方案。此种方法的缺点在于未考虑货币的时间价值。

2）固定资产的投资决策

对于汽车服务企业，对投资项目进行评价的应用经常是固定资产的更新决策。关于固定资产更新的方法和决策的选择，在这里不再加以介绍。

四、汽车服务企业财务分析与评价

汽车服务企业财务分析与评价是指以财务报表和其他资料为依据，采用专门的方法，系统地分析和评价企业过去和现在的财务状况、经营成果及其利润变动情况，从而为企业及各有关部门进行经济决策、提高资产管理水平提供重要依据。

1．企业财务分析与评价的目的与要求

企业的财务分析同时肩负着双重目的：一方面，剖析和洞察自身财务状况与财务实力，分析判断外部利害相关者的财务状况与财务实力，从而为企业的经营决策提供信息支持；另一方面，从价值形态方面为业务部门提供咨询服务。财务分析与评价对于现代企业经营管理者、投资者和债权人都是至关重要的。通过财务分析与评价可以了解到企业的财务状况、资产管理水平、投资项目获利能力以及企业的未来发展趋势。

2．企业财务分析与评价的基础

进行财务分析所依据的主要资料是企业的财务报告。企业财务报告是反映企业财务状况和经营成果的书面文献。它包括会计报表主表、附表、会计报表附注和财务情况说明书。会计报表主表有负债表、利润表、财务状况变动表(或现金流动表)。会计报表附表是为了帮助理解会计报表的内容而对报表项目等所作的解释，有利润分配表、主营业务收支明细表等。其中，资产负债表、损益表、现金流量表应用比较广泛。

① 资产负债表。资产负债表是以"资产 = 负债 + 所有者权益"为依据，按照一定的分类标准和一定的次序反映企业在某一时点上资产、负债及所有者权益的基本状况的会计报表。资产负债表可以提供企业的资产结构、资产流动性、资金来源状况、负债水平以及负债结构等信息。分析者可据此了解企业拥有的资产总额及其构成状况，考察企业资产结构

的优劣和负债经营的合理程度，评估企业清偿债务的能力和筹资能力，预测企业未来的财务状况和财务安全度，从而为债权人、投资人及企业管理者提供决策依据。

② 损益表。损益表是以"利润＝收入－费用"为根据编制的，反映企业在一定经营期间内生产经营成果的财务报表。通过损益表可以考核企业利润计划完成情况，分析企业实际的盈利水平及利润增减变化原因，预测利润的发展趋势，为投资者及企业管理者等各方面提供决策依据。损益表也是计算投资利润率和投资利税率的基础和依据。

③ 现金流量表。现金流量表是以"净现金流量＝现金流入－现金流出"为根据编制的，通过现金和现金等价物的流入、流出情况反映企业在一定期间内的经营活动、投资活动和筹资活动的动态情况的财务报表。它是计算现代企业内含报酬率、财务净现值和投资回收期等反映投资项目盈利能力指标的基础。

3．企业财务分析与评价的指标体系

汽车服务企业财务分析与评价按照分析的目的可以分为偿债能力分析与评价、营运能力分析与评价、盈利能力分析与评价、发展趋势分析与评价等。

1）偿债能力分析与评价

偿债能力是指企业偿还到期债务的能力。如果到期不能偿付债务，则表示企业偿债能力不足、财务状况不佳，情况严重时还将危及企业的生存。按照债务偿还期限的不同，企业的偿债能力可分为短期偿债能力和长期偿债能力。

① 短期偿债能力分析。短期偿债能力是指企业流动资产偿还负债的能力。它反映企业偿还日常到期债务的实力。企业能否及时偿还到期的流动负债，是反映企业财务状况好坏的重要标志。衡量短期偿债能力的指标主要有流动比率、速动比率和现金比率。

● 流动比率。流动比率是流动资产除以流动负债的比值。这一指标主要用于揭示流动资产与流动负债的对应程度，考察短期债务偿还的安全性。

一般来说，流动比率越高，企业的短期偿债能力就越强，债权人权益越有保证。经验认为合理的最低流动比率是 2。它表明企业财务状况稳定可靠，除了满足日常生产经营的流动资金需要外，还有足够的财力偿付到期的短期债务。如果比例过低，则表示企业可能难以如期偿还债务。但是，流动比率也不能过高，过高表明企业流动资产占用较多，会影响资金的使用效率和企业的获利能力。

● 速动比率。速动比率是指企业速动资产除以流动负债的比值。速动资产是指流动资产减去变现能力较差且不稳定的存货、预付账款、待摊费用、待处理流动资产损失后的余额，即包括现金、各种银行存款、可即时变现的短期投资和应收账款。

● 现金比率。现金比率是现金(各种货币资金)和短期有价证券之和除以流动负债的比值。在企业的流动资产中，现金及短期有价证券的变现能力最强，它可以百分之百地保证相等数额的短期负债的偿还。以现金比率来衡量企业短期债务的偿还能力，较之流动比率或速动比率更为保险，最能反映企业直接偿付短期负债的能力。

现金比率虽然能反映企业的直接支付能力，但在一般情况下，企业不可能、也没必要保留过多的现金资产。若这一比率过高，就意味着企业所筹集的流动负债未能得到合理的运用，经常以获利能力较低的现金类资产保持着。

② 长期偿债能力的分析内容如下：

● 资产负债率。资产负债率是负债总额除以资产总额的百分比，即资产总额中有多大比例是通过负债筹资形成的，同时也说明企业清算时债权人利益的保障程度，也称举债经营比率或负债比率。

这一指标主要反映资产与负债的依存关系，即负债偿还的物资保证。从债权人角度看，这一指标越低越好，该指标越低，说明全部资本中所有者权益比例越大，企业财力也越充足，债权人按期收回本金和利息也就越有保证。从所有权的立场看，该指标的评价，要视借入资本的代价而定。当全部资产利润高于借贷利润时，希望资产负债率高些，反之则希望其低些。

从经营管理者角度看，资产负债率高或低，反映其对企业前景的信心程度。资产负债率高，表明企业活力充沛，可对其前景充满信心，但需承担的财务风险较大，同时过高的负债比率也会影响企业的筹资能力。因此，企业经营管理者运用负债经营策略时，应全面考虑、权衡利害得失，保持适度的负债比率。

● 产权比率。产权比率是负债总额与股东权益总额的比率，是企业财务结构是否稳健的重要标志，也是衡量企业长期偿债能力的指标之一。

产权比率指标体现企业负债与股东提供的资本的对应关系，即企业清算时债权人权益的保障程度。企业所拥有的经济来源，从自然属性上反映为各项资产的占用，而从社会属性上则体现为权益的归属，包括债权人的权益与所有者的权益。产权比率反映企业的财务结构是否稳定。一般说来，所有者权益应大于借入资本，即产权比率越低，企业偿还债务的资本保证就越高，债权人遭受风险损失的可能性就越小。

● 已获利息倍数。已获利息倍数是企业利息税前利润与利息费用的比值，用以衡量偿付借款利息的能力，又称为利息保障倍数。

该指标反映企业经营收益为所需支付的债务利息的多少倍，即获利能力对债务偿付的保证程度。该指标越高，说明企业利润为支付债务利息提供的保障程度越高；反之，说明保障程度低，使企业失去对债权人的吸引力。

2) 企业营运能力分析与评价

营运能力是指通过企业生产经营资金周转速度的有关指标，所反映出来的企业资金利用的效率。它表明企业管理人员经营管理、运用资金的能力。营运能力分析包括流动资产周转情况分析、固定资产周转情况分析和总资产周转情况分析。

① 流动资产周转情况分析。汽车服务企业反映流动资产周转情况的指标主要有两个，即应收账款周转率和存货周转率。

● 应收账款周转率。应收账款周转率是指企业在一定时期内赊销收入净额与应收账款平均余额的比率，是反映企业应收账款回收速度和管理效率的指标。该指标是评价应收账款流动性大小的一个重要财务比率，它可以用来分析企业应收账款的变现速度和管理效率。企业应收账款周转率高，则表明企业应收账款的变现速度快，管理效率高，资金回收迅速，不易发生呆账或坏账损失，流动资产营运状况良好。

● 存货周转率。存货周转率是指企业在一定时期内销售成本与平均存货的比率，它是反映企业销售能力和流动资产流动性的一个指标，也是衡量企业生产经营各个环节存货运营效率的一个综合性指标。

汽车服务企业的流动资产中，存货往往占有相当大的比例，而存货中汽车配件一般占有很大比重。企业的存货应该保持在一个合理水平。存货数额过大，除了会增加存货投资之外，还会增加企业的储存费用，给企业带来一定的损失；如果存货数量过低，又会影响维修业务的正常开展。所以，既要维持一个恰当的库存水平，又应加速存货周转，提高存货的利用效果。另外，存货的质量和流动性对企业的流动比率具有举足轻重的影响，进而影响企业的短期偿债能力。

　　② 固定资产周转情况分析。固定资产周转率是指企业年收入净额与固定资产平均余额的比率。它是反映企业固定资产周转情况、衡量固定资产利用率的一项指标。该指标越高，则表明企业固定资产的利用越充分，同时也能表明企业固定资产投入得当、结构合理，能充分发挥其效率。反之，则表明固定资产使用效率不高，企业经营能力不强。

　　③ 总资产周转情况分析。总资产周转率是企业销售收入净额与资产平均总额的比率。它是反映总资产周转情况的指标，亦称总资产利用率。该指标可用来分析企业全部资产的使用效率。如果该比率较低，说明企业利用其资产进行经营的效率较差，会影响企业的获利能力，企业应采取措施提高销售收入或处置资产，以提高总资产利用率。

　　3) 企业盈利能力分析与评价

　　盈利能力就是企业赚取利润的能力，也称获利能力，是投资人、债权人以及企业经营者都重视和关心的中心问题。一般来说，企业盈利能力的大小是由其经常性的经营理财业绩决定的。那些非经常性的事项及其他特殊事项，如重大事故或法律更改等特别事项等，虽然也会对企业的损益产生某些影响，但不能反映出企业的真实获利能力。因此，体现企业盈利能力的指标很多，通常使用的主要有销售利润率、成本费用利润率、总资产利润率、资本金利润率及股东权益利润率。

　　① 销售利润率。销售利润率是指企业利润总额与企业销售净额的比率。在销售收入中，销售利润主要反映企业职工为社会劳动创作价值所占的份额。该项指标越高，表明企业为社会所创造的价值越多，贡献越大，也反映企业在增产的同时，为企业创造了利润，实现了增产增收。

　　② 成本费用利润率。成本费用利润率是指企业利润总额与成本费用总额的比率。它是反映企业生产经营过程中发生的耗费与获得的收益之间关系的指标。

　　③ 总资产利润率。总资产利润率是企业利润总额与企业资产平均总额的比率，即过去所说的资金利润率。总资产利润率指标反映了企业资产总和的利用效果，是衡量企业利用债权人的所有者权益总额取得盈利的重要指标。其值越高，表明资产利用的效益越好，整个企业获利能力越强，经营管理水平越高。

　　④ 资本金利润率。资本金利润率是企业的利润总额与资本金总额的比率，是反映投资者投入企业资本金的获利能力的指标。资本金利润率越高，说明企业资本金的利用效果越好。企业资本金是所有者投入的主权资金，资本金利润率的高低直接关系到投资者的权益，是投资者最关心的问题。

　　⑤ 股东权益利润率。股东权益利润率是企业利润总额与平均股东权益的比率。它是反映股东投资收益水平的指标。股东权益是股东对企业净资产所拥有的权益，净资产是企业全部资产减去全部负债后的余额。平均股东权益为年初股东权益额与年末股东权益额的平

均数。股东权益利润率指标越高，表明股东投资的收益水平越高，获利能力越强。

4) 财务状况的趋势分析

财务状况的趋势分析主要是通过比较企业连续几个会计期间的财务指标、财务比率和财务报告，来了解财务状况的变动趋势，并以此来测量企业的未来财务状况、判断企业的发展前景。

趋势分析主要从以下三方面进行。

① 比较财务指标和财务比率。这种方法主要是针对企业主要的财务指标和财务比率。从前后数年的财务报告中选出指标后，对指标进行必要的计算加工，直接观察其金额或者比率的变动数额和变动幅度，分析其变动趋势是否合理，并用以预测未来。

② 比较会计报表的金额。这种方法是将相同的会计报表中的连续数期的金额并列起来，比较其中相同项目增减变动的金额及其幅度，由此分析企业财务状况和经营成果的变动趋势。

③ 比较会计报表的构成。这种方法是以会计报表中的某一总体指标作为基准，计算其各组成部分指标占该总体指标的百分比，然后比较若干连续时期的该项构成指标的增减变动趋势。常用的形式是销售收入百分比法，就是将产品销售收入作为基准来计算其他指标占销售收入的百分比，从而分析各项指标所占百分比的增减变动和对企业利润总额的影响。

5) 财务状况的综合分析

单独分析任何一类财务指标，都难以全面评价企业的财务状况和经营效果。因此，应采用适当的标准，进行综合分析，这样才能获得对企业财务状况的经营成果的综合性总评价。常用的方法为财务比率综合评价法。

单元二 汽车服务企业成本费用管理

汽车服务企业的成本是指汽车服务企业为了经营和维修服务活动的开展所支出的各项费用。它包括三个部分：物化劳动的转移价值、生产中所消耗的材料及辅料的转移价值与员工的劳动报酬以及剩余劳动多创造的价值。

实现利润最大化是企业生产经营的目标。在产品或劳务销售价格既定、产销基本平衡的情况下，成本的高低是实现利润大小的决定因素，因而企业想方设法降低成本。加强成本管理对此具有十分重要的意义。

【案例介绍】

丰田汽车公司的物流成本管理案例分析。

供应链概念提出以后，越来越多的企业将主要精力集中在核心业务，而纷纷将物流业务外包。但外包物流能否达到企业的要求，是否会造成物流成本上升，不同的企业有着不同的体会。本单元以丰田汽车的零部件物流为例进行分析。

2007 年 10 月成立的同方环球(天津)物流有限公司(以下简称 TFGL)作为丰田在华汽车企业的物流业务总包，全面管理丰田系统供应链所涉及的生产零部件、整车和售后零件等厂外物流。作为第三方物流公司，TFGL 在确保物流品质、帮助丰田有效控制物流成本方面拥有一套完善的管理机制。

整车物流和零部件物流虽然在操作上有很多不同，但从丰田的管理模式来看，二者具有以下共同特点：月度内的物流量平准；设置区域中心，尽可能采用主辅路线结合的物流模式；月度内物流点和物流线路稳定；物流准时率要求非常高。

1．物流承运商管理原则

TFGL 是第三方物流公司，主要负责物流企划、物流计划的制定、物流运行监控和物流成本控制，具体的物流操作由外包的物流承运商执行。TFGL 对物流承运商的管理原则为：为避免由于物流原因影响企业的生产、销售的情况发生，要求物流承运商了解丰田生产方式，并具有较高的运行管理能力和服务水平。为此，TFGL 采取了如下一些必要的措施：

(1) TPS 评价。TFGL 把理解生产方式作为物流承运的首要条件，并按照丰田生产方式的要求，制作详细的评价表。TPS(Toyota Production System)评价是丰田生产方式对承运商最基本的要求，包括对承运商的运输安全、运输品质、环保、人才培养和运输风险控制等过程管理的全面评价。通过评价，不仅淘汰了不合格的承运商，也使达到要求的承运商明确了解自己的不足之处。

(2) 必要的风险控制。在同一类型的物流区域内，使用两家物流商，尽可能降低风险。

2．对物流承运商进行循序渐进的培养

在实际的物流运行中，承运商会遇到很多问题，如车辆漏雨、品质受损、频繁的碰撞事故、物流延迟等。出现问题并不是坏事，只要能找到引发问题的主要原因并改正即可。在 TFGL 的监督和指导下制定具体措施，同时，在逐步改善过程中，承运商的运行管理能力得到了提高。

3．建立长期合作的伙伴关系

对入围的物流承运商，TFGL 秉承丰田体系一贯的友好合作思想，不会因为运输事故多或物流价格高就更换承运商，而是采取长期合作的方式，共同改善，原因如下：

(1) 承运商的物流车辆初期投入大，需要较长的回收期；

(2) TFGL 视承运商的问题为自己的问题，因为更换承运商并不能从根本上解决问题；

(3) 长期合作的承运商能更好地配合 TFGL 推进改善活动，如导入 GPS、节能驾驶等。

4．丰田的物流成本控制

在维持良好合作关系的基础上，TFGL 通过以下方法科学系统地控制物流成本。

1) 成本企划

每当出现新类型的物流线路或进行物流战略调整时，前期的企划往往是今后物流成本控制的关键。企划方案需要全面了解企业物流量、物流模式、包装形态、供应商分布、物流大致成本等各方面的信息。此外，还要考虑到企业和供应商的价格差、企业的装卸货和场内面积等物流限制条件。TFGL 在前期企划中遵守以下原则：

① 自始至终采用详实可信的数据；

② 在综合分析评价后，分别制定一种或几种可行方案，并推荐最优的方案；

③ 各方案最终都归结反映为成本数据；

④ 向企业说明各方案的优劣，并尊重企业的选择。

从以上几点可以看出，方案中的数据大多涉及到丰田的企业战略，所以 TFGL 和企业之间必须充分互信，而且要有良好的日常沟通渠道。

2) 原单位管理

原单位管理是丰田物流管理的一大特色，也是丰田外物流成本控制的基础。

丰田对物流的构成成本因素进行分解，并把这些因素分为两类，一类是固定不变(如车辆投资、人工)或相对稳定(如燃油价格)的项目，丰田称之为原单位；另一类是随着月度线路调整而发生变动(如行驶距离、车头投入数量、司机数量等)的项目，丰田称之为月度变动信息。为了使原单位保持合理性及竞争优势，对原单位的管理遵循以下原则：

① 所有的原单位一律通过招标产生。在企划方案的基础上，TFGL 向 TPS 合格的物流承运商进行招标，把物流稳定期的物流量、车辆投入、行驶距离等月度基本信息告知承运商，并提供标准版的报价书进行原单位询价。

由于招标是非常耗时费力的工作，因此只是在新类型的物流需求出现时才会进行原单位招标，如果是同一区域因为物流点增加导致的线路调整，原则上沿用既有的物流原单位。

② 定期调整。考虑到原单位因素中燃油费用受市场影响波动较大，而且在运行总费用中占的比重较大，TFGL 会定期(4 次/年)根据官方公布的燃油价格对变动金额予以反映。对于车船税、养路费等"其他固定费"项目，承运商每年有两次提出调整的机会。

③ 合理的利润空间。原单位项目中的"管理费"是承运商的利润来源。合理的管理费是运输品质的基本保障，TFGL 会确保该费用的合理性，但同时要求承运商通过运营及管理的改善来增加盈利，并消化人工等成本的上升。

④ 调整月度路线至最优状态。随着各物流点的月度间物流量的变动，区域内物流路线的最优组合也会发生变动。TFGL 会根据企业提供的物流计划、上月的积载率状况以及成本 KPI 分析得出的改善点，调整月度变动信息，以维持最低的物流成本。

5．成本 KPI 导向改善

对于安全、品质、成本、环保、准时率等物流指标，TFGL 建立了 KPI 体系进行监控，并向丰田进行月次报告，同时也向承运商公开成本以外的数据。其中成本 KPI 主要包括：RMB/台(台：指丰田生产的汽车/发动机台数)、$RMB/km*m^3$、RMB/趟等项目。通过成本 KPI 管理，不仅便于进行纵向、横向比较，也为物流的改善提供了最直观的依据。

6．协同效应降低物流费用

TFGL 作为一个平台，管理着丰田在华各企业的物流资源。TFGL 在与各企业协调的基础上，通过整合资源，充分利用协同效应，大大降低了物流费用。例如，统一购买运输保险，降低保险费用；通过共同物流，提高车辆的积载率，减少运行车辆的投入，从而达到降低费用的目的。在共同物流的费用分担上，各企业按照物流量的比率支付物流费。在具体物流操作中，TFGL 主要从两个方面实现共同物流：不同企业在同一区域内共同集货、配送；互为起点和终点的对流物流。

以上措施表明，丰田汽车物流成本控制的基本思想是使物流成本构成明细化、数据化，并通过管理和调整各明细项目的变动来控制整体物流费用。虽然 TFGL 管理下的丰田物流成本水平在行业内未与其他企业做过比较，但其通过成本企划、精细的原单位管理、成本 KPI 导向的改善以及协同效应等方法系统化、科学化的物流成本控制，对即将或正在进行物流外包的企业来说具有一定的借鉴意义。

【知识点】

一、成本费用管理概述

成本费用管理，就是对企业经营活动过程中发生的成本和费用，有组织、有计划和系统地进行预测、计划、控制、核算、考核和分析等一系列科学管理工作的总称。

1．成本的概念和分类

1）成本的概念

任何一个企业在生产经营过程中，都必须要耗费一定量的物质资料(包括货币资金)。企业在一定时期内，以货币额表现的生产耗费就是成本费用。成本费用有多种形式，例如，生产中消耗的劳务资料，表现为固定资产折旧费、修理费等费用；生产中消耗的劳动对象，表现为原材料燃料、动力等费用；劳动报酬表现为工资、奖金等人工费；生产经营中的其他耗费，表现为制造费用、管理费用、财务费用等；企业为了销售产品或劳务，还要支付销售费用等；企业在生产经营中为制造产品或劳务所发生的直接材料、直接人工、制造费用等，构成企业的期间费用。由于这些费用容易确定发生期，但难以确定归属的对象，因此应从当期损益中扣除。

2）成本的分类

按照成本费用的经济用途，可将成本分为直接材料、直接人工、制造费用和期间费用。其中，前三类费用是计入企业产品成本的费用。

① 直接材料。是指企业在生产经营过程中实际消耗的各种材料、备足配件以及轮胎、专用工/器具、动力照明、低值易耗品等支出。

② 直接人工。是指企业直接从事生产经营活动人员的工资、福利费、奖金、津贴和补贴等。

③ 制造费用。是指在生产中发生的那些不能归入直接材料、直接人工的各种费用。

④ 期间费用。期间费用是企业行政管理部门为组织和管理生产经营活动而发生的管理费用和财务费用及为销售和提供劳务而发生的进货费用和销售费用。期间费用不计入产品成本，而是直接计入当期损益。

● 销售费用是指企业在销售商品过程中发生的费用。它包括销售产品或者提供劳务过程中发生的应由企业负担的运输费、装卸费、包装费、保险费、差旅费、广告费以及专设的销售机构人员的工资和其他经费等。

● 管理费用是指企业为组织和管理生产经营活动所发生的费用。它包括企业行政管理部门在企业经营中发生的或应由企业统一负担的公司经费，如行政管理部门职工工资、折旧费、修理费、低值易耗品摊销、办公费和差旅费等。管理费用还包括无形资产摊销、咨询费、诉讼费、房产税、工会经费、技术转让费、职工教育经费、研究开发费、提取的职工福利基金和坏账准备金等。

● 财务费用是企业在筹资等财务活动中发生的费用。它包括企业经营期间发生的利息净支出、汇兑净损失、金融机构手续费以及为筹集资金而发生的其他费用等。

2．成本费用的确认原则

在进行成本核算时，确认某项资产耗费是否属于成本费用，其基本原则是配比原则和权责发生制原则。由于企业购置资产完全是为了取得收入，只有资产不断转换为成本或费用，并从收入中得到抵补，企业的生产经营活动才能持续下去。《企业会计准则》明确指出：会计核算应当以权责发生制为基础。收入与其相关的成本、费用应当配比。具体来说，这种配比有以下三种方式：

(1) 直接配比。如果某资产的耗费与取得的收入之间具有直接的因果关系，就可直接将发生的资产耗费计入某一具体的成本计算对象之中，这种方式叫直接配比。如由直接材料、直接人工等构成的生产成本。

(2) 间接配比。如果无法满足直接配比时，就需要采用合理的方法，将多种收入共同耗用的费用按一定比例或标准再分配到各种劳动中去，这种配比叫间接配比，如制造费用。

(3) 期间配比。费用与企业一定期间收入相联系，就叫期间配比。

按权责发生制确认成本费用，就是对本期发生的成本费用按其是否应发生在本期为标准来确认。凡应在本期发生的成本费用，不论其是否在本期实际支付，均作为本期的成本费用；反之，凡是不应在本期发生的成本费用，即便在本期支付，也不作为本期的成本费用处理。

3．成本费用管理的任务和要求

(1) 成本费用管理的任务。成本费用管理的基本任务，就是通过预测、计划、控制、核算、分析与考核来反映企业的生产经营成果，挖掘降低成本和费用的潜力，努力降低成本，减少费用支出。

汽车服务企业成本费用管理工作，要随着企业经营机制的转换，从思想观念到业务技术等方面实现彻底的观念转变，要由单纯执行性的成本费用管理转化为决策性与执行性并重的成本费用管理。这就要求企业的成本费用管理从传统的反映、监督扩展到成本费用预测、计划、控制、核算、分析与考核上来，实现全方位的成本费用管理；从单方面的生产过程成本管理扩展到企业资金筹集、项目可行性研究、服务方式、物资采购供应、生产与控制等一切环节的全过程的成本费用管理；从单纯财务会计部门管理扩展到一切生产、技术、经营部门管理；从仅仅依靠财务会计扩展到上自企业领导、下至每位职员的全员成本管理。

(2) 企业成本费用管理要求如下：

① 努力降低生产消耗，提高经济效益。汽车服务企业的一切经营管理工作，都要围绕提高经济效益这一中心。在市场经济条件下，对于多数企业来讲，微观经济运行的目标只能是两者最大化。要实现这个目标，固然首先取决于企业的生产经营规模，即经营业务量的大小，但是生产经营耗费的高低同样处于决定性的地位。降低成本与提高业务量都可增加企业利润，但降低成本增加的利润比扩大业务量增加的利润要来的快、更有效。因此，在成本费用管理中，必须努力降低生产消耗。下大力气降低成本，才能显著地提高企业的经济效益。

② 实行全员成本管理。汽车服务企业成本费用的形成，与企业的全体职员有关。因此，

要把成本降低任务的指标和要求落实到企业各职能部门，充分发挥它们在加强成本管理中的积极作用。要把成本费用计划按照全员成本管理的要求，按部门分别落实责任指标，定期考核执行情况，分析成本费用升降的原因，做到分工明确、职责清楚、奖惩合理。

③ 划清费用界限，正确计算成本。企业必须按照权责发生制原则计算成本。凡是本期成本应负担的费用，不论其款项是否支付，均应计入本期的成本和费用；凡是不属于本期成本负担的费用，即使款项在本期支付，也不应计入本期的成本和费用。

企业的成本核算资料必须正确完整，如实反映生产经营过程中的各种消耗。对生产经营过程中发生的各项费用必须设置必要的生产费用账簿，并以审核无误、手续齐备的原始凭证为依据，然后按照成本核算对象，将成本项目、费用项目按部门进行核算，做到真实准确、完整及时。

④ 加强成本考核工作。成本考核是指企业对内部各成本责任中心定期考查，审核其成本计划指标的完成情况，并评价其成本管理工作的成绩。通过成本考核，可以监督各成本责任中心按时完成成本计划，也能全面、正确地了解企业成本管理工作的质量和效果。成本考核以成本计划指标作为考核的标准，以成本核算资料作为考核的依据，以成本分析结果作为评价的基础。

二、成本预测和成本计划

成本预测是指企业为了未来能更好地控制成本、做到心中有数、避免盲目性、减少不确定性、为决策提供依据而对企业的生产成本进行的预测。成本计划是指通过货币形式，以其实际达到的水平为基础，参照计划期的业务量，对计划期内成本的耗费水平加以预先计划和规定。

汽车服务企业的成本预测和成本计划，一般参照上期的实际情况，分析本期影响成本的各种因素，并考虑其影响的大小，制定出合理的方案。

1. 成本预测

预测，是人们根据事物的已知信息，预计和推测事物的未来发展趋势和可能结果的一种行为。成本预测，就是根据历史成本资料和有关经济信息，在认真分析当前各种技术经济条件、外界环境变化及可能采取的管理措施的基础上，对未来成本水平及其发展趋势所作的定量描述和逻辑推断。

成本预测既是成本管理的起点，也是成本事前控制成败的关键。实践证明，合理有效的成本决策方案和先进可行的成本计划都必须建立在科学严密的成本预测基础之上。通过对不同决策方案中成本水平的测算与比较，可以从提高经济效益的角度，为企业选择最优成本决策和制定先进可行的成本计划。

汽车服务企业成本预测，就是根据企业成本特性及有关数据资料，结合汽车服务企业发展的前景和趋势，采用科学的分析方法，对一定时期内某些业务成本水平、成本目标进行的预计和测算。其主要内容是进行目标成本预测。

(1) 目标成本预测的工作内容。目标成本是实现目标利润、提高企业经济效益的基础，是在预先确定目标利润的前提下提出的，从而使目标成本带有很大的强制性，成为不得超过的硬指标。目标成本是市场激烈竞争中的必然产物，必须具有市场竞争力，从而使得目标成本具有权威性。正常情况下，目标成本应比已经达到的实际成本要低，且应该是经过努力可以实现的。正确地预测和制定目标成本，对于挖掘企业降低成本潜力、编制先进可行的成本计划和保证实现企业经营目标具有重要作用。

目标成本预测需要做好大量工作，主要有：全面进行市场调查，掌握市场需求情况，预测汽车市场的需求数量及其变化规律，掌握汽车及配件等价格变动情况；进行企业内部调查，预测企业生产技术、生产能力和经营管理可能发生的变化，掌握企业生产费用的增减和成本升降的有关资料及其影响因素和影响程度；根据企业内外部各种资料和市场发展趋势，预测目标收入，根据目标收入计算目标利润。

(2) 目标成本预测的方法可分为以下几种：

① 目标利润法。目标利润法又称"倒扣计算法"或"余额计算法"，其特点是"保利润、挤成本"。它先制定目标利润，随后再考虑税金、期间费用等项目，并据此推算出目标成本的大小。可见，目标成本是以目标为前提的，带有一定的强制性。

② 选择某一先进成本作为目标成本。该成本既可以是本企业历史上的最好水平，也可以是按先进定额制定的标准成本。这种方法较简单，但要注意可行性。如果条件发生变化，就不能生搬硬套，要及时修正或调整。

③ 根据本企业上年实际平均单位成本或按照市场需要与竞争条件规定的成本测算出目标成本。

确定目标成本还必须掌握充分的调查资料，主要是市场需求情况和所需材料、燃料、零配件价格变动情况及本企业的生产技术、经营管理水平等对生产能力的影响。通过对有关统计资料、上期成本升降情况的分析等，在调查研究的基础上进行成本预测，使目标成本既先进又切实可行。这样的目标成本可以作为计划成本，并据此编制成本计划。

2．成本计划

(1) 成本计划的作用与要求。成本计划是汽车服务企业进行生产经营所需的费用支出和降低成本任务的计划，是企业生产经营计划的重要组成部分，是进行成本控制、成本分析以及编制财务会计的重要依据。科学的成本计划，可以起到以下作用：

① 为企业和全体员工提出增加生产、节约耗费、降低成本的目标。

② 为考核和评价企业的生产经营管理成果提供重要的依据。

③ 为实现成本指标分级管理，建立和健全成本管理责任制提供基础。

④ 为编制利润计划提供依据。

编制企业成本计划不是消极地反映企业生产、消耗等方面的情况，而是积极地促进生产、技术、原材料、劳动效率和服务质量的管理部门改善工作，从而提高企业各方面的管理水平。为了发挥成本计划的作用，在编制成本计划时，应体现下列要求：

① 重视成本预测提供的资料。

② 符合实现目标利润对成本降低指标的要求。

③ 遵守国家规定的成本开支范围。

④ 协调好成本计划指标与生产技术经济指标之间的关系与衔接。

⑤ 成本计划指标的确定要实事求是，既先进又可行，又有必要的技术组织措施予以保证。

(2) 成本计划的编制程序如下。

① 收集和整理基础资料。在编制成本计划之前，要广泛收集和整理所必须的各项基础资料，并加以分析研究。所需资料主要包括：企业制定的成本降低任务、指标或承包经营的承包指标；企业计划采取的经营决策和经营计划等有关指标；各种技术经济定额、历史成本资料，同类企业的成本资料及企业内部各部门费用计划和劳务价格等其他有关资料等。

② 分析报告期成本计划的预计执行情况。正确的成本计划，应该是在总结过去经验的基础上制定出来的。因此，应对报告年度计划执行情况进行分析，计算出上年实际单位成本，并与报告年度计划成本相比，与同行业成本对比，找出差距，总结经验，为成本计划提供编制依据。

③ 成本降低计划任务测算。正式编制成本计划之前，在对报告期成本计划执行情况分析的基础上，根据经营承包指标确定的目标利润、目标成本和成本预测的结果，计算计划成本可能降低的幅度，反复研究降低成本措施，寻求降低成本的途径。

④ 编制成本计划。编制成本计划有两种方法：

● 企业统一编制。以企业财会部门为主，在其他部门配合下，根据企业经营计划的要求，编制出企业的成本计划。

● 分级编制。把企业确定的目标成本、成本降低率以及各种关键性的物质消耗指标与费用开支标准下达到各生产部门；各生产部门根据下达的指标，结合本单位的具体情况，编制出各自的成本计划；企业财会部门根据各生产部门上报的成本计划，进行汇总平衡，编制整个企业的成本计划。经过批准，再把成本计划指标分解，层层下达到各生产部门，从而编制出各部门的经营成本计划。

三、成本控制

广义的成本控制是指管理者对任何必要作业所采取的手段，目的是以最低的成本达到预先规定的质量和数量。它是成本管理的同义词，包括了一切降低成本的努力。

狭义的成本控制是指运用以成本会计为主的各种方法，预定成本额，按限额开支成本和费用；以实际成本与成本限额比较，衡量企业经营活动的成绩和效果，并以例外管理原则纠正不利差异，以提高工作效率，实现以至于超过预期成本限额的要求。

1. 成本控制的意义

成本控制的根本任务是挖掘降低成本的潜力，努力降低成本，提高企业的经济效益。企业进行成本控制，具有以下意义：可以降低物化劳动和活劳动的消耗量，减少企业的资金占用量，节省人力物力。在价格因素不变的情况下，降低成本意味着利润的增加，从而增加了股东的权益，同时，也为国家创造了利益，并为企业的发展和职工待遇的进一步提高创造了更好的物质条件。成本的降低，意味着在同竞争对手的竞争中取得了先机。企业可以通过降低价格的方式，吸引客户，扩大市场的占有率，取得更大的收入。通过成本控制，企业可以提供有益的信息，用以分析企业耗费的结构和水平，找到企业存在的问题，并不断地加以改进。

2．成本控制的途径

汽车服务企业的成本控制，可以通过以下的途径实现：

(1) 提高全员的劳动生产率。劳动生产率的提高，意味着在相同的时间和相等的固定费用下，可以提供更多的服务，取得更多的收入。

(2) 节约各种材料的消耗。

(3) 提高设备的利用效率。

(4) 提高服务的质量，减少返工和不必要的消耗。

(5) 加速资金的周转，减少资金的占用。

(6) 节约其他开支，严格执行国家的财经纪律和企业董事会的决定。

企业进行成本控制的途径有以上多种，这些途径的使用，往往与汽车服务企业的内部管理密不可分。内部管理的完善，必然促使企业成本控制水平的提高。因此，讲成本控制，不能孤立地理解为财务部门的事情，而应该将它作为所有部门的事情，全员动手，共同控制。

3．成本控制的基本程序

(1) 制定控制的标准。应根据成本预测与成本计划，制定出控制的标准，确定标准的上下限。

(2) 揭示成本差异，分析差异产生的原因。将实际消耗和标准进行比较，计算成本差异，分析产生差异的原因。

(3) 反馈成本信息，及时纠正偏差。为及时反馈信息，应建立相应的凭证和表格，确定信息反馈时间和程序，并对反馈的信息进行分析，揭示差异产生的原因；然后及时加以纠正，明确纠正的措施、执行的人员及时间，以达到成本控制的目的。

4．成本控制与分析方法

成本控制要坚持经济原则和因地制宜原则。推行成本控制而发生的成本不应超过因缺少控制而丧失的收益。成本控制系统必须有针对性地设计，以适合特定企业、部门、岗位和成本项目的实际情况，不可照搬别人的做法。

成本控制主要包括标准成本控制、目标成本控制等内容。

① 标准成本控制。标准成本控制是通过标准成本系统实现的。标准成本系统是为克服实际成本计算系统的缺陷，提供有助于成本控制的确切信息而建立的一种成本计算和控制系统。标准成本系统并不是一种单纯的成本计算方法，它把成本的事前计划、日常控制和最终产品成本的确定有机地结合起来。

理想标准成本是指在最优的生产条件下，利用现有的规模和设备能够达到的最低成本。正常标准成本是指在效率良好的条件下，根据下期一般应该发生的生产要素消耗量、预计价格、预计生产经营能力利用程度制定出来的标准成本。在制定这种标准成本时，把生产经营活动中一般难以避免的损耗和低效率等情况也计算在内，使之符合下期的实际情况，成为切实可行的控制标准。

在标准成本系统中，广泛使用正常标准成本。实际运行中，这种标准是要经过努力才能达到的。从具体数量上看，正常标准成本应大于理想标准成本，但又小于历史平均成本水平。标准成本系统可以事先提供具体衡量成本水平的适当尺度，给有关部门提出努力的目标，从而发挥事先的控制作用。通过差异分析，可以评价和考核工作的质量和效果，为业绩评价提供依据。

　　② 目标成本控制。目标成本是根据预计可实现的销售收入扣除目标利润计算出来的成本。目标成本是 20 世纪 50 年代出现的，是成本管理和目标管理相结合的产物，强调对成本实行目标管理。目标成本的制定，从企业的总目标开始逐级分解成基层的具体目标。制定时强调执行人自己参与，专业人员协助，以发挥各级管理人员和全体员工的积极性和创造性。

学习任务

课题	调研汽车某服务企业财务管理现状		
时间		调研企业	
调研人员：			
调研描述及收获：			
教师评价：			

模块七　客户满意度管理

【教学目标】

最终目标：掌握提高客户满意度的技巧。

促成目标：

(1) 理解客户满意度和客户忠诚度的关系；

(2) 掌握提高客户满意度的流程；

(3) 理解一次修复率对客户满意度的影响。

单元一　导入客户服务体系

【案例介绍】

上海通用汽车 CRM 分析。

一、公司简介

通用汽车公司(GM)成立于 1908 年 9 月 16 日。自从威廉·杜兰特创建了美国通用汽车公司以来，先后联合或兼并了别克、凯迪拉克、雪佛兰、奥兹莫比尔、庞蒂克、克尔维特、悍马等公司，且拥有铃木(Suzuki)3%的股份。通过使原来的小公司成为它的一分部，通用汽车公司从 1927 年以来一直是全世界最大的汽车公司。

通用汽车公司下属的分部达二十多个，拥有员工 266000 名。通用汽车公司的全球总部位于美国密歇根州的汽车之城底特律，迄今在全球 35 个国家和地区建立了汽车制造业务。2007 年，通用汽车在全球售出近 937 万辆轿车和卡车。截至 2007 年，在财富全球 500 公司营业额排名中，通用汽车排第五。

通用汽车公司是美国最早实行股份制和专家集团管理的特大型企业之一。通用汽车公司生产的汽车，是美国汽车豪华、宽大、内部舒适、速度快、储备功率大等特点的经典代表，而且通用汽车公司尤其重视质量和新技术的采用。因而通用汽车公司的产品始终在用户心目中享有盛誉。

二、公司理念

坚持"以客户为中心、以市场为导向"的经营理念，上海通用汽车不断以高质量、全系列的产品和高效优质的服务，以丰富、差异化的产品线满足日益增长的市场需求，从而成为"多品牌、全系列"汽车公司。

上海通用汽车基于精益生产理念建立了一套完整的采购、物流、制造、销售与售后服务体系和质量管理体系，并在生产和管理中大量采用计算机控制技术。具有国际先进水平的国内第一条柔性化生产线，涵盖了冲压、车身、油漆、总装等整车制造环节以及发动机、变速箱等动力总成制造过程。使每个客户的个性化需求都能够最大程度地体现在其得到的最终产品上，这是柔性化生产的无穷魅力和强劲的后发力。

三、SWOT 分析

(1) 优势。通用公司的汽车品牌有十几个，每年在全世界销售数百万辆汽车。通过长期的积累，通用公司有了非常丰富的客户信息资源。对于客户信息，通用公司一直是很重视的，在数据库刚刚问世的时候，通用公司就开始使用这一技术来管理客户信息，至今已有 20 多年的历史。在早期，各种数据的收集是非常齐全的，从全世界的角度来看，没有几家公司能够与通用的庞大数据库相媲美。

(2) 劣势。在通用公司的内部，IT 技术的应用同样是非常普遍的，在管理与生产的许多方面都应用了不同的 IT 系统。然而，问题在于放在不同地方的客户数据不能够共享。例如，销售人员的信息就无法让维修服务人员来共享，不同品牌的客户信息资源也不能够共享。通用公司拥有的几千个 IT 系统之间的沟通很少。

(3) 挑战。如果通用公司仍然抱着做一个制造企业的战略不放的话，那么，少则 20 年，多则 50 年，通用汽车公司就有可能会从地球上消失。这个有点耸人听闻的研究报告引起了通用公司管理层的高度重视，因为支撑这个报告的翔实数据资料以及科学分析不能不引起他们的深思。

(4) 机遇。通用公司认为通过在全球范围内实施 CRM(客户关系管理)系统，能够有效地管理客户信息，并且赢得更多的客户，使得客户价值最大化。实施 CRM 系统是保证通用公司在 50 年后还能够生存的重要战略之一。同时通用公司在全球范围内部署了实施 CRM 系统的时间表。

四、通用公司客户满意度的必要性

(1) 竞争加剧。通用公司的主要竞争者有福特、本田、丰田等。通用公司需要通过市场细分和个性化服务获得独特的竞争优势。CRM 根据客户的切实需求细分汽车市场，通过细分的个性化服务来满足客户的需求，以便更好地吸引客户。

(2) 顾客接触的日益复杂化。企业的竞争，本质上都是围绕着客户满意度的竞争。随着市场的进一步细分，顾客的需求越来越复杂。如何让顾客满意？什么样的策略才是正确的？这一切都需要企业加深对客户的了解。

(3) 现代技术的飞速发展。随着新技术、新产品的更新越来越快，很多新兴的技术以及产品将会代替陈旧的技术及产品。在实施了 CRM 之后，会不会操作电脑将成为上海通用公司的零售商选择销售人员的首要条件。这充分说明了现代技术对于企业的重要性。

(4) 对关系价值的日益重视。每个阶段的客户关系都有不同的特点和不同的价值。

五、启示

(1) 一个公司能够在未来的环境中生存下去，必须要有自己的核心竞争力。这个能力就是满足客户需求、赢得客户的能力。

(2) 实施 CRM(客户关系管理)系统，能够有效地管理客户信息，并且赢得更多的客户，使得客户价值最大化。

(3) 注重考察提供 CRM 产品的厂商的管理状况以及管理水准。如果这家企业自身的管理能力没有达到一定水准，就不要考虑他们的产品。

(4) 注重顾客信息的动态性。对厂商而言，汽车处于动态过程中的信息比购买信息更重要，因为这种信息是提供服务的基础。

(5) 注重对潜在客户的开发和管理，并对消费者行为进行研究。经过对以往数据的统计分析，上海通用发现汽车展览会是吸引潜在客户的重要手段。有 30%以上的客户通过这种途径了解通用汽车，并且成为购买通用汽车的客户，他们在汽车展示过程中就进行了汽车的预定。

(6) 进行顾客忠诚管理。汽车的生命周期决定了汽车消费的周期性。买了新汽车的客户过几年又会回到汽车市场中来重新买车。统计数据显示，已经买过通用汽车的客户，其再次购买通用汽车的比例可以达到 65%，而从竞争对手那里转化过来的客户只占 35%。在客户购车以后的 4~5 年当中，系统会不断地提示销售人员及服务人员，要求他们不断与客户进行联系和沟通，为客户提供各种服务和关怀，使客户在下一次购车时继续选择上海通用的产品。

(7) CRM 与生产密切联系。上海通用的 CRM 系统也与后台进行了很好的连接，例如和柔性制造控制系统的连接，让来自前台的客户个性化需求被自动安排进车辆的生产计划。

(8) 协作意识很重要。上海通用实施 CRM 的项目符合美国通用的全球战略，选择了市场占有率最高的 Siebel 的产品和 IBM 的实施队伍。同时，在零售商方面，上海通用希望能够找到较好应用 CRM 系统的零售商，并帮助他们总结应用 CRM 的经验，作为标杆来带动其他的零售商，进而使得所有的零售商提高 CRM 系统的应用水平。

六、通用 CRM 成功的关键因素

(1) 有"以客户为中心"的意识。公司始终坚持着"以客户为中心、以市场为导向"的经营理念。柔性生产线的设计就是基于以客户为中心建立的。

(2) 面对危机，谨慎对待。如果通用汽车公司能够在未来的环境中生存下去，必须要有自己的核心竞争力。这个能力就是满足客户需求、赢得客户的能力。通用公司采纳了报告提出的建议，开始从赢得客户能力的角度来进行战略性的调整。

上海通用公司按照美国通用公司全球战略的部署以及在中国的具体情况，聘请了在实施 CRM 方面非常有经验的 IBM 公司来提出解决方案并负责项目的整体实施。

(3) 技术的灵活运用。在那些成功的 CRM 项目中，他们的技术选择总是与要改善的特定问题紧密相关。如果一个企业的销售员或服务工程师在现场工作时很难与总部建立联系，那很可能会选择管理功能；如果企业处理订单时出错率很高，就很可能选择配置功能。虽然很多企业对 CRM 的实施是从单个部门(如营销、现场销售或客户服务)开始的,但在选择技术时要重视其灵活性和可扩展性,以满足未来的扩展需要。因为企业要把企业内的所有用户集中到一个系统中,使得每个员工都能得到完成工作所需的客户信息,所以项目初期选择的技术要比初期所需要的技术复杂,这样才能满足未来成长的需要。

(4) 积极利用 IT 技术。目前,IT 信息技术应用已经遍布上海通用公司业务的各个领域。通用公司建立了国内汽车行业最先进的 IT 平台,不仅为各项业务提供了强有力的技术支持,同时也实现了全球联网。

(5) 三条 CRM 主线抓紧客户。上海通用的 CRM 系统主要抓了三条主线:潜在客户开发、潜在客户管理、客户忠诚度的管理。通过这三条主线,通用公司推出了一系列的活动以及措施加强了其对客户的吸引力。

(6) 积极协调与零售商的关系。从零售商的角度来看,往往会感到他们应用 CRM 系统是被动的,他们更希望得到经济利益的刺激。而对零售商无法通过行政手段来制约,因为他们与上海通用没有行政隶属关系,只能通过经济手段来调动他们应用 CRM 的积极性。

【知识点】

作为售后服务管理最核心的内容,客户满意度管理越来越受到各大汽车生产企业和经营商的重视。客户满意度管理是指以客户感受为主线,以客户满意为关注焦点,借助客户满意度的测量分析与评价工具,不断地进行售后服务管理方面的改进和创新。提高客户满意度是增强汽车生产企业和经销商竞争实力的一种服务管理模式。

客户满意度(Consumer Satisfaction Research),也称为客户满意指数。客户满意是指客户通过将一种产品的感受与自己的期望值相比较,所形成的愉悦或者失望的感觉状态。如果客户的感受低于期望,客户就会不满意;如果客户的感受与期望相匹配,客户就满意;如果客户的感受超过期望,客户就会高度满意或者欣喜。

客户如何形成他们的期望呢?客户的期望来源于过去的经验、朋友和伙伴的言论、媒体的宣传、营销者和竞争者的信息及承诺。如果营销者将期望值定得太高,客户很可能会失望,而另一方面,如果营销者将期望值定得太低,又无法吸引客户。由此可以看出,客户的满意度与客户对服务的期望值是紧密相连的,所以正确处理客户的期望对客户满意度管理尤为重要。

客户满意度是一个相对的概念,是客户期望值与最终获得值之间的匹配程度。客户满意度管理的最终目标是追求客户的忠诚度,而一个客户是否忠诚,往往取决于一些小事件的累加。客户满意度与客户忠诚度通常有以下三种表现:

① 当客户满意度是"不满意"时,客户忠诚度为负值。客户不仅不会选择令他感到过不满意的产品和服务,还会影响周围其他人选择这种产品或者服务。

② 当客户满意度为"一般"时,客户忠诚度为零。客户对产品或者服务没有任何特别深刻地体会。客户会在任何同类产品或者服务中进行尝试,直到找到真正让他信任的产品或者服务为止。

③ 当客户满意度为"基本满意"时,虽然客户忠诚度为正值,但他们也具有很高的转换率,它是客户满意度的最高境界。由于为客户提供了超出他们期望值的产品或者服务,

客户会有欣喜的体验和感受，所以会表现出较高的忠诚度。各大汽车生产企业和经销商通过这些高度忠诚的客户来实现经济效益和社会效益。

如何利用客户满意度管理来真正提升客户的满意度(达到客户欣喜)，以及如何解决客户满意度管理中出现的一系列问题，一直是各大汽车生产企业和经销商需要解决的难题。

一、客户服务体系概述

真正的客户服务是汽车生产企业根据客户的喜好为客户提供优质的服务。客户服务的最终目的是为了达到客户的欣喜，使客户感到受重视。当客户把这种欣喜铭记于心时，就可称为汽车生产企业的忠诚客户。客户服务既要有客户体系做指导，也要有客户服务组织做支撑，只有两者完美地结合起来，才能实现使"客户欣喜"的目的。

客户服务体系是指在一系列服务组织与管理措施的基础上形成的服务策略所体现出的服务价值定位及服务品牌定位，是以客户为对象的整个服务过程的组织构成和制度构成。有效的客户服务体系保证了客户满意的必要条件，且能够增加客户满意度、培育客户忠诚度，为企业赢得良好的口碑，有利于树立良好的企业形象。完善的客户服务体系包括客户服务品牌、客户服务产品、客户服务活动、客户服务组织等内容。

1. 客户服务品牌

客户服务品牌是服务组织与管理的核心，一般包括客户服务承诺和客户服务特色两部分。客户服务承诺又可分为时间承诺、费用承诺和质量承诺。不同的客户服务品牌是以特色服务承诺为支撑的，例如一汽大众汽车有限公司通过实施客户体验欣喜之旅的制胜战略，在"九个一"服务承诺的基础上，树立"严谨就是关爱"的服务品牌形象。表 7-1 列出了部分汽车生产企业的服务品牌。

表 7-1　部分汽车生产企业的服务品牌

生产厂家	上海通用	北京现代	一汽丰田	广州本田	东风本田
服务品牌	别克关怀	真心伴全程	安心、安全、爱用	三个喜悦	钻石关怀
时间承诺	快速保养通道	及时	—	—	时间安心
费用承诺	备件、工时价格透明	诚信	—	—	费用安心
质量承诺	—	准确	爱用(安心、安全)	购买的喜悦;销售的喜悦;创造的喜悦	质量安心 修后安心
特色服务	一对一顾问式服务	—	—	—	紧急时安心

2. 客户服务产品

客户服务产品是指企业在服务营销过程中推出的，形式和内容都比较固定的，能满足客户需求和欲望的活动，通常通过原装备件、专业服务等手段保证客户忠诚度。服务产品的推出，更好地满足了消费者的需求，提升了客户满意度，同时还可以方便进行宣传，通过品牌化运作更有利于提高客户的感受。常见的服务产品有：延时服务、听诊服务、菜单式保养、自助式保养、爱车养护课堂、双人快修服务、老客户顾问式接待、一对一客户式服务、服务代步车、宣传资料的提供、24 小时紧急救援超值服务等。

3．客户服务活动

客户服务活动是指为宣传和推销客户服务产品、保持和促进经销商与客户的良好沟通而进行的形式多样的客户服务营销活动。常见的客户服务活动有：春、夏、秋、冬服务节，技能竞赛，远程巡回服务，出租车免费检测，车主俱乐部，客户恳谈会等。汽车生产企业推广的客户服务活动是经销商网络服务组织与管理的重要手段，已经受到各个品牌的高度重视。部分汽车生产企业的服务活动如表7-2所示。

表7-2 部分汽车生产企业的服务活动

服务活动	内容方式	典型厂家	厂家利益	经销商利益	客户利益
免费检测	每季度1次	上海通用、北京现代、一汽丰田、广州丰田	吸引客户回流，提高厂家对客户负责的形象	加强与客户的沟通，提高配件、附件、精品的销量	发现车辆潜在问题及时解决
备件配送	赠送零部件或精品	东风日产、上海通用	吸引客户回流，提高厂家对客户负责的形象	加强与顾客的沟通	免费加装
配件打包	零件打折服务优惠套餐	上海通用	促进厂家配件销售、吸引客户回厂	促进备件销售	以较低价格购买备件
赠送礼品	服务营销礼品	上海通用	促进备件销售	促进备件销售	得到服务的喜悦

客户服务体系(客户服务品牌、客户服务产品和客户服务活动)确立后，要经过品牌化运作，准确地将客户服务理念贯彻给经销商，进而有效地传递给客户。客户服务体系的品牌化运作包括：

① 设计独立的服务产品和服务标志，方便服务产品的宣传和识别。

② 制定服务产品和服务活动的具体操作流程和标准。

③ 将服务承诺、服务产品和服务活动的介绍以标识系统的形式摆放在经销商服务接待大厅的显著位置，让客户在第一时间感受到经销商的服务意识。

④ 印制一系列的服务宣传手册、宣传画册，指导客户加强服务体系的理解和认识。

⑤ 加强经销商的培训与指导，保证客户服务体系的有效实施。

⑥ 建立详细客观的考核标准，将客户服务产品和客户服务活动纳入考核体系，以推进经销商内部对服务体系标准的贯彻和执行。

4．客户服务组织

1) 客户关系管理系统(CRM系统)

在市场越发成熟、竞争日益激烈的今天，客户的需求与期望逐渐与国际接轨，这就要求我国经销商企业的管理与国际接轨。其中，客户关系管理系统化、程序化是更好实现客户满意度的基本要求和技术保障。

(1) 汽车生产企业客户关系管理系统的定义。简单地说，汽车生产企业中的客户关系管理系统是指由汽车销售与服务企业和 IT 公司联合开发的管理系统。汽车生产企业中的CRM 系统是针对汽车经销商的客户关系的管理系统，一般包括客户管理、客户关怀、客户跟踪、维修回访、维修预约、销售投诉、服务投诉、各种提醒等业务模块。

(2) 汽车生产企业中 CRM 系统的作用。汽车生产中 CRM 系统作为销售和服务的工具，提高了经销商的管理水平。通过 CRM 系统的使用，使经销商通过对客户统一化、标准化、专业化、个性化的服务，打造企业品牌，提升客户满意度，并起到有效地吸引与保留客户的作用。

(3) 经销商层面 CRM 系统的功能。经销商 CRM 系统使用人包括总经理、销售与服务总监/经理、销售顾问、客户总监、回访员、客户关系专员、信息专员和服务顾问(用于电话预约或者维修后的回访)。以上使用者按职位分配不同的权限，按权限登录检索相应的内容，并使用 DS-CRM 系统进行日常工作；总经理不定期登录 DS-CRM 系统查看相关数据及检查。具体功能如下：

① 销售顾问通过预置权限，登录 CRM 系统，准确、及时、完整地将各类信息录入到 DS-CRM 系统，并根据实际情况做更新维护，对客户开展相应的客户关怀活动。CRM 系统通常包括以下模块：销售机会(留档客户)录入、未留档客户录入、销售机会信息维护、客户信息维护、联系人信息维护、活动计划制定实施、生日提醒、销售回访等。

② 销售总监通过预置权限登录 CRM 系统，进行相关的管理工作，同时检查、监督销售顾问的 CRM 系统使用情况及真实工作情况。CRM 系统通常包括以下模块：销售总监权限管理、销售过程管理、信息维护、客户资源分配、试乘试驾设置、决策分析工具使用、监督指导销售顾问系统使用情况等。

③ 客户部门通过预置权限登录 CRM 系统进行回访、预约、客户关怀等工作来提升客户满意度及品牌形象。CRM 系统通常包括以下模块：销售回访、维修回访、预约、提醒服务分析等。例如：

● CRM 有拨号功能。当找到客户资料时，可以直接在软件上向客户拨打电话。

● CRM 有日期提醒功能。它可以提醒客户的生日或交易日等重要日期的到来。

● CRM 有客户历史记录功能。可以在每次交易或联系的时候输入有关资料，以方便日后查询。

● CRM 可和 OUTLOOK 结合，可以建立邮件群发的功能。

正是 CRM 系统具有了这些简单的处理功能，才能使企业准确地了解客户，从而更好地开发客户资源。

④ 客服总监通过预置权限登录 CRM 系统做相关管理工作，同时检查、监督下属的 DS-CRM 系统使用情况及真实工作情况。CRM 系统通常包括以下模块：回访模块、投诉建议处理、字典维护、录音检索使用、决策分析工具使用等。

⑤ 总经理通过预置权限登录 CRM 系统进行相关管理决策，同时检查员工的系统使用及工作情况。CRM 系统通常包括以下模块：决策分析工具使用、销售总监漏斗使用、CRM 签到检查。

(4) CRM 系统的使用与维护。经销商管理层要制定 CRM 系统使用的规章及考核制度，积极督促及监督工作人员使用 CRM 系统。经销商各 CRM 系统使用人员需积极主动学习 DS-CRM 系统的相关知识，管理层要根据实际情况为员工安排相应的 DS-CRM 培训，主动提升整个团队的 DS-CRM 系统应用能力与水平。

为了保证 DS-CRM 系统的正常使用，当使用人员发现 DS-CRM 系统出现故障时，有责任第一时间通知网络管理员，以便及时消除故障。

2) 客户服务中心

客户服务中心是客户关系管理系统的枢纽。建立完整的客户服务中心，是提高客户满意度的有效手段和必要的保障。同时，客户服务中心担负着客户档案的建立和维护及特殊客户关系公关的作用。

客户服务中心是为了高效处理客户的投诉，缓解或者减少客户的抱怨，提高客户满意度而产生和发展起来的。客户服务中心既是汽车生产企业对经销商处理客户投诉进行监督管理的有效手段，也是为客户提供优质服务的措施之一。

汽车生产企业一般会建立本部的客户服务中心、区域的客户服务中心，甚至有的还建立国际的客户服务中心，以直接接待客户咨询、投诉或需求。有的还设有专门的客户服务部门、24小时免费服务电话及完备的呼入呼出制度。随着客户数量的增加，汽车生产企业为了提高服务质量，客户服务部门近年来发展得越来越壮大，如被国家评为先进客户服务部门的一汽大众汽车有限公司的客户服务中心，呼入呼出员工就有100人左右。

汽车生产企业与经销商全力合作，使客户服务中心发挥最大的作用，其主要体现在以下几个方面：

① 客户服务中心负责耐心安抚客户的抱怨情绪，将客户的抱怨信息反馈给经销商及汽车生产企业的相关部门，并监督、督促处理进程，及时向客户回复问题的处理结果。

② 加快客户投诉处理制度，减小客户抱怨。

③ 客户服务中心收到客户投诉后，联系经销商了解客户车辆及投诉的详细信息，经销商要如实反馈并积极配合投诉的处理。

④ 对于经销商不能及时解决的投诉问题，经销商服务总监必须联系区域售后服务经理，并将最终解决方案在24小时内反馈给客户服务中心，如果没有最终的解决方案也要将处理进程反馈给客户服务中心。

⑤ 经销商处理的疑难投诉或者已经升级到消协等相关部门的投诉，或者投诉客户身份特殊(如记者、律师)等情况发生时，经销商需要及时请示区域售后服务经理的意见，同时通知客户服务中心做好预警工作。

⑥ 经销商必须配合客户服务中心共同处理客户投诉，并确保回复的口径一致。

3) 客户满意度调研系统(CSS系统)

近年来客户满意度调研在国外受到了普遍重视，特别是服务性行业的客户满意度调研已经成为企业发现问题、改进服务质量的重要手段之一。

国内汽车生产企业的客户满意度调研是在最近几年才迅速发展起来的，并且已经引起了越来越多企业的重视。各个汽车企业通过客户满意度调研了解客户的需求、企业存在的问题以及与竞争对手之间的差异，从而有针对性地改进服务工作。

当前的各大汽车生产企业实行的客户满意度管理模式是通过逐级开展客户满意度调研、对各个经销商进行考核、指出各个经销商的缺点并限期整改、在下一轮的客户满意度调研中得到提升来实现的。客户满意度管理基本上是按照"调研—考核—整改—使客户满意—再调研"的闭环系统进行的。

(1) 客户满意度调研的分类。目前客户满意度调研公司有很多，按照其服务对象不同可以将客户满意度调研分成三类，即国内大的汽车生产企业直属调研部门的客户满意度调研、国际知名的跨国调研机构的客户满意度调研和专业调研咨询公司的客户满意度调研。

① 国内大的汽车生产企业直属调研部门的客户满意度调研。有的大型汽车生产企业对全世界各品牌汽车生产及服务企业进行综合调研与评价，发布具有权威性的调研结果，并有针对性地、有偿地为企业提供调研报告与解决措施。

② 专业调查咨询公司的客户满意度调研。专门为某企业或集团进行有针对性经销商客户满意度调研、数据分析处理，向相关部门或企业领导提供相关的解决方案。例如盖洛普调研资讯有限公司的研究人员，借助经济学、心理学和管理科学方面的深入研究和独立调研，揭示出了如何培养高度忠诚的客户以及建立高度敬业的、有卓越才干的员工队伍，从而帮助企业稳步发展。企业采用调研过的咨询方案，根据汽车生产企业的愿景和战略来确定、开发和实施解决方案。

由于以上两类客户满意度调研的出发点与抽样范围以及关注点不尽相同，所以调研结果往往不同。一般的大型汽车生产企业会同时进行这三种调研，以期待调研结果的互补性。将客观性较强的 J.D.Power 调研结果作为经销商长期发展的目标和努力改进的方向；将针对性较强并加入企业运营要素的调研结果(自己委托的调研公司的调研结果)作为经销商网络运营效率及销售服务人员的绩效评价；企业集团内的调研数据通常可以作为以上两种评价的参考。

(2) 客户满意度调研系统的作用。为了全面客观地了解客户的意见以及经销商网络运行状态，一般汽车生产企业都会通过委托调查公司(第三方)对品牌特许经销商的销售与服务活动进行客户满意度调查，并根据调查得分评价经销商的销售及服务水平，督促经销商改进工作的不足之处，从而不断提高客户满意度。具体作用如下：

● 可以通过客户满意度调研来衡量各个品牌的产品或服务水平在整个汽车行业所处的位置。

● 可以将客户满意度调研作为汽车生产企业考核各个经销商服务水平的依据。

● 可以通过开展客户满意度调研活动，让员工了解和关注客户满意度，强化员工的服务意识。

● 可以通过客户满意度调研活动，找出差距，检验满意度提升工作的效果，明确需要进一步改善的服务项目。

总之，如果认同产品或服务质量是重要的，而且认同客户的评价是重要的，那么各个汽车生产企业就需要进行客户满意度调研。

(3) 客户满意度调研工作内容。汽车生产企业通常通过投标、中标的方式选择专用调研公司，委托第三方实施客观的客户满意度调研活动，并在调研活动中通过自身的 CRM 和客户服务中心承担一部分工作内容，必要时参与企业发展、客户满意度紧密关联的调研内容，并在品牌经销商的积极配合下进行客户满意度调研工作。

① 汽车生产企业的售后服务部门一般完成以下工作内容：

● 确定客户满意度(CSS)年度目标值(含各事业部)，制定目标值的提升目标。

● 参与专业调研公司的招标。

● CSS 调研问卷的优化和确认。

● 确定 CSS 调研形式。

- 对 CSS 调研过程的科学性、有效性实施监控。
- 对调研报告下发过程的科学性、有效性实施监控。
- 将调研报告下发到各个事业部，并协助进行问题的整改工作。

② 品牌经销商的工作内容：

- 提供有效的客户档案，制定可行的整改措施，针对 CSS 报告弱项进行整改。
- 经销商内部必须建立完善的客户跟踪回访管理系统，并有效地开展客户跟踪回访工作。

③ CRM 客户服务中心的工作内容：对有效的客户档案进行汇总，并上传给调查公司；负责有关客户档案信息的反馈。

④ 专业调研公司工作内容(第三方)：

- 负责采取电脑辅助电话采访的方法，根据 CSS 调查问卷对有效的客户档案进行调研。
- 负责对有效的调研结果进行统计并反馈给客户服务中心，按时提交调研报告。

(4) 客户满意度调研 CSS 的工作流程如下。

① 汽车生产企业在每年的年初制订调研的总体工作方案，方案内容包括：

- 经销商年度客户满意度调研的具体项目。
- 经销商年度 CSS 的目标值。
- 经销商年度 CSS 的频次，一般年度 CSS 报告期数为每年 4 期(每季度 1 期)。
- CSS 调研客户群只针对私家车用户。

② 汽车生产企业对 CSS 报告的应用：

- 汽车生产企业在收到专业调研公司提交的 CSS 报告的第二个工作日，通过网络将报告下发至各区域。
- 对经销商年度目标值的考核以最后一期 CSS 报告为准。

为了保证年度目标值的完成，各区域将加强目标过程管理，对每一期报告及时采取措施，针对每家经销商 CSS 报告弱项与经销商面对面交流，审核、完善经销商整改计划并存档，每季度将整改措施报告传至汽车生产企业。

为了促进 CSS 工作稳健开展，各区域需要每月对经销商客户跟踪回访工作进行检查和指导，监督经销商落实整改计划。

③ 客户满意度调研 CSS 工作的相关规定：品牌经销商配合客户满意度调研 CSS 工作，自我完善、自我提高，经销商需要定期提供客户档案。由于逾期不提供客户档案或提供档案数量不足造成达不到当月 CSS 访问样本量要求的，调研公司不再进行补访，由此造成的经济等方面的损失由经销商自行承担。为了保证调研工作能顺利有效地开展，经销商需要为专业调研公司提供如下条件：

- 为保证客户服务中心能正确提取客户档案，经销商必须及时维护所有车辆"客户种类"信息。
- CSS 调研所需的有效样本量至少为 30 个。为了保证能准确联系到客户，经销商必须及时维护客户电话。
- 经销商要及时从网络上查看 CSS 得分，依据每一期 CSS 报告制定整改计划，并认真落实。

【拓展知识】

J.D.Power 是世界知名的以客户之声为基础的全球市场信息公司,每年在全球调研上千万的消费者,分析他们的观点、认知和期望,通过提供排名数据和调研亮点,帮助消费者做出更加理性的购买决定。

J.D.Power 总部在美国洛杉矶,创建于 1968 年,目前在全球共有 15 个办公室。J.D.Power 亚太公司在东京、新加坡、泰国和中国均设有分公司,从事客户满意度调研,并为汽车、信息技术和金融行业提供咨询服务。J.D.Power 亚太公司于 1994 年进入中国,于 2000 年开展联合调研。J.D.Power 客户满意度和质量调研已经成为众多本土和国际品牌企业在华的标杆。

J.D.Power 将新车质量问题细分为八大类别:车身外观,驾车经历,配置、操控和仪表板,音响/娱乐/导航系统,座椅,空调系统,车身内装,发动机和变速系统。

J.D.Power 是全球最权威的专业消费者调研机构,它的调研直接来源于消费者的反馈,排名完全反映消费者的消费体验,所发布的客户满意度评估报告以独立性和客观性著称于世,在世界工商界获得了较高的认同。它的汽车客户满意度调研是借助于经销商提供的维修保养服务的客户满意度得出的结论,具体内容包括车主在购买车辆后的 12～24 个月内对经销商服务部门的感受、保修经历和在保养与维修问题上的经历。该调查还针对客户对服务时间、经销商的位置、预约经销商的难易程度以及服务态度是否满意等方面进行研究。

单元二　提高客户满意度的流程

【案例介绍】

2011 年度汽车售后服务满意度指数发布。

国内第三方调研公司——联信天下发布"2011 年度中国汽车品牌售后服务满意度指数调查报告"。报告指出,国内汽车行业整体售后服务满意度呈提升态势,但自主品牌与合资品牌在得分上仍存在较大差距,自主品牌售后服务质量亟待提高。

此次售后服务满意度指数调查主要基于顾客在购买新车后的 12 至 18 个月内的评价,通过预约、接待与服务人员、设施与环境、维修保养质量、维修保养费用、交车六个调查项目,确定最终售后服务满意度。调查共分为合资品牌、进口品牌及自主品牌三大榜单,总体满意度体现为指数得分,满分为 1000 分。2011 年合资品牌、进口品牌及自主品牌的满意度指数排名如图 7.1、图 7.2、图 7.3 所示。

调查数据显示,此次汽车行业总体售后服务满意度有较大提高。合资品牌、进口品牌以及自主品牌平均得分分别为 842、834 和 809,较去年分别提升了 18 分、23 分和 14 分。合资品牌中,上海大众斯柯达以 875 份占得鳌头,上海通用雪佛兰、北京现代、上海大众、东风日产则分别以 864 分、857 分、851 分、850 分的成绩分列合资品牌榜单第二至第五位。进口品牌中,大众进口汽车以 860 分登上榜首,奔驰、现代紧随其后。自主品牌中,上汽荣威以 845 分摘得桂冠,海马汽车、一汽轿车夺得二、三名。比亚迪以 767 分垫底自主品牌,这一分数也是此次调查的最低分。

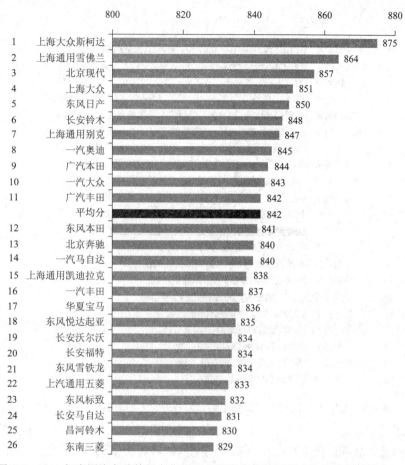

图 7.1　2011 年中国汽车品牌新车售后服务满意度指数调研合资品牌指数排名

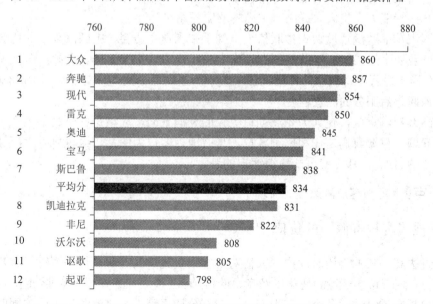

图 7.2　2011 年中国汽车品牌新车售后服务满意度指数调研进口品牌指数排名

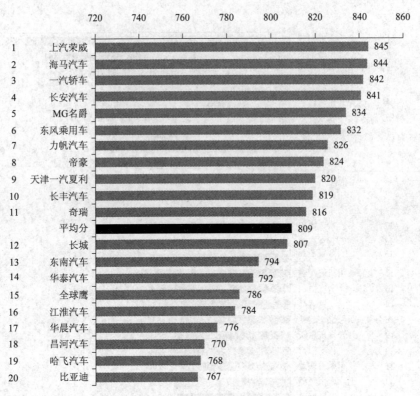

图 7.3　2011 年中国汽车品牌新车售后服务满意度指数调研自主品牌指数排名

报告还显示，此次共有 7 个售后服务满意度得分超过上届最高分 851 分的品牌，均为合资品牌和进口品牌。自主品牌得分第一的上汽荣威在全部调查中，仅位列第 12 名，自主品牌在售后服务方面差距明显。专家表示，自主品牌在维修能力日益提高的同时，若能进一步提升接待能力，将大大提高自主品牌的服务水平。

中国汽车品牌满意度调查由联信天下携手中国质量协会、中国汽车工业协会、中国环境保护产业协会于 2005 年共同创办，迄今为止已成功举办七届。据悉，本次调查共抽出 36874 个样本进行跟踪调查，范围涵盖全国 58 座主要城市，基本反映了消费者对 2011 年汽车经销商售后服务的满意程度。

提高客户满意度，使其为企业创造更大的利润空间，应该是各个汽车生产企业都十分关心的问题，只要我们信任和尊重客户，真诚地视客户为朋友，给客户以"可靠的关怀"和"贴心的帮助"，那么就可能赢得客户的满意。

【知识点】　提高客户满意度的流程

一、重视"客户资源"的价值

在过去相当长的一段时间内，人们对"客户资源"的理解往往停留在"客户档案"这个范围内。随着市场环境的变化以及竞争的日趋激烈，各个汽车生产企业对于"客户资源"的理解也越来越具体。各个汽车生产企业在充分认识到"客户资源"价值的同时，也越来越重视对于"客户资源"的有效管理和利用。企业通常采取以下方式进行客户资源的管理。

① 成立专业的客户关系管理部门，集中管理汽车生产企业的"客户档案"和"业务数据"。

② 重视各个渠道的客户请求和需求信息。

③ 重视营销机会的管理，使它有更高的成功率。

把"客户资源"作为企业资产来管理，将它的"利用率"与业务部门的绩效考核结合起来，以便更好地利用客户资源。

二、划分客户类型，为不同类型的客户提供不同方式的服务

应该对稀缺的经营资源进行优化配置，集中力量提升高价值客户的满意度。与此同时，也应该关注潜在的高价值客户，渐进式地提高他们的满意度。从全部客户满意到价值客户满意，再到高价值客户满意，最后到高价值客户关键因素满意，这应该是企业提升"客户满意度价值回报"的流程。

三、不断收集和研究客户需求

汽车生产企业要实现中长期的稳定成长和发展，必须要不断地收集和研究目标客户群的产品和服务需求，积极而有效地反馈并且还要融入到自身的产品和营销策略中去。只有这样，才能在充分而激烈的竞争中，提高现有的客户满意度，赢得新客户。

四、和客户建立亲善关系

现在的客户越来越精明、越来越理性，他们通过网络和电视等媒体可以获得更多更详细的产品和服务信息，因此更加不能容忍被动的推销。客户希望与企业的关系超越简单的售买关系，因此各个汽车生产企业应该为客户提供个性化的服务，使客户在使用产品以及接受服务的过程中获得产品以外的良好的心理体验。服务人员在与客户的交往中，要善于听取客户的意见和建议，表现出对客户的尊重和理解，要让客户感觉到企业特别关心他们的需求。企业还应鼓励员工站在客户的角度思考应该提供什么样的服务以及怎样提供服务。

五、积极地解决客户的抱怨

统计表明，不满意的客户中，有 6.5% 的客户会采取公开的抱怨方式，这些公开的抱怨会给公司带来这样或那样的负面影响。如果这些抱怨处理不及时、不合理，就会有一些客户采取一些过激的方式，如不付账单、对客户服务人员蛮横无理，更严重的会四处诋毁公司(通过网络影响若干个潜在客户)，所以应当给客户提供抱怨的渠道，并认真对待客户的抱怨，在企业内部建立处理抱怨的规章制度和业务流程。如规定对客户抱怨的响应时间、处理方式和抱怨趋势分析等。

客户抱怨是客户对汽车生产企业的产品、经销商的服务以及代表企业形象的员工的所有负面评论。

1. 客户抱怨的原因

当客户感受到所使用的产品或接受的服务没有达到预期时，就会抱怨，甚至投诉。导

致客户抱怨的原因多种多样，因时而异，因人而异，很难一一列全。但在一般情况下，客户抱怨主要集中在产品问题和服务问题两大方面。造成客户对产品或者服务不满意的体验是客户的感受和期望相比较后的一种差距，正是这些差距带来了客户的抱怨，这些差距可以概括为以下 5 种。

(1) 理解差距：客户的期望与企业管理者理解之间的差距，即企业不能正确理解客户的需求和想法。

(2) 程序差距：目标与执行之间的差距，即企业虽然理解了客户的需求，但没有完善的工作流程和规范来保证客户的需求和期望能够实现。

(3) 行为差距：服务绩效的差距，即虽然理解了客户的需求，但没有完善的工作流程和规范来保证客户的需求和期望得以实现。

(4) 促销差距：实际提供的产品和服务与对外沟通之间的差距，即客户得到的产品和服务质量达不到企业宣传和承诺的程度。

(5) 感受差距：客户期望与客户感受之间的差距，即企业提供的产品和服务质量不能被客户完全地感受到。

2. 客户抱怨处理流程

(1) 充分理解客户抱怨。用心服务，即用心倾听和理解客户的感受，避免不了解情况就提出解决的方法，从而使客户宣泄不满情绪。面对情绪激动的客户，服务顾问应保持心平气和、态度诚恳，这是处理客户投诉的基本原则。

(2) 受理客户抱怨。经销商的服务人员在受理客户抱怨时，要保持良好的心态，运用沟通技巧积极地与客户沟通，注意收集信息。

(3) 与客户协商解决、处理抱怨。经销商服务人员要耐心地与客户沟通，取得他的认同，快速、简捷地解决客户抱怨，不要让客户失望。

(4) 答复客户。经销商服务人员将抱怨处理答复客户，答复分如下两种情况。

① 处理解决答复：答复客户时应该为客户准确说明处理结果。

② 升级处理答复：升级处理通常是客户提出的要求超出了服务顾问处理的权限，同时也是显示对客户负责和诚信的一种方式，跟踪服务可以通过电话、E-mail、信函、客户拜访等多种形式完成。

单元三　一次修复率(FFV)对客户满意度的影响

【案例介绍】

故障案例：进口迈腾 3.2L 轿车起步冲击的故障处理。

提报人：车型——迈腾 3.2；行驶里程——73 023 公里；维修日期——2010/03/05；底盘号——WVWPK13C68P009535；发动机型号——AXZ。

故障现象：车辆在起步时出现较大的冲击现象，坐在车里的乘员明显感到不适，在转向或是坡路起步(负荷增大时)时冲击最明显。

故障诊断过程：

(1) 使用 VAS5052A 查询故障存储器，发现发动机与变速箱控制单元均无故障记忆；

(2) 对于车辆在起步时出现冲击的故障，通常会考虑可能是变速箱存在故障，于是读取该车变速箱部分数据组，如图 7.4 所示。

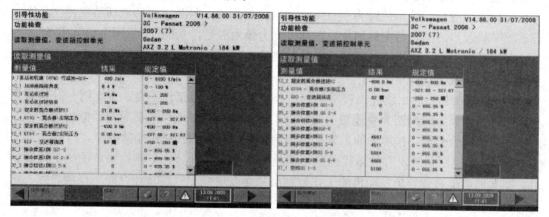

图 7.4　变速箱的部分数据

从读取的 DSG 变速箱数据组分析，测量结果都在规定的标准值范围内，而且跟正常的车辆数据对比，也无异常。对变速箱进行基本设定，也无异常。因此怀疑变速箱的控制单元 J_{743} 发生故障(如换挡电磁阀泄压、内部液压油路不畅)，更换正常的滑阀箱后，并对滑阀箱进行了基本设定、路试，但起步冲击的故障没有排除。至此，变速箱部分可以检查的部件已检查完毕。

(3) 考虑到起步冲击的原因除了变速箱故障外，发动机工作不良也是重要影响因素。检查该车发动机怠速工作平稳，清洗、匹配节气门，检查火花塞、喷油嘴，均发现工作正常。然后读取发动机的测量数据组如图 7.5 所示。

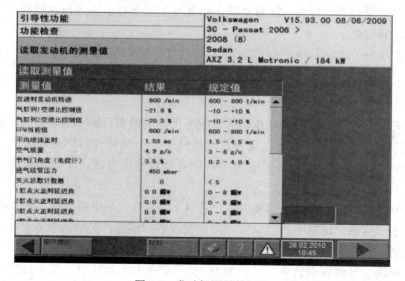

图 7.5　发动机测量数据组

根据读取的发动机数据组分析发现，空气质量计在怠速时数值偏大，判定故障为空气质量计性能不佳，从而引起氧传感器调节的数值范围也超差(正常车辆的空气质量计怠速数值为 3g/s 左右)。

更换新的空气质量计后再读取空气质量计数据组，显示约为 3g/s，氧传感器调节空燃比范围也在 0% 左右变化，即数据组显示正常。再试车，发现故障排除。

故障原因分析：此车故障为空气流量计工作不正常，导致氧传感器调节空燃比范围超差。当车辆起步时因负荷突然增加，发动机动力输出滞后，从而产生起步冲击的现象。

故障处理方法：更换空气质量计，故障排除。

案例点评及建议：

(1) 车辆在起步时出现冲击较常见的主要原因是变速箱工作不良。本案例一开始就是根据以往的维修经验判断为变速箱的故障而走了不少弯路，所以今后对于类似的起步冲击的故障应该综合分析，按照先简后繁、由外到里的检测原则，逐步排除故障。

(2) 对于控制系统没有故障代码的车辆故障，需要认真分析车辆控制系统的工作数据组。本案例也是通过分析发动机的工作数据组从而发现是空气质量计性能不佳所导致，这需要大家在今后的维修工作中不断积累各种控制系统正常工作时的数据。

【知识点】

对于汽车生产企业的经销商来说，一次修复率(FFV)是指经销商在一段时间内，客户车辆首次进厂即得到满意的维修服务的车辆数 a 与进厂维修总量 b 的百分比：$FFV = a/b*100\%$。

返修就是指客户因为相同的原因重复到经销商处报修，它对客户满意度和售后服务质量有着显著的影响，返修率：$FNV = 1 - FFV$。

返修既包括由于维修技术原因而导致未能排除故障造成的返修，又包括整个服务接待过程不当引起的客户抱怨，甚至可能是汽车生产企业某个环节造成客户返厂进行检查维修。因此，要想降低返修率、提高一次修复率，需要在生产质量、服务技术及售后服务整个环节上进行优化和提高。

客户满意度与一次修复率(FFV)成正比，与返修率(FNV)成反比。

一、通过提高一次修复率(降低返修率 FNV)提高客户满意度。

提高客户满意度和售后服务质量是售后服务工作的最高目标和追求，这里既涉及前面讲到的维护良好的客户关系问题，又涉及维修技术、车辆管理等因素体现出的具体的服务质量问题。对于这些问题需要采取集中而且有针对性的方式，才能实现客户满意这一目标。

没有良好的客户关系可能不能实现客户满意，但客户关系维系再好，返修率居高不下，也不能实现客户满意，这是不争的事实。为了实现客户满意，必须降低返修率，也就是提高一次修复率，进而提高客户满意度。

一次返修就会导致客户满意度显著下降，更可怕的是返修往往会出现两次，甚至三次，或者同类原因得不到妥善解决，从而造成返修在一段时间内反复大量出现。因此需要显著并持久地降低返修率，这是提高客户满意度的有效途径。

提高客户满意度既是汽车生产企业关注的重点,也是特许经销商持续优化和改进的方向。从哪些环节入手才能降低返修率、提高一次修复率呢?这就需要汽车生产厂家和特许经销商能够正确了解各自的市场特点,除了对市场进行充分调研外,还可以借助客户满意度调研 CSS 结果和销售与服务回访的样本数据进行统计分析,然后有针对性地调整正在实施和将要实施的措施,以及在局部组织结构中更有力地实施这些措施。这样才能提高一次修复率,进而提高客户满意度,但这需要有一个持续优化与完善的过程,切不可急于求成。

二、提高一次修复率(降低返修率 FNV)的方法

　　一次修复分析的目的是运用一定的方法找出返修的原因,并给出相关的服务环节,以及制定可实施的措施来提高一次修复率。为了提高一次修复率,就需要对返修进行分析。返修分析可分为两种方法:一是维修过程细节分析法;二是客户对话抽样调查。这两种方法的侧重点不同,维修过程细节分析法可详细研究是哪些原因造成返修,具体可定位到合作配套厂、生产厂、经销商环节;客户对话抽样调查法可以了解经销商范围内哪些环节影响返修率,并了解各个经销商的潜在优化需求。但分析结果是否有效,与所选样本有很大关系。

　　返修的原因虽然千差万别,但从整体上可以分为汽车生产企业的原因和非汽车生产企业的原因两大类。其中,汽车生产企业的原因又分为协作配套的零件制造商、进口商及汽车生产企业相关各领域、合作配套厂等原因,这些与经销商销售服务环节及客户使用环节都无关,所以定义为汽车生产企业方面的原因。对这类原因,需要从汽车生产企业环节加以整改提高,而除此之外的原因可以从销售服务环节加以改善。

　　对于造成客户抱怨的车辆返修的具体原因如何界定呢?有的汽车生产企业和经销商,各有一套客户满意度调研系统(CSS),所以会得出各自的结论,有时还是互相矛盾的。因此,数据的分析比较是一个比较重要的过程,可进一步甄别返修的真正原因。比较抽样过程是以底盘编号为基础的,即对比每个底盘编号与经销商的调查结果分类法是否一致。如果不一致,分析团队要重新分析细节以求找出真正能影响返修的原因。这种情况下,分析团队最好直接与经销商或客户联系,弄清返修的真正原因,并用来制定行之有效的解决措施。

　　当然,绝对的一致是不可能的。如果汽车生产企业与经销商分类法的一致性很高(>90%),那么可以认为双方调研结果的回答正确,并且可以作为制定解决方案的措施;如果一致性很低,则分析团队需了解弄清各种情况,直到统一为止。

单元四　提高客户满意度路径分析

【案例介绍】

　　某客户于两周前进行了 6 万千米的保养。经销商除了保养之外并未做其他修理。服务人员告诉客户汽车功能完好,一切正常,然而之后没几天客户就发现水温报警。

客户第二次前往经销商处进行检测，但是服务人员也很快向客户保证，车辆没有任何问题，一切正常。但是水温在两天后再次报警。这使客户很生气，他认为在第一次投诉时汽车故障并未排除，因为故障是在 6 万千米的保养后出现的，所以经销商应该对此负责，经销商没有认真做保养。

刚开始客户只是尽情地发泄心中的怒气，非常激动，之后他意识到自己来的目的不是为了发泄愤怒，而是前来投诉，要求赔偿的，并希望服务人员尽快解决这个问题，或者至少应该对汽车出现的问题给出一个合理的解释。

提高客户满意度，使其为企业创造更大的利润空间，应该是各个汽车生产行业都十分关心的问题。只要我们信任和尊重客户，真诚地视客户为朋友，给客户以"可靠的关怀"和"贴心的帮助"，那么就可能赢得客户的满意。

【知识点】

一、提高客户感受与客户满意度

1. 加强经销商网络服务组织与管理、提升客户满意度

1) 宏观的经销商服务组织管理

经销商网络建设一般是生产厂家提供统一的建筑标准，提供统一的形象建设标准及标识标准，对其贯彻先进的管理模式，免费提供技术培训、管理培训、索赔培训、备件培训及计算机业务培训，提供疑难维修技术支持，提供技术资料、管理资料，统一订购专用工具、仪器设备，指导通用工具订购，提供电子信息服务系统网络及经销商内部管理软件，免费提供产品宣传及服务宣传资料，授权开展售前准备、首保及索赔业务，并帮助经销商开展服务营销。

例如，一汽大众汽车有限公司遍及全国的统一形象、统一标识的 500 余家经销商，曾经让德国奔驰总裁羡慕不已地说了一句心里话："中国的大众就是德国的奔驰。"这足以说明经销商网络建设的重要性。这是一汽大众始终贯彻德国大众同一星球、统一品牌、统一标准的成果。正是在这一方针的指导下，在全体经销商的共同努力下，一汽大众汽车有限公司的网络服务功能日益完善，基础工作扎实稳健，服务盈利、抗风险能力日益增强。

经销商的服务组织与管理说大也大，说小也小。从小的方面来说，走进经销商展厅内只看一下卫生间，即可大致判断出服务水平；大的方面讲的是服务理念。各个经销商的服务理念导致经销商自觉地开展特色服务营销，使得经销商为缓解库存压力积极开展服务营销活动的意识越来越强列。

2) 经销商服务组织的微观管理

(1) 服务承诺的诞生。服务承诺是售后服务部门为体现客户关怀，落实服务标准的兑现，并经过经销商承诺的方法向客户公示其服务特色的一种表现形式。例如，对于一汽大众汽车有限公司的经销商来说，面对德国大众的售后服务核心流程，针对中国市场的复杂性与多样性，经销商的把握和理解程度都会有很大的差异，所以执行结果也不尽如人意。为了充分体现"严谨就是关爱"的售后服务理念，体现客户关怀，一汽大众汽车有限公司根据客户满意度调研(CSS)中的弱项及服务核心流程的执行情况，制订了一套简单易行的提

高客户满意度的解决方案，即"九个一"的服务承诺。通过"九个一"的服务承诺可使服务核心流程和客户满意度调研(CSS)的结果在服务承诺方案中实现闭环的管理与控制，是客户满意的依据与保障。

体现"严谨就是关爱"服务品牌的"九个一"承诺如下：

- 将在一分钟内接待客户。
- 给客户提供一个公开、透明的价格标准。
- 维修前，为客户提供一套完整的维修方案。
- 为客户提供一个舒适整洁的休息空间。
- 将按照约定在第一时间交付客户的爱车。
- 维修后，为客户解释在本店的一切消费内容。
- 每次来店将免费为客户洗车一次。
- 为客户提供原厂备件 1 年或 10 万千米的质量担保(先达为准，易损件除外)。
- 为客户的爱车提供专业的一天 24 小时救援服务保障。

从上面的内容可以看出，这几项内容并不复杂，不难做到，可恰恰是这些细节在客户满意度调研(CSS)中丢分较多。

(2) 细节决定成败，落实是关键。一汽大众汽车有限公司要求经销商将上述"九个一"服务承诺，以目视版的形式公示出来，确保客户直观、清晰地阅览服务承诺。经销商根据实际情况制定相应的服务承诺细则，并应按服务承诺细则的内容要求从软件、硬件上符合标准，真正体现客户关怀。经销商管理人员不定期进行服务承诺的监督与检查。客户服务中心调查经销商服务承诺执行情况，根据调查结果，给予经销商相应的奖惩。

2. 超越客户满意、实现客户欣喜方案的设计

尽管各个汽车生产企业的售后服务核心流程在国内都能得到更好的普及与发展，并且汽车生产企业的产品质量在不断提高，客户满意度分值也在上升，但国际满意度调研组织 J.D.Power 调研的结果却不理想，甚至下滑速度非常快。无论是公认的调研组织 J.D.Power，还是汽车生产企业自身的客户满意度 CSS 数据分析显示，客户满意度数值还在逐年提高。这就体现了一方面竞争在加剧，竞争对手在提高；另一方面客户的需求在提高。因此，服务的组织管理方式必须创新才能为客户带来高附加值的客户满意。一汽大众汽车有限公司在这方面做了许多探索，在新的竞争形势下改变服务组织现状，为客户提供更好的服务势在必行。

1) 客户欣喜方案设计

从上面的分析可以看出，客户需求提升的速度已经超过了服务发展的速度。传统的服务需要改进，单纯的客户满意已经不能满足于现在的市场发展需求，需要实现超越客户满意的境界。

为了进一步稳固在中国汽车市场上的地位，提高市场竞争力，一汽大众汽车有限公司售后服务的新目标是为客户提供令人欣喜的售后服务体验。

如何才能创造欣喜呢？可从以下方面着手：能够为客户传递品牌所赋予的历史、荣誉和传统的信息；具有能够满足客户预期的人员、产品和服务；让客户能够感觉到独一无二的、富有荣誉感的和强烈的心理满足感；销售和服务过程中体现出创意、创造性、独特性

及高技术含量、高精确性、高品质；具备专业的、思路清晰的、具有吸引力的销售和服务人员；关注细节，让客户有家的感受；将客户当作客人一样对待，只有尊敬和欢迎，从不施加压力；在接到客户来电时能够高效地进行解答和回应；满足客户需求，包括那些未明确表达的需求。

2) 客户欣喜方案内容

客户欣喜方案，也就是在现在核心流程的基础上，加入时代元素，营造客户想象之外的满意，力图超越满意、创造欣喜。

(1) 打造一流的客户体验服务流程。整合各行业世界一流客户服务标准，以"客户至上"的理念为指导优化现有的工作内容，并加入各种新颖的工作形式。本土化改良德国特色的核心服务流程能够更准确地满足中国消费者的需求。

(2) 欣喜之旅——优化后的服务流程。经销商工作人员与客户的每一次接触都是创造客户欣喜的机会。客户感到欣喜是因为接受到意想不到的创新的工作方式超出了他们的期望，这就需要经销商工作人员在细节上表现出与众不同，从而让客户感觉到更出色。对比目前的表现和客户的期望值，只要超越客户的期望，就会创造客户欣喜，这样能带来更多的忠实客户，而他们又会向朋友和家人推荐该服务品牌。优化后的具体流程如下。

● 服务前：经销商客户保留和集客活动(推陈出新，打动我心)。

● 服务开始：服务预约(预约安排，想我所想)、接待与预检(热情接待，预检我车)、服务需求确认及评估(需求分析，确认我意)。

● 服务进程：车辆维修(专业细致，修我爱车)、客户关怀和信息交流(沟通信息，安慰我心)。

● 服务交付：服务交车(高效周到，交还我车)。

● 服务跟踪：致谢并确定客户欣喜措施(售后关怀，令我欣喜)。

二、提高服务意识与客户满意度

为了保证提升客户满意度方案的顺利、有效实施，充分调动售后服务人员的工作热情，汽车生产企业会设计一整套的奖励措施，同时还对经销商开展现场辅导工作，从而促进经销商服务人员对提高客户满意度方案的理解和执行。

1. 服务满意度的奖金激励

1) 服务满意度奖金激励的目的

(1) 通过经济利益的正向激励，促进改善返修率，提高客户满意度。由于服务顾问对返修率的影响最大，因此针对服务顾问设定客户满意度奖金。

(2) 有针对性地表扬和表彰少数最佳服务人员，并以实际情况证明可以实现质量提高目的，带动服务顾问全体综合服务能力的提高。

2) 服务满意度正向激励的总体条件和前提

对每个服务顾问服务质量指标的评定应可信，且最佳服务顾问的评定受到广泛认可。注意评定过程一定要透明清晰，并且可以有针对性地进行一段时间的跟踪评比。为力求达到客观真实，最低要求是每年每个售后服务企业抽样 60 次客户满意度对话。具体实施步骤如下。

(1) 确定评定标准和评定期限。将评定中受奖励人员的数量限制在较低的范围内，并找出一个相对简单的计算方法。生产厂家可按季度评定经销商平均满意度情况，并予以适当奖励；同时，经销商可以月为周期，评定服务顾问满意度情况，并颁发满意度优胜奖和满意度进步最快奖。

另外，要注意那些可以优化客户满意度，与售后服务质量、降低返修率有关的评定要素。这些评定要素及权重如下：
- 服务顾问评定标准的权重可设定为返修率(50%)。
- 交车时对所做的工作加以说明(10%)。
- 深入了解客户的需求和愿望(10%)。
- 维修站工作正确(10%)。
- 客户联系指数(20%)。

为保证将评定中受奖励人员的数量限制在较低的范围，可将表彰条件设定为服务顾问激励条件，即
- 接车返修率排名最前的 40% 的服务顾问。
- 客户满意度排名最前的 40% 的服务顾问。

同时具备这两个条件的人员可以认为是经销商网络内有代表性的服务顾问，可进入激励范围，从而达到树立样板、激发服务顾问群体的目的。

(2) 确定奖励等级，具体内容如下。

① 确定整体激励预算：奖金分配计划与两个因素有关，即需要表彰的服务顾问的数量(一般比例为 30%)和最高奖金额度(月工资的 50%～150%)。

② 确定获奖服务顾问的数量：经销商要使每个售后服务顾问都了解奖励激励措施的存在，因此至少排名前 30% 的售后服务顾问都应获得过奖励。

为了确保奖金确实能够颁发，应根据各地服务顾问月工资的实际水平确定奖金的数量下限为月工资的 50%，上线为税前月工资的 150%。

对于结构明显多样性的经销商，他们可能存在多品牌经营，不可避免地存在复杂的跨品牌竞争。这种情况可以根据需求的不同进行奖励方案的培训。在准备期就确定奖金的数量，以便能让员工对奖励制度有一个正确的理解。确定一个基准作为下限以及一个最大额度上线，然后分配剩下的预算，使每一级的奖金都以一定比例上升(例如，奖励排名最前的 100 名售后服务顾问，可以在基准的基础上以 1.5% 的比率递增每一级的奖金)。

③ 奖励扩展方案：为了能够在表彰最佳售后服务顾问的同时，还能嘉奖上一年进步最大的售后服务人员，也可以将评比由最佳(根据排名)转化为进步最大，以鼓励新入职或长期处于偏后的服务顾问的进步。这种评比可以每年度 1 次。

(3) 注意激励方案客观合理，注重交流。汽车生产企业的售后服务部门，可邀请最优秀的经销商的售后服务部门的主管，参加售后服务营销年会，并在这个一年一度的总结大会中，进行相应表彰奖励和经验交流。

另外，还可以定期交流服务顾问的最新排名，可包括全国排名、大区排名、小区排名，乃至经销商内部排名，让竞争与激励深入到每家经销商的每个服务顾问的各个工作环节。必要时可定期举办区域性经验交流会，在物质激励的基础上强化精神激励的作用。

2．服务技术竞赛激励

这里的服务技术竞赛是广义的，既包括每年一度的服务技术锦标赛，也包括日常工作考评中的服务技术竞赛。其目的都是通过竞赛的方式，正向激励少数经销商及其售后服务领域业绩突出的优胜者，树立标杆，以促进经销商领导重视技术、尊重人才、提高服务意识，并激发服务技术人员钻研技术、用心服务，进而为客户创造欣喜。售后服务竞赛是一种综合的激励措施，具体分为以下两种方式。

① 第一种售后服务竞赛是有针对性地激励企业所有者、服务技师、服务顾问及备件工作人员努力工作，进而降低返修率，为客户创造欣喜。近年来各汽车生产企业普遍举行各种服务技术锦标赛，如德国大众每年都会组织全球范围内的服务与技术双杯竞赛。作为竞赛的一部分，各子公司都要组织经销商的服务顾问、技术精英以及备件业务人员，全员参与竞赛考核。如一汽大众汽车有限公司、上海大众汽车有限公司、大众(中国)汽车有限公司都会在预赛中选择成绩优异的选手，参加全国统一性的复赛。复赛中取前 10%参加本系统年度决赛，其中优胜者可得到丰厚的奖金或实物奖励，又可获得参加德国的世界锦标赛总决赛及颁发仪式的资格。

为激励服务技术人员提高服务技术能力，近年来奖金额度不断上升，如一汽大众 2011 年国内技术锦标赛冠军个人及团队获得 15 万元现金奖励，并获得免费参加德国总决赛及欧洲 8 国游的奖励；亚军个人获得 3 万元现金奖励；季军个人获得 1.5 万元现金奖励；亚军及季军团队获得国内四川省九寨沟、黄龙免费旅游奖励；2011 年国内服务和技术优胜者各获得新宝来轿车一辆，二等奖 6 万元现金、三等奖 3 万元现金、参与奖 5000 元现金的奖励。

不仅如此，在奖金发放细则上也实现了培养人才、用好人才、留住人才的售后服务长远战略。因此，个人获得奖励金额要分 3 年支付，每年需要经销商提供该员工在职证明和发票，这基本保证经销商培养出的人才 3 年内不会流失，也是实现更好的服务、创造更多欣喜的基础。

② 第二种售后服务竞赛是指对经销商售后服务组织与管理水平及整体运营质量定期进行综合性评价，并评出运行良好的经销商，从而进行正向激励的一种常态性的服务组织与管理能力竞赛。例如，德国大众集团已在欧洲推行欧洲大众汽车售后服务质量奖(European Volkswagen Service Quality Award)。它根据 CSS 结果(或具有等同性的分析结果)奖励欧洲排名前 100 位的售后服务企业。实践证明，该措施对创造和实现客户欣喜起到了重要的作用。

3．企业现场指导

1) 全面企业辅导

全面企业辅导是指来自第三方或主机厂的资深培训师，随同经销商企业管理人员深入企业售后服务组织与管理实践中，从售后服务核心流程的各个工作过程中发现缺点与不足，挖掘出创造客户超越满意的因素，再通过现场总结会的方式予以纠正或校准的全过程。这种辅导可及时发现经销商个性化的服务组织与管理方面的问题，一般可以以 1 年为周期循环进行，以达到持续改进的目的。

这种辅导方式特别适合由于售后服务核心流程的实施度不足而导致客户返修抱怨的经

销商。但辅导周期要缩短，甚至应用一种新的引领式帮扶活动。即在新建的经销商服务网点开业初期，汽车生产企业派经验丰富的管理人员实施一定时间的伴随服务，由指导下工作逐渐转为带领式工作，最后到引领式开展业务。

(1) 全面企业辅导的目的。通过有效实施售后服务核心流程或识别并排除已有的售后服务核心流程中的薄弱环节，并且与经验丰富的售后服务核心流程专家进行交流，确保能够持续改善返修率。这是售后服务领域客户满意度能够整体提高的基础，也是原装零部件以及附件销售环节中补救功能不断提高的基础。所以此项工作是提高客户满意度和售后服务盈利能力的有效手段，也是实现客户超越满意的基石。

(2) 全面企业辅导的总体条件和前提。根据客户满意度分析(例如 CSS)的结果，参考售后服务企业返修率来决定哪些环节需要接受辅导。

对于参与这项辅导的企业来说，人员与经济上的要求都很高。费用可从汽车生产企业给经销商的奖励费用中全部或部分支出。例如，2011 年一汽大众汽车有限公司出资聘请北京先锋公司，对服务网络中服务满意度排名前 100 家的优秀经销商进行免费的企业现场辅导。企业中的辅导参与者必须在相应岗位稳定工作 1 年以上，故不适合为那些人员尚不确定的新经销商进行全面辅导。

培训师必须具备较高的业务能力，以及对所执行的特有流程十分了解。因此，应分别由两个不同的培训师负责业务接待能力和组织机构流程这两个主题的辅导。要求服务总监、服务经理、技术经理在场，并认真为所发现的不合格项立即制定措施予以改正，而为扣分项选定负责人，以进行持续优化和改进。

(3) 全面企业辅导的实施步骤如下：

① 培训师沿着售后服务核心流程进行结构化的盘点，从中发现流程问题。

② 经销商、管理层一起分析问题，以找出经销商可以接受的解决方案。

③ 辅导包括从预约开始直到最后交还车辆这一系列工作，以改善售后服务企业中流程化的细节工作。

④ 现场直接培训售后服务员工，改善交流方式。

2) 细化的企业辅导

细化的企业辅导就是针对各个售后服务企业所制定的独立的流程咨询。这种咨询分为两种，如果组织机构流程范围内只有某个因素比较薄弱，则这种咨询就特别适用于优化这一范围；如果分析结果表明需要改善多个成功参数，则需要进行全面的企业辅导。

(1) 细化的企业辅导的目的。根据评定分析找出成功参数，可以了解和处理各个经销商与客户满意度和返修相关的、最重要的薄弱环节，并由此降低返修率。

(2) 细化的企业辅导的总体条件和前提。经销商中的工作流程具有一定的结构，并且是有组织的，可以针对这些工作流程展开细化的企业辅导计划。以 CSS 或其他类似评定结果为基础，通过分析找出各个市场的成功参数。

(3) 细化的企业辅导的实施步骤。通过统计分析结果，根据各个参数改善返修率的程度，识别出各个市场中的成功参数，并将这个评分值与非常满意度客户反馈比较，由此找出改善措施的着手点。

辅导措施的重点内容，需要与区域市场特色取得一致才能确定，并沿着售后服务核心流程步骤继续细化。针对这个主题应单独进行辅导、交流。每个售后服务核心流程中的辅导措施如表 7-3 所示。

表 7-3　核心流程中的辅导措施

售后服务核心步骤流程	可能的培训重点
预约	● 改进预约调配(使用电子预约规划系统,把难解决的问题安排在高峰期以外); ● 遵循"电话预约"的清单要求; ● 预约时询问客户有关附加工作的情况; ● 对服务人员进行有关预约的强化培训
准备工作	● 特别记录返修率; ● 建立 DISS 信息; ● 检查车辆历史记录; ● 更好地调配物流以及备件
接受车辆/制作订单	● 使用"交谈"清单; ● 改善沟通方式,对工作进行说明; ● 与客户一起进行分析试驾; ● 将客户的谈话内容记录在任务单上; ● 在车辆旁完成直接验收工作; ● 在车辆旁进行检验程序操作
维修	● 详细记录订单扩展服务项目; ● 任命负责的技师; ● 改进 EISA 和 TPL 的系统应用; ● 技术培训; ● 维修车间装配
质量检查	● 每次交车前进行试驾; ● 每次交车前由服务顾问进行最终审核
交车/结账	● 通过服务顾问改进账单说明; ● 引入账单检查流程

4．客户沟通技巧辅导

专业的沟通对于售后服务质量(特别是对返修率)和客户满意度的影响是非常显著的,也是创造客户欣喜的关键所在。通过对经销商进行客户沟通技巧辅导,可以显著改善经销商与客户沟通的状况。在沟通辅导中,将探讨一些实用的创造客户欣喜的技巧,使服务顾问很快就可以在实践中运用这些技巧,从而最大限度地为客户创造欣喜。

改善售后服务企业与客户沟通的状况,特别是在预约时间及接收和交付车辆的"关键时刻"。如接收车辆时对维修站工作加以说明,深入了解客户的需求/愿望,交车时对工作/账单加以说明。

同时,有针对性地找出可以降低返修率的沟通元素。根据企业的规模,通过以上的分析可以快速开始客户沟通技巧辅导。

客户间的作用与影响，对服务组织与管理也是一个至关重要的因素。永远不变的真理就是客户满意所能影响的群体和放大的范围，永远比不上不满意的影响。因此，在与客户沟通的环节一定要掌握"先保证不犯错误，再伺机创造欣喜"的原则。

三、客户关怀与衍生服务

汽车生产企业为了提高客户的满意度，会从多角度为客户提供客户关怀，还会从多方面为客户提供汽车贷款、汽车保险、汽车租赁、二手车评估等衍生服务。

1．客户关怀的概念

从时间上看，客户关怀活动包含在售前、售中、售后的客户体验的全部过程。售前的客户关怀会加速企业与客户之间关系的建立，为鼓励和促进客户购买产品或服务起到催化剂的作用；售中的客户关怀则与企业提供的产品或服务紧紧地联系在一起，包括订单的处理以及各种有关销售的细节都要与客户的期望相吻合，以满足客户的需求；售后的客户关怀活动则集中于高效地跟进和圆满地完成汽车的维修和保养的相关步骤，以及围绕着产品、客户进行关怀、提醒或建议、追踪，最终达到汽车生产企业、经销商与客户的互动。汽车生产企业对产品、客户及其变化趋势若有很好的把握，则能为企业进一步的产品升级、客户拓展起到积累资料的作用。售后服务的跟进和为客户提供有效的关怀，可以大大增强客户对产品和企业(汽车生产企业和经销商)的忠诚度，使客户能够重复购买企业的产品和服务。

为了高效处理客户投诉、缓解客户抱怨、提高客户满意度，经销商必须要配合汽车生产企业的售后服务部门和客户关怀部门共同处理客户的投诉和抱怨，达到客户满意或者是欣喜的程度。

2．客户关怀措施

不同的汽车生产企业应根据自身产品的特点，制定自己的关怀策略。每个汽车生产企业应该针对不同规模、贡献、层次、地区，甚至民族、性别，采取不同的策略。从关怀频度、关怀内容、关怀手段、关怀形式上制定计划，落实客户关怀措施。下面重点介绍汽车生产企业为客户提供的善意补偿款和优惠索赔措施。

1) 善意补偿款

善意补偿款是汽车生产企业为了处理重大客户投诉而产生的相关费用。善意补偿款包括赔偿客户损失及诉讼等发生的直接费用，但不包括连带费用。应急处理时，一般由汽车生产企业的技术团队现场确认后，由经销商第一时间为汽车生产企业垫付给客户，再由经销商向汽车生产企业申报。

2) 优惠索赔

根据客户的特殊性，为客户办理优惠索赔，解决超过质量担保期的敏感客户(新闻谋体记者、VIP、大客户及挑剔客户等)的抱怨，从而提高客户满意度。

(1) 优惠索赔的范围。敏感客户车辆在超过质量担保期发生的、由于质量问题导致的车辆故障，汽车生产企业承担车辆的维修费，但不包含任何其他额外的补偿。

(2) 优惠索赔的内容如下：

① 客户向经销商提出优惠索赔的请求。

② 经销商服务总监初审索赔请求是否符合优惠索赔的条件并请示汽车生产企业的现场服务代表，经过现场服务代表核实并确认客户车辆状况后，联系区域的现场技术经理进行技术确认。

③ 现场技术经理鉴定车辆是否属于质量问题，尽快将鉴定结果反馈给现场服务代表。

④ 对于可办理优惠索赔的车辆，现场服务代表通知经销商的服务总监赶写《优惠索赔审批表》，在经销商鉴定结果处标明索赔金额(汽车生产企业不承担连带责任)。

⑤ 经过现场技术经理和现场服务代表签字确认后，由汽车生产企业售后服务部门的相关人员对优惠索赔进行技术审核，审核合格后交给索赔人员处理并存档。

⑥ 对于审批合格的优惠索赔，现场技术经理负责将结果通知现场服务代表。

⑦ 汽车生产企业的索赔人员依据《优惠索赔审批表》进行优惠索赔结算，这项费用由汽车生产企业承担。

⑧ 自然灾害造成的车辆损坏，由经销商负责解决客户的抱怨。

总之，客户关怀管理真正体现了"以客户为中心"、"以营销为整体"的现代企业经营理念，是企业市场营销系统的重要组成部分，也是企业打造持续的市场竞争力、实现可持续发展的基本要求。

3. 衍生服务

衍生服务是指不包括新车销售的商业活动，如汽车信贷、汽车保险、数据库营销、汽车租赁、二手车业务等。例如，一汽大众销售有限责任公司与一汽财务、大众金融、商业银行、保险公司、汽车租赁公司、二手车评估公司等合作伙伴共同创建衍生服务平台，为经销商及终端客户提供一系列衍生服务产品或专案。

1) 衍生服务的目的

汽车生产企业指导经销商充分利用其建立的衍生服务平台，开展汽车信贷、汽车保险、数据库营销、汽车租赁及二手车业务等衍生业务，扩大经销商的盈利空间，提升经销商的满意度及终端客户的忠诚度。

2) 衍生服务各部门的职责

(1) 汽车生产企业的衍生服务部。此部门负责汽车生产企业的衍生服务产品的开发及推广，通过与金融公司、商业银行、保险公司、二手车评估公司和汽车租赁公司等合作伙伴的合作，建立汽车衍生服务平台，执行、指导、监督、评估并激励经销商开展衍生业务。

(2) 经销商。经销商按照汽车生产企业衍生服务部的管理规定和要求，充分利用汽车生产企业提供的衍生服务平台，开展衍生业务，充分满足终端客户对衍生产品的不同需求。

(3) 销售顾问。其负责衍生产品的推荐及销售。

(4) 衍生服务顾问(车贷/保险/租赁/二手车)。其负责终端客户的汽车信贷、汽车保险、汽车租赁、二手车业务等衍生产品的咨询、销售、业务手续办理和客户关怀等工作，其直属上级为经销商衍生服务经理。

(5) 衍生服务经理。其负责经销商汽车信贷、汽车保险、数据库营销、汽车租赁及二手车业务等汽车衍生业务，其直属上级为经销商销售总监。经销商在衍生业务规模小的情况下，可兼任衍生服务顾问业务。

学习任务

课题		某一品牌汽车客户满意度提升案例分析	
时间		调研企业	
调研人员：			
调研描述及收获：			
教师评价：			

附录　汽车维修企业用到的法律、法规、标准(简介)

一、中华人民共和国道路运输条例

《中华人民共和国道路运输条例》经国务院第 48 次常务会议讨论通过，并于 2004 年 7 月 1 日起施行。条例对规范道路运输活动，维护道路运输市场秩序，保障道路运输安全，保护道路运输各方面当事人的合法权益，促进道路运输业的健康发展，具有重要意义。条例中与汽车维修企业有关的条款有：

第三十八条　申请从事机动车维修经营的，应当具备下列条件：

(一) 有相应的机动车维修场地。

(二) 有必要的设备、设施和技术人员。

(三) 有健全的机动车维修管理制度。

(四) 有必要的环境保护措施。

第四十四条　机动车维修经营者应当按照国家有关技术规范对机动车进行维修，保证维修质量，不得使用假冒伪劣配件维修机动车。

机动车维修经营者应当公布机动车维修工时定额和收费标准，合理收取费用。

第四十五条　机动车维修经营者对机动车进行二级维护、总成修理或者整车修理的应当进行维修质量检验。检验合格的，维修质量检验人员应当签发机动车维修合格证。

机动车维修实行质量保证期制度。质量保证期内因维修质量原因造成机动车无法正常使用的，机动车维修经营者应当无偿返修。

机动车维修质量保证期制度的具体办法，由国务院交通主管部门制定。

第四十六条　机动车维修经营者不得承修已报废的机动车，不得擅自改装机动车。

第六十六条　违反本条例的规定，未经许可擅自从事道路运输站(场)经营、机动车维修经营、机动车驾驶员培训的，由县级以上道路运输管理机构责令停止经营；有违法所得的，没收违法所得，处违法所得的 2 倍以上 10 倍以下的罚款；没收违法所得或者违法所得不足 1 万元的，处 2 万元以上 5 万元以下的罚款；构成犯罪的，依法追究刑事责任。

第七十一条　违反本条例的规定，客运经营者、货运经营者不按规定维护和检测运输车辆的，由县级以上道路运输管理机构责令改正，处 1000 元以上 5000 元以下的罚款。

违反本条例的规定，客运经营者、货运经营者擅自改装已取得车辆营运证的车辆的，由县级以上道路运输管理机构责令改正，处 5000 元以上 2 万元以下的罚款。

第七十三条　违反本条例的规定，机动车维修经营者使用假冒伪劣配件维修机动车，承修已报废的机动车或者擅自改装机动车的，由县级以上道路运输管理机构责令改正；有违法所得的，没收违法所得，处违法所得 2 倍以上 10 倍以下的罚款；没有违法所得或者违法所得不足 1 万元的，处 2 万元以上 5 万元以下的罚款，没收假冒伪劣配件及报废车辆；情节严重的，由原许可机关吊销其经营许可；构成犯罪的，依法追究刑事责任。

第七十四条　违反本条例的规定，机动车维修经营者签发虚假的机动车维修合格证，由县级以上道路运输管理机构责令改正；有违法所得的，没收违法所得，处违法所得 2 倍以上 10 倍以下的罚款；没有违法所得或者违法所得不足 3000 元的，处 5000 元以上 2 万元以下的罚款；情节严重的，由原许可机关吊销其经营许可；构成犯罪的，依法追究刑事责任。

二、汽车维修质量纠纷调解办法

《汽车维修质量纠纷调解办法》于 1998 年 9 月 1 日起实施，是为维护汽车维修业的正常经营秩序，保障承、托修双方当事人合法权益，规范汽车维修质量纠纷调解工作。

(一) 总则

汽车维修质量纠纷调解是指在汽车维修质量保证期内或汽车维修合同约定期内，承修方与托修方因维修竣工出厂汽车的维修质量产生纠纷，双方自愿向道路运政管理机构申请进行的调解。县级以上地方人民政府交通行政主管部门所属道路运政管理机构负责纠纷调解工作。

(二) 纠纷调解申请的受理

1. 纠纷调解的条件

纠纷发生的时段限制为质量保证期或合同约定期内。

纠纷调解的范围限制为对维修竣工出厂汽车的维修质量产生的纠纷。

受理纠纷调解的先决条件为双方自愿申请调解。

2. 申请调解应提供的资料

包括申请调解方的名称；法定代表人的姓名、单位、地址、电话；当事人的姓名、单位、地址、电话；纠纷详细过程及申请调解的理由与要求的书面报告；汽车维修合同、维修竣工出厂合格证、汽车维修费用结算凭证等其他必要的资料。

3. 填写《汽车维修质量纠纷调解申请书》

道路运政管理机构应在接到申请书之后的 5 个工作日内，根据《调解办法》的规定，作出是否受理的答复意见。

4. 举证的要求

参加调解纠纷双方当事人均有举证责任，并对举证事实负责。

5. 保护当事汽车原始状态

这是调解质量纠纷的基本条件。

(三) 技术分析鉴定

1. 技术分析和鉴定的责任

技术分析和鉴定的责任由各级道路运政管理机构组织有关人员或委托有质量检测资格的汽车综合性能监测站进行。

2. 技术分析和鉴定人员应依据现场拆检记录、汽车维修原始记录和汽车维修合同、汽车使用情况以及其他有关证据，分析原因，得出结论，并填写《技术分析和鉴定意见书》。

(四) 质量事故的责任认定

应对维修中承、托双方发生的维修质量问题，通过调查、了解、技术鉴定等手段，认真划分双方责任。

(1) 承修方应承担的责任范围主要有：未按有关规定和标准，操作不规范，使用有质量问题的配件、油料或装前未经检验等。

(2) 托修方应承担的责任是：违反驾驶操作规程和汽车使用维护规定而发生的质量责任。

(五) 纠纷调解

1. 调解过程及要求

调解应以公开的方式进行。调解程序是由调解员根据有关技术标准和资料、技术分析鉴定书及当事方的陈述、质证、辩论，分析事故的原因，确定纠纷双方应负责任，调解各方应承担的经济损失。

2. 经济损失及承担

经济损失主要指直接经济损失，包括：

(1) 在质量事故中直接损失的机件、燃润料及其他车用液体、气体、材料等。

(2) 在返修工时费、材料费、材料管理费、辅助材料费、委外加工费、检测费等经济损失应由责任人按过失比例承担；对不能修复或没有修复价值的零部件按汽车折旧率和市场价格计算价值。

3. 终止调解的规定

在调解维修质量纠纷过程中，若出现了不利于纠纷调解工作继续进行下去的情况，允许终止调解。

4. 调解达成协议及履行

经调解达成协议的，道路运政管理机构应填写《汽车维修质量纠纷调解协议书》。调解达成协议的，当事人各方应当自行履行。达成协议后当事人反悔的或逾期不履行协议的，视为调解不成。

5. 调解费用的处理

质量纠纷调解过程中拆检、技术分析和鉴定的费用由责任方按照比例承担。

三、汽车维修合同实施细则

1. 合同的实施与监督检查

由各地道路运政管理机构和工商行政管理机关组织实施，并负责监督、检查。

2. 汽车维修合同签订的范围

汽车大修，主要总成大修，二级维护，维修预计费用在 1000 元以上的。

3. 合同签订的要求

承、托修双方必须按要求使用汽车维修合同示范文本。

合同必须按照平等互利、协商一致、等价有偿的原则依法签订，承、托修双方签章后生效。

承、托修双方根据需要可签订单车或成批汽车的维修合同，也可签订一定期限保修合同。

承修方在维修过程中，发现其他故障需要增加维修项目及延长维修期限时，应征得托修方同意后方可承修。

代订合同，要有委托单位证明，根据授权范围，以委托单位的名义签订，对委托单位直接产生权利和义务。

4. 合同的主要内容

承、托修双方的名称；签订日期及地点；合同编号；送修汽车的车种型号、牌照号、发动机型号(编号)、底盘号；维修类别及项目；预计维修费用；质量保证期；送修日期、地点、方式；交车日期、地点、方式；托修方所提供材料的规格、数量、质量及费用结算原则；验收标准和方式；结算方式及期限；违约责任和金额；解决合同纠纷的方式；双方商定的其他条款。

5. 合同的履行义务

汽车维修合同依法签订，具有法律效力，双方当事人应严格按合同规定履行各自的义务。

(1) 托修方的义务

按合同规定的时间送修汽车和接收维修竣工汽车；提供送修汽车的有关情况(包括送修汽车基础技术资料、技术档案等)；按合同规定的方式和期限交纳维修费用。

(2) 承修方的义务

按合同规定的时间交付修竣汽车；按照有关汽车修理技术标准(条件)修车，保证维修质量，向托修方提供竣工出厂合格证；建立承修汽车维修技术档案，并向托修方提供维修汽车的有关资料及使用的注意事项；按规定收取维修费用，并向托修方提供维修工时、材料明细表。

6. 合同的变更和解除

汽车维修合同签订后，任何一方不得擅自变更或解除。但是由于情况发生变化，在一定条件下是允许变更和解除合同的，当事人一方要求变更或解除维修合同时，应及时以书面形式通知对方。因变更或解除合同使一方遭受损失的，除依法可以免除责任的外，应由责任方负责赔偿。

7. 合同纠纷的处理

承、托修双方在履行合同中发生纠纷时，即在汽车维修经济活动中发生争议、争执时，应及时协商解决；协商不成时，任何一方均可向当地经济合同仲裁部门申请仲裁或直接向当地人民法院起诉。维修汽车在质量保证期内发生质量问题，当事人也可先到所在道路运政管理机构提请调解处理。

8. 违反《实施细则》的处理

凡属于汽车维修合同签订的范围而不签合同的，道路运政管理机构可对汽车维修企业予以警告和罚款，每次罚款额按实际发生或额定维修费用总额的 2%(至少 20 元)计。由此而引起汽车维修质量或经济方面纠纷的，道路运政管理机构不予处理。

维修企业凡不按规定签订合同的，道路运政管理机构责令维修企业整改。

四、营运车辆技术等级划分和评定要求(JT/T198—2004)

《营运车辆技术等级划分和评定要求》(JT/T198—2004)是对《汽车技术等级评定标准》(JT/T198—1995)和《汽车技术等级评定的检测方法》(JT/T195—1995)中营运车辆相应内容的修订。

本标准与 JT/T198—1995 和 JT/T199—1995 相对照的主要区别是:

修订后的标准将《汽车技术等级评定标准》(JT/T198—1995)和《汽车技术等级评定的检测方法》(JT/T199—1995)两项标准的内容合并。

"评定规则"中,取消了汽车使用年限的规定,取消了关键项、一般项及项次合格率的规定。

检测方法引用《营运车辆综合性能要求和检验方法》(GB18565—2001)。

评定技术要求是参照《营运车辆综合性能要求和检验方法》(GB18565—2001)等相关标准最新版本的有关规定编制的。

1. 范围

本标准规定了营运车辆技术状况等级的评定内容、判定规则、等级划分、评定项目和技术要求。本标准适用于营运车辆。

2. 规范性引用文件

下列文件中的条款通过本标准的引用而成为本标准的条款。

GB/T18276—2000 汽车动力性台架试验方法和评价标准。

GB18352 轻型汽车污染物排放限值及测量方法。

GB18565—2001 营运车辆综合性能要求和检验方法。

GB/T18566 运输车辆能源利用检测评价方法。

QC/T476 车辆防雨密封性限值。

3. 评定内容

评定营运车辆整车装备及外观检查、动力性、燃料经济性、制动性、转向操作性、前照灯发光强度和光速照射位置、排放污染物限值、车速表示值误差等。

4. 评定规则

(1) 评定原则:营运车辆应达到 GB18565 规定的要求。

(2) 等级划分:营运车辆技术等级分为一级、二级和三级。等级划分标准在《营运车辆技术等级划分和评定要求》(JT/T198—2004)中做了详细规定。

五、机动车维修管理规定(交通部令 2005 年第 7 号)

《机动车维修管理规定》于 2005 年 6 月 3 日经交通部第 11 次部务会议通过,自 2005 年 8 月 1 日起施行。本规定是为规范机动车维修经营活动,维护机动车维修市场秩序,保护机动车维修各方当事人的合法利益,保障机动车运行安全,保护环境,节约能源,促进机动车维修业的健康发展,根据《中华人民共和国道路运输条例》及有关法律、行政法规的规定制定的。凡从事机动车维修经营的,应当遵守本规定。规定中与汽车维修行业管理有关的主要内容如下。

(一) 经营许可

1. 申请从事汽车维修经营业务或者其他机动车维修经营业务的，应当符合下列条件：

(1) 有与其经营业务相适应的维修车辆停车场和生产厂房。租用的场地应当有书面的租赁合同，且租赁期限不得少于 1 年。停车场和生产房面积按照国家标准《汽车维修业开业条件》(GB/T16739)相关条款的规定执行。

(2) 有与其经营业务相适应的设备、设施。所配备的计量设备应当符合国家有关技术标准要求，并经法定检定合格。从事汽车维修经营业务的设备、设施的具体要求按照国家标准《汽车维修业开业条件》(GB/T16739)相关条款的规定执行；从事其他机动车维修经营业务的设备、设施的具体要求，参照国家标准《汽车维修业开业条件》(GB/T16739)执行，但所配备设施、设备应与其维修车型相适应。

(3) 有必要的技术人员。

① 从事一类和二类维修业务的应当各配备至少 1 名技术负责人员和质量检验人员。技术负责人员应当熟悉汽车或者其他机动车维修业务，并掌握汽车或者其他机动车维修检测作业规范，掌握汽车或者其他机动车维修故障诊断和质量检验的相关技术，熟悉汽车或者其他机动车维修服务收费标准及相关政策法规和技术规范。技术负责人员和质量检验人员总数的 60%应当经全国统一考试合格。

② 从事一类和二类维修业务的应当配备至少 1 名从事机修、电器、钣金、涂漆的维修技术人员；从事机修、电器、钣金、涂漆的维修技术人员应当熟悉所从事工种的维修技术和操作规范，并了解汽车或者其他机动车维修及相关政策法规。机修、电器、钣金、涂漆维修技术人员总数的 40%应当经全国统一考试合格。

③ 从事三类维修业务的，按照其经营项目分别配备相应的机修、电器、钣金、涂漆的维修技术人员；从事发动机维修、车身维修、电气系统维修、自动变速器维修的，还应当配备技术负责人员和质量检验人员。技术负责人员、质量检验人员及机修、电器、钣金、涂漆维修技术人员总数的 40%应当经全国统一考试合格。

(4) 有健全的维修管理制度。包括质量管理制度、安全生产管理制度、车辆维修档案管理制度、人员培训制度、设备管理制度及配件管理制度。具体要求按照国家标准《汽车维修业开业条件》(GB/T16739)相关条款的规定执行。

(5) 有必要的环境保护措施。具体要求按照国家标准《汽车维修业开业条件》(GB/T16739)相关条款的规定执行。

2. 从事危险货物运输车辆维修的汽车维修经营者，除具备汽车维修经营一类维修经营业务的开业条件外，还应当具备下列条件：

(1) 有与其作业内容相适应的专用维修车间和设备、设施，并设置明显的指示性标志。

(2) 有完善的突发事件应急预案包括报告程序、应急指挥以及处置措施等内容。

(3) 有相应的安全管理人员。

(4) 有齐全的安全操作规程。

规定中所称危险货物运输车辆维修，是指对运输易燃、易爆、腐蚀、放射性、剧毒等性质货物的机动车维修，不包含对危险货物运输车辆罐体的维修。

3. 申请从事机动车维修经营的，应当向所在地的县级道路运输管理机构提出申请，并提交下列材料：

(1)《交通行政许可申请书》。

(2) 经营场地、停车场面积材料、土地使用权及产权证明复印件。

(3) 技术人员汇总表及相应职业资格证明。

(4) 维修检测设备及计量设备检定合格证明复印件。

(5) 规定中规定的其他相关材料。

4. 道路运输管理机构对机动车维修经营申请予以受理的，应当自受理申请之日起 15 日内做出许可或者不予许可的决定。符合法定条件的，道路运输管理机构做出准予行政许可的决定，向申请人开出《交通行政许可决定书》，在 10 日之内向被许可人颁发机动车维修经营许可证件，明确许可事项；不符合法定条件的，道路运输管理机构做出不予许可的决定，向申请人开出《不予交通行政许可决定书》，说明理由，并告知申请人享有依法申请行政复议或者提起行政诉讼的权利。

机动车维修经营者应当持机动车维修经营许可证件依法向工商行政管理机关办理有关登记手续。

5. 申请机动车维修连锁经营服务网点的，可由机动车维修连锁经营企业总部向连锁经营服务网点所在地县级道路运输管理机构提出申请，提交下列材料，并对材料真实性承担相应的法律责任：

(1) 机动车维修连锁经营企业总部机动车维修经营许可证件复印件。

(2) 连锁经营协议书副本。

(3) 连锁经营的作业标准和管理手册。

(4) 连锁经营服务网点符合机动车维修经营相应开业条件的承诺书。

道路运输管理机构在查验申请资料齐全有效后，应当场或在 5 日之内予以许可，并发给相应许可证件。连锁经营服务网点的经营许可项目应当在机动车维修连锁经营企业总部许可项目的范围内。

6. 机动车维修经营许可证件实行有效期制。从事一、二类汽车维修业务和一类摩托车维修业务的证件有效期为 6 年；从事三类汽车维修业务、二类摩托车维修业务及其他机动车维修业务的证件有效期为 3 年。

机动车维修经营许可证件可由各省、自治区、直辖市道路运输管理机构统一印制并编号，县级道路运输管理机构按照规定发放和管理。

机动车维修经营者应当在许可证件有效期满 30 日到做出原许可决定的道路运输管理机构办理换证手续。

机动车维修经营者变更许可事项的，应当按照本章有关规定办理行政许可事宜。

机动车维修经营者变更名称、法定代表人、地址等事项的，应当向做出原许可的道路运输管理机构备案。

机动车维修经营者需要终止经营的，应当在终止经营前30日告知做出原许可决定的道路运输管理机构，办理注销手续。

(二) 维修经营

1. 机动车维修经营者应当按照经批准的行政许可事项开展维修服务。

2. 机动车维修经营者应当将机动车维修经营许可证件和《机动车维修标志牌》悬挂在

经营场所的醒目位置。

3. 机动车维修经营者不得擅自改装机动车，不得承修已报废的的机动车，不得利用配件拼装机动车。托修方要改变机动车车身的颜色，更换发动机、车身和车架的，应当按照有关法律、法规的规定办理相关手续，机动车维修经营者在查看相关手续后方可承修。

4. 机动车维修经营者应当加强对从业人员的安全教育和职业道德教育，确保安全生产。机动车维修从业人员应当执行机动车维修安全生产操作规程，不得违章作业。

5. 机动车维修产生的废弃物，应当按照国家的有关规定进行处理。

6. 机动车维修经营者应当公布机动车维修工时定额和收费标准，合理收取费用。

机动车维修工时定额可按各省机动车维修协会等行业中介组织统一制定的标准执行，也可按机动车维修经营者报所在地道路运输管理机构备案后的标准执行，也可按机动车生产厂家公布的标准执行。当上述标准不一致时，优先使用机动车维修经营者备案的标准。

机动车维修经营者应当将其执行的机动车维修工时单价标准报所在地道路运输管理机构备案。

7. 机动车维修经营者应当使用规定的结算票据，并向托修方交付维修结算清单。维修结算清单中，工时费与材料费应分项计算。维修结算清单格式和内容由各省级道路运输管理机构制定。

机动车维修经营者不出具规定的结算票据和结算清单的，托修方有权拒绝支付费用。

8. 机动车维修连锁经营企业总部应当按照统一采购、统一配送、统一标识、统一经营方针、统一服务规范和价格的要求，建立连锁经营的作业标准和管理手册，加强对连锁经营服务网点经营行为的监管和约束，杜绝不规范的商业行为。

(三) 质量管理

机动车维修实行竣工出厂质量保证期制度。汽车和危险货物运输整车修理或总成修理质量保证期为车辆行驶 20000 公里或者 100 日；二级维护质量保证期为车辆行驶 5000 公里或者 30 日；一级维护、小修及专项修理质量保证期为车辆行驶 2000 公里或者 10 日。

质量保证期中行驶里程和日期指标，以先达到者为准。机动车维修质量保证期，从维修竣工出厂之日起计算。

在质量保证期和承诺的质量保证期内，因维修质量原因造成机动车无法正常使用，且承修方在 3 日内不能或者无法提供因非维修原因而造成机动车无法使用的相关证据的，机动车维修经营者应当及时无偿返修。不得故意拖延或者无理拒绝。

在质量保证期内，机动车因同一故障或维修项目经两次修理仍不能正常使用的，机动车维修经营者应当负责联系其他机动车维修经营者，并承担机动车维修经营者应当公示承诺的机动车维修质量保证期。所承诺的质量保证期不得低于《机动车维修管理规定》中质量保证期的规定。

道路运输管理机构应当受理机动车维修质量投诉，积极按照维修合同约定和相关规定调解维修质量纠纷。

机动车维修质量纠纷双方当事人均有保护当事车辆原始状态的义务。必要时可拆检车辆有关部位，但双方当事人应同时在场，共同认可拆检情况。

对机动车维修质量的责任认定需要进行技术分析和鉴定，且承修方和托修方共同要求道路运输管理机构出面协调的，道路运输管理机构应当组织专家组或委托具有法定检验资格的检测机构做出技术分析和鉴定。鉴定费用由责任方承担。

对机动车维修经营者实行质量信誉考核制度。机动车维修质量信誉考核办法另行制定。

机动车维修质量信誉考核内容应当包括经营者基本情况、经营业绩(含奖励情况)、不良记录等。

道路运输管理机构应当建立机动车维修企业诚信档案。机动车维修质量信誉考核结果是机动车维修诚信档案的重要组成部分。

道路运输管理机构建立的机动车维修企业诚信信息，除涉及国家秘密、商业秘密外，应当依法公开，供公众查阅。

(四) 法律责任

1. 违反《机动车维修管理规定》，有以下行为之一，擅自从事机动车维修相关经营活动的，由县级以上道路运输管理机构责令其停止经营；有违法所得的，没收违法所得，处违法所得的 2 倍以上 10 倍以下的罚款；没有违法所得或者违法所得不足 1 万元的，处 2 万元以上 5 万元以下的罚款；构成犯罪的，依法追究刑事责任：

(1) 未取得机动车维修经营许可，非法从事机动车维修经营的。

(2) 使用无效、伪造、变造机动车维修经营许可证件，非法从事机动车维修经营的。

(3) 超越许可事项，非法从事机动车维修经营的。

2. 违反《机动车维修管理规定》，机动车维修经营者非法转让、出租机动车维修经营许可证件的，由县级以上道路运输管理机构责令停止违法行为，收缴转让、出租的有关证件，处以 2000 元以上 1 万元以下的罚款；有违法所得的，没收违法所得。

3. 违反《机动车维修管理规定》，机动车维修经营者使用假冒伪劣配件维修机动车，承修已报废的机动车或者擅自改装机动车的，由县级以上道路运输管理机构责令改正，并没收假冒伪劣配件及报废车辆；有违法所得的，没收违法所得，处违法所得 2 倍以上 10 倍以下的罚款；没有违法所得或者违法所得不足 1 万元的，处 2 万元以上 5 万元以下的罚款，没收假冒伪劣配件及报废车辆；情节严重的，由原许可机关吊销其经营许可；构成犯罪的，依法追究刑事责任。

4. 违反《机动车维修管理规定》，机动车维修经营者签发虚假或者不签发机动车维修竣工出厂合格证的，由县级以上道路运输管理机构责令改正；有违法所得的，没收违法所得，处以违法所得 2 倍以上 10 倍以下的罚款；没有违法所得或者违法所得不足 3000 元的，处以 5000 元以上 2 万元以下的罚款；情节严重的，由许可机关吊销其经营许可；构成犯罪的，依法追究刑事责任。

5. 违反《机动车维修管理规定》，有下列行为之一的，由县级以上道路运输管理机构责令其限期整改；限期整改不合格的，予以通报：

(1) 机动车维修经营者未按照规定执行机动车维修质量保证期制度的。

(2) 机动车维修经营者未按照有关技术规范进行维修作业的。

(3) 伪造、转借、倒卖机动车维修竣工出厂合格证的。

(4) 机动车维修经营者只收费不维修或者虚列维修作业项目的。

(5) 机动车维修经营者未在经营场所醒目位置悬挂机动车维修经营许可证件和机动车

维修标志牌的。

(6) 机动车维修经营者未在经营场所公布收费项目、工时定额和工时单价的。

(7) 机动车维修经营者超出公布的结算工时定额、结算工时单价向托修收费的。

(8) 机动车维修经营者不按照规定建立维修档案盒报送统计资料的。

(9) 违反其他有关规定的。

(五) 附则

1986 年 12 月 12 日交通部、原国家经委、原国家工商行政管理局发布的《汽车维修行业管理暂行办法》和 1991 年 4 月 10 日交通部颁布的《汽车维修质量管理办法》同时废止。

五、汽车金融公司管理办法

《汽车金融公司管理办法》于 2007 年 12 月 27 日经中国银行业监督管理委员会第 64 次主席会议通过。现予公布,自公布之日起施行。

第一章　总　　则

第一条　为加强对汽车金融公司的监督管理,促进我国汽车金融业的健康发展,依据《中华人民共和国银行业监督管理法》、《中华人民共和国公司法》等法律法规,制定本办法。

第二条　本办法所称汽车金融公司,是指经中国银行业监督管理委员会(以下简称中国银监会)批准设立的,为中国境内的汽车购买者及销售者提供金融服务的非银行金融机构。

第三条　汽车金融公司名称中应标明"汽车金融"字样。未经中国银监会批准,任何单位和个人不得从事汽车金融业务,不得在机构名称中使用"汽车金融"、"汽车信贷"等字样。

第四条　中国银监会及其派出机构依法对汽车金融公司实施监督管理。

第二章　机构设立、变更与终止

第五条　设立汽车金融公司应具备下列条件:

(一) 具有符合本办法规定的出资人。

(二) 具有符合本办法规定的最低限额注册资本。

(三) 具有符合《中华人民共和国公司法》和中国银监会规定的公司章程。

(四) 具有符合任职资格条件的董事、高级管理人员和熟悉汽车金融业务的合格从业人员。

(五) 具有健全的公司治理、内部控制、业务操作、风险管理等制度。

(六) 具有与业务经营相适应的营业场所、安全防范措施和其他设施。

(七) 中国银监会规定的其他审慎性条件。

第六条　汽车金融公司的出资人为中国境内外依法设立的企业法人,其中主要出资人须为生产或销售汽车整车的企业或非银行金融机构。

第七条 汽车金融公司出资人中至少应有 1 名出资人具备 5 年以上丰富的汽车金融业务管理和风险控制经验。

汽车金融公司出资人如不具备前款规定的条件，至少应为汽车金融公司引进合格的专业管理团队。

第八条 非金融机构作为汽车金融公司出资人，应当具备以下条件：

(一) 最近 1 年的总资产不低于 80 亿元人民币或等值的可自由兑换货币，年营业收入不低于 50 亿元人民币或等值的可自由兑换货币(合并会计报表口径)。

(二) 最近 1 年年末净资产不低于资产总额的 30%(合并会计报表口径)。

(三) 经营业绩良好，且最近 2 个会计年度连续盈利。

(四) 入股资金来源真实合法，不得以借贷资金入股，不得以他人委托资金入股。

(五) 遵守注册所在地法律，近 2 年无重大违法违规行为。

(六) 承诺 3 年内不转让所持有的汽车金融公司股权(中国银监会依法责令转让的除外)，并在拟设公司章程中载明。

(七) 中国银监会规定的其他审慎性条件。

第九条 非银行金融机构作为汽车金融公司出资人，除应具备第八条第三项至第六项的规定外，还应当具备注册资本不低于 3 亿元人民币或等值的可自由兑换货币的条件。

第十条 汽车金融公司注册资本的最低限额为 5 亿元人民币或等值的可自由兑换货币。注册资本为一次性实缴货币资本。

中国银监会根据汽车金融业务发展情况及审慎监管的需要，可以调高注册资本的最低限额。

第十一条 汽车金融公司的设立须经过筹建和开业两个阶段。申请设立汽车金融公司，应由主要出资人作为申请人，按照《中国银监会非银行金融机构行政许可事项申请材料目录和格式要求》的具体规定，提交筹建、开业申请材料。申请材料以中文文本为准。

第十二条 未经中国银监会批准，汽车金融公司不得设立分支机构。

第十三条 中国银监会对汽车金融公司董事和高级管理人员实行任职资格核准制度。

第十四条 汽车金融公司有下列变更事项之一的，应报经中国银监会批准：

(一) 变更公司名称。

(二) 变更注册资本。

(三) 变更住所或营业场所。

(四) 调整业务范围。

(五) 改变组织形式。

(六) 变更股权或调整股权结构。

(七) 修改章程。

(八) 变更董事及高级管理人员。

(九) 合并或分立。

(十) 中国银监会规定的其他变更事项。

第十五条 汽车金融公司有以下情况之一的，经中国银监会批准后可以解散：

(一) 公司章程规定的营业期限届满或公司章程规定的其他解散事由出现。

(二) 公司章程规定的权力机构决议解散。

(三) 因公司合并或分立需要解散。

(四) 其他法定事由。

第十六条 汽车金融公司有以下情形之一的，经中国银监会批准，可向法院申请破产：

(一) 不能清偿到期债务，并且资产不足以清偿全部债务或明显缺乏清偿能力，自愿或应其债权人要求申请破产。

(二) 因解散或被撤销而清算，清算组发现汽车金融公司财产不足以清偿债务，应当申请破产。

第十七条 汽车金融公司因解散、依法被撤销或被宣告破产而终止的，其清算事宜，按照国家有关法律法规办理。

第十八条 汽车金融公司设立、变更、终止和董事及高级管理人员任职资格核准的行政许可程序，按照《中国银监会非银行金融机构行政许可事项实施办法》执行。

第三章 业务范围

第十九条 经中国银监会批准，汽车金融公司可从事下列部分或全部人民币业务：

(一) 接受境外股东及其所在集团在华全资子公司和境内股东3个月(含)以上定期存款。

(二) 接受汽车经销商采购车辆贷款保证金和承租人汽车租赁保证金。

(三) 经批准，发行金融债券。

(四) 从事同业拆借。

(五) 向金融机构借款。

(六) 提供购车贷款业务。

(七) 提供汽车经销商采购车辆贷款和营运设备贷款，包括展示厅建设贷款和零配件贷款以及维修设备贷款等。

(八) 提供汽车融资租赁业务(售后回租业务除外)。

(九) 向金融机构出售或回购汽车贷款应收款和汽车融资租赁应收款业务。

(十) 办理租赁汽车残值变卖及处理业务。

(十一) 从事与购车融资活动相关的咨询、代理业务。

(十二) 经批准，从事与汽车金融业务相关的金融机构股权投资业务。

(十三) 经中国银监会批准的其他业务。

第二十条 汽车金融公司发放汽车贷款应遵守《汽车贷款管理办法》等有关规定。

第二十一条 汽车金融公司经营业务中涉及外汇管理事项的，应遵守国家外汇管理有关规定。

第四章 风险控制与监督管理

第二十二条 汽车金融公司应按照中国银监会有关银行业金融机构内控指引和风险管理指引的要求，建立健全公司治理和内部控制制度，建立全面有效的风险管理体系。

第二十三条 汽车金融公司应遵守以下监管要求：

(一) 资本充足率不低于 8%，核心资本充足率不低于 4%。

(二) 对单一借款人的授信余额不得超过资本净额的 15%。

(三) 对单一集团客户的授信余额不得超过资本净额的 50%。

(四) 对单一股东及其关联方的授信余额不得超过该股东在汽车金融公司的出资额。

(五) 自用固定资产比例不得超过资本净额的 40%。

中国银监会可根据监管需要对上述指标做出适当调整。

第二十四条 汽车金融公司应按照有关规定实行信用风险资产五级分类制度，并应建立审慎的资产减值损失准备制度，及时足额计提资产减值损失准备。未提足准备的，不得进行利润分配。

第二十五条 汽车金融公司应按规定编制并向中国银监会报送资产负债表、损益表及中国银监会要求的其他报表。

第二十六条 汽车金融公司应建立定期外部审计制度，并在每个会计年度结束后的 4 个月内，将经法定代表人签名确认的年度审计报告报送公司注册地的中国银监会派出机构。

第二十七条 中国银监会及其派出机构必要时可指定会计师事务所对汽车金融公司的经营状况、财务状况、风险状况、内部控制制度及执行情况等进行审计。中国银监会及其派出机构可要求汽车金融公司更换专业技能和独立性达不到监管要求的会计师事务所。

第二十八条 汽车金融公司如有业务外包需要，应制定与业务外包相关的政策和管理制度，包括业务外包的决策程序、对外包方的评价和管理、控制业务信息保密性和安全性的措施和应急计划等。汽车金融公司签署业务外包协议前应向注册地中国银监会派出机构报告业务外包协议的主要风险及相应的风险规避措施等。

第二十九条 汽车金融公司违反本办法规定的，中国银监会将责令限期整改；逾期未整改的，或其行为严重危及公司稳健运行、损害客户合法权益的，中国银监会可区别情形，依照《中华人民共和国银行业监督管理法》等法律法规的规定，采取暂停业务、限制股东权利等监管措施。

第三十条 汽车金融公司已经或可能发生信用危机、严重影响客户合法权益的，中国银监会将依法对其实行接管或促成机构重组。汽车金融公司有违法经营、经营管理不善等情形，不撤销将严重危害金融秩序、损害公众利益的，中国银监会将予以撤销。

第三十一条 汽车金融公司可成立行业性自律组织，实行自律管理。自律组织开展活动，应当接受中国银监会的指导和监督。

第五章 附 则

第三十二条 本办法第二条所称中国境内，是指中国大陆，不包括港、澳、台地区；所称销售者，是指专门从事汽车销售的经销商，不包括汽车制造商及其他形式的汽车销售者。

第三十三条 本办法第六条所称主要出资人是指出资数额最多并且出资额不低于拟设汽车金融公司全部股本 30% 的出资人。

第三十四条 本办法第十九条所称汽车融资租赁业务，是指汽车金融公司以汽车为租赁标的物，根据承租人对汽车和供货人的选择或认可，将其从供货人处取得的汽车按合同约定出租给承租人占有、使用，向承租人收取租金的交易活动。

第三十五条　本办法第十九条所称售后回租业务，是指承租人和供货人为同一人的融资租赁方式。即承租人将自有汽车出卖给出租人，同时与出租人签订融资租赁合同，再将该汽车从出租人处租回的融资租赁形式。

第三十六条　本办法第二十三条所称关联方是指《企业会计准则》第36号——关联方披露所界定的关联方。

第三十七条　本办法第二十三条有关监管指标的计算方法遵照中国银监会非现场监管报表指标体系的有关规定。

第三十八条　本办法所称汽车是指我国《汽车产业发展政策》中所定义的道路机动车辆(摩托车除外)。汽车金融公司涉及推土机、挖掘机、搅拌机、泵机等非道路机动车辆金融服务的，可比照本办法执行。

第三十九条　本办法由中国银监会负责解释。

第四十条　本办法自公布之日起施行，原《汽车金融公司管理办法》(中国银监会令2003年第4号)及《汽车金融公司管理办法实施细则》(银监发〔2003〕23号)同时废止。

《缺陷汽车产品召回管理规定》3月15日正式发布，2004年10月1日起开始实施。这是我国以缺陷汽车产品为试点首次实施召回制度。《缺陷汽车产品召回管理规定》由国家质量监督检验检疫总局、国家发展和改革委员会、商务部、海关总署联合制定发布。

六、缺陷汽车产品召回管理规定

第一章　总　　则

第一条　为加强对缺陷汽车产品召回事项的管理，消除缺陷汽车产品对使用者及公众人身、财产安全造成的危险，维护公共安全、公众利益和社会经济秩序，根据《中华人民共和国产品质量法》等法律制定本规定。

第二条　凡在中华人民共和国境内从事汽车产品生产、进口、销售、租赁、修理活动的，适用本规定。

第三条　汽车产品的制造商(进口商)对其生产(进口)的缺陷汽车产品依本规定履行召回义务，并承担消除缺陷的费用和必要的运输费；汽车产品的销售商、租赁商、修理商应当协助制造商履行召回义务。

第四条　售出的汽车产品存在本规定所称缺陷时，制造商应按照本规定中主动召回或指令召回程序的要求，组织实施缺陷汽车产品的召回。

国家根据经济发展需要和汽车产业管理要求，按照汽车产品种类分步骤实施缺陷汽车产品召回制度。

国家鼓励汽车产品制造商参照本办法规定，对缺陷以外的其他汽车产品质量等问题，开展召回活动。

第五条　本规定所称汽车产品，指按照国家标准规定，用于载运人员、货物，由动力驱动或者被牵引的道路车辆。

本规定所称缺陷，是指由于设计、制造等方面的原因而在某一批次、型号或类别的汽车产品中普遍存在的具有同一性的危及人身、财产安全的不合理危险，或者不符合有关汽车安全的国家标准的情形。

本规定所称制造商，指在中国境内注册，制造、组装汽车产品并以其名义颁发产品合格证的企业，以及将制造、组装的汽车产品已经销售到中国境内的外国企业。

本规定所称进口商，指从境外进口汽车产品到中国境内的企业。进口商视同为汽车产品制造商。

本规定所称销售商，指销售汽车产品，并收取货款、开具发票的企业。

本规定所称租赁商，指提供汽车产品为他人使用，收取租金的自然人、法人或其他组织。

本规定所称修理商，指为汽车产品提供维护、修理服务的企业和个人。

本规定所称制造商、进口商、销售商、租赁商、修理商，统称经营者。

本规定所称车主，是指不以转售为目的，依法享有汽车产品所有权或者使用权的自然人、法人或其他组织。

本规定所称召回，指按照本规定要求的程序，由缺陷汽车产品制造商(包括进口商，下同)选择修理、更换、收回等方式消除其产品可能引起人身伤害、财产损失的缺陷的过程。

第二章　缺陷汽车召回的管理

第六条　国家质量监督检验检疫总局(以下称主管部门)负责全国缺陷汽车召回的组织和管理工作。

国家发展改革委员会、商务部、海关总署等国务院有关部门在各自职责范围内，配合主管部门开展缺陷汽车召回的有关管理工作。

各省、自治区、直辖市质量技术监督部门和各直属检验检疫机构(以上称地方管理机构)负责组织本行政区域内缺陷汽车召回的监督工作。

第七条　缺陷汽车产品召回的期限，整车为自交付第一个车主起，至汽车制造商明示的安全使用期止；汽车制造商未明示安全使用期的，或明示的安全使用期不满 10 年的，自销售商将汽车产品交付第一个车主之日起 10 年止。

汽车产品安全性零部件中的易损件，明示的使用期限为其召回时限；汽车轮胎的召回期限为自交付第一个车主之日起 3 年止。

第八条　判断汽车产品的缺陷包括以下原则：

(一) 经检验机构检验安全性能存在不符合有关汽车安全技术法规和国家标准的。

(二) 因设计、制造上的缺陷已给车主或他人造成人身伤害、财产损失的。

(三) 虽未造成车主或他人人身伤害、财产损失，但经检测、实验和论证，在特定条件下缺陷仍可能引发人身伤害或财产损失的。

第九条　缺陷汽车产品召回按照制造商主动召回和主管部门指令召回两种程序的规定进行。

制造商自行发现，或者通过企业内部的信息系统，或者通过销售商、修理商和车主等相关各方关于其汽车产品缺陷的报告和投诉，或者通过主管部门的有关通知等方式获知缺陷存在，可以将召回计划在主管部门备案后，按照本规定中主动召回程序的规定，实施缺陷汽车产品召回。

制造商获知缺陷存在而未采取主动召回行动的，或者制造商故意隐瞒产品缺陷的，或者以不当方式处理产品缺陷的，主管部门应当要求制造商按照指令召回程序的规定进行缺陷汽车产品召回。

第十条　主管部门会同国务院有关部门组织建立缺陷汽车产品信息系统，负责收集、分析与处理有关缺陷的信息。经营者应当向主管部门及其设立的信息系统报告与汽车产品缺陷有关的信息。

第十一条　主管部门应当聘请专家组成专家委员会，并由专家委员会实施对汽车产品缺陷的调查和认定。根据专家委员会的建议，主管部门可以委托国家认可的汽车产品质量检验机构，实施有关汽车产品缺陷的技术检测。专家委员会对主管部门负责。

第十二条　主管部门应当对制造商进行的召回过程加以监督，并根据工作需要部署地方管理机构进行有关召回的监督工作。

第十三条　制造商或者主管部门对已经确认的汽车产品存在缺陷的信息及实施召回的有关信息，应当在主管部门指定的媒体上向社会公布。

第十四条　缺陷汽车产品信息系统和指定的媒体发布缺陷汽车产品召回信息，应当客观、公正、完整。

第十五条　从事缺陷汽车召回管理的主管部门及地方机构和专家委员会、检验机构及其工作人员，在调查、认定、检验等过程中应当遵守公正、客观、公平、合法的原则,保守相关企业的技术秘密及相关缺陷调查、检验的秘密；未经主管部门同意，不得擅自泄露相关信息。

第十六条　制造商应按照国家标准《道路车辆识别代号》(GB/T16735—16738)中的规定，在每辆出厂车辆上标注永久性车辆识别代码(VIN)；应当建立、保存车辆及车主信息的有关记录档案。对上述资料应当随时在主管部门指定的机构备案(见附件1)。

制造商应当建立收集产品质量问题、分析产品缺陷的管理制度，保存有关记录。

制造商应当建立汽车产品技术服务信息通报制度，载明有关车辆故障排除方法，车辆维护、维修方法，服务于车主、销售商、租赁商、修理商。通报内容应当向主管部门指定机构备案。

制造商应当配合主管部门对其产品可能存在的缺陷进行排查，提供所需的有关资料，协助进行必要的技术检测。

制造商应当向主管部门报告其汽车产品存在的缺陷，不得以不当方式处理其汽车产品缺陷。

制造商应当向车主、销售商、租赁商提供本规定附件三和附件四规定的文件，便于其发现汽车产品存在缺陷后提出报告。

第十七条　销售商、租赁商、修理商应当向制造商和主管部门报告所发现的汽车产品可能存在的缺陷的相关信息，配合主管部门进行相关调查，提供调查需要的有关资料，并配合制造商进行缺陷汽车产品的召回。

第十八条　车主有权向主管部门、有关经营者投诉或反映汽车产品存在的缺陷，并可向主管部门提出开展缺陷产品召回的相关调查的建议。

车主应当积极配合制造商进行缺陷汽车产品召回。

第十九条 任何单位和个人，均有权向主管部门和地方管理机构报告汽车产品可能存在的缺陷。

主管部门针对汽车产品可能存在的缺陷进行调查时，有关单位和个人应当予以配合。

第四章 汽车产品缺陷的报告、调查和确认

第二十条 制造商确认其汽车产品存在缺陷，应当在 5 个工作日内以书面形式向主管部门报告(书面报告格式见附件 2)；制造商在提交上述报告的同时，应当在 10 个工作日内以有效方式通知销售商停止销售所涉及的缺陷汽车产品，并将报告内容通告销售商。境外制造商还应在 10 个工作日内以有效方式通知进口商停止进口缺陷汽车产品，并将报告内容报送商务部并通告进口商。

销售商、租赁商、修理商发现其经营的汽车产品可能存在缺陷，或者接到车主提出的汽车产品可能存在缺陷的投诉，应当及时向制造商和主管部门报告。

车主发现汽车产品可能存在缺陷，可通过有效方式向销售商或主管部门投诉或报告。

其他单位和个人发现汽车产品可能存在缺陷应参照上述附件中的内容和格式向主管部门报告。

第二十一条 主管部门接到制造商关于汽车产品存在缺陷并符合附件 2 的报告后，按照第五章缺陷汽车产品主动召回程序处理。

第二十二条 主管部门根据其指定的信息系统提供的分析、处理报告及其建议,认为必要时,可将相关缺陷的信息以书面形式通知制造商，并要求制造商在指定的时间内确认其产品是否存在缺陷及是否需要进行召回。

第二十三条 制造商在接到主管部门依第二十二条规定发出的通知，并确认汽车产品存在缺陷后，应当在 5 个工作日内依附件 2 的书面报告格式向主管部门提交报告，并按照第五章缺陷汽车产品主动召回程序实施召回。

制造商能够证明其产品不需召回的，应向主管部门提供详实的论证报告，主管部门应当继续跟踪调查。

第二十四条 制造商在第二十三条所称论证报告中不能提供充分的证明材料或其提供的证明材料不足以证明其汽车产品不存在缺陷，又不主动实施召回的，主管部门应当组织专家委员会进行调查和鉴定,制造商可以派代表说明情况。

主管部门认为必要时，可委托国家认可的汽车质量检验机构对相关汽车产品进行检验。

主管部门根据专家委员会意见和检测结果确认其产品存在缺陷的，应当书面通知制造商实施主动召回，有关缺陷鉴定、检验等费用由制造商承担。如制造商仍拒绝主动召回,主管部门应责令制造商按照第六章的规定实施指令召回程序。

第五章 缺陷汽车产品主动召回程序

第二十五条 制造商确认其生产且已售出的汽车产品存在缺陷决定实施主动召回的,应当在按本规定第二十条或者第二十三条的要求向主管部门报告，并应当及时制定包括以

下基本内容的召回计划,提交主管部门备案:

(一) 有效停止缺陷汽车产品继续生产的措施。

(二) 有效通知销售商停止批发和零售缺陷汽车产品的措施。

(三) 有效通知相关车主有关缺陷的具体内容和处理缺陷的时间、地点和方法等。

(四) 客观公正地预测召回效果。

境外制造商还应提交有效通知进口商停止缺陷汽车产品进口的措施。

第二十六条 制造商在向主管部门备案同时,应当立即将其汽车产品存在的缺陷、可能造成的损害及其预防措施、召回计划等,以有效方式通知有关进口商、销售商、租赁商、修理商和车主,并通知销售商停止销售有关汽车产品,进口商停止进口有关汽车产品。制造商须设置热线电话,解答各方询问,并在主管部门指定的网站上公布缺陷情况供公众查询。

第二十七条 制造商依第二十五条的规定提交附件 2 的报告之日起 1 个月内,制定召回通知书,向主管部门备案,同时告知销售商、租赁商、修理商和车主,并开始实施召回计划。

第二十八条 制造商按计划完成缺陷汽车产品召回后,应在 1 个月内向主管部门提交召回总结报告。

第二十九条 主管部门应当对制造商采取的主动召回行动进行监督,对召回效果进行评估,并提出处理意见。

主管部门认为制造商所进行的召回未能取得预期效果,可通知制造商再次进行召回,或依法采取其他补救措施。

第六章 缺陷汽车产品指令召回程序

第三十条 主管部门依第二十四条规定经调查、检验、鉴定确认汽车产品存在缺陷,而制造商又拒不召回的,应当及时向制造商发出指令召回通知书。国家认证认可监督管理部门责令认证机构暂停或收回汽车产品强制性认证证书。对境外生产的汽车产品,主管部门会同商务部和海关总署发布对缺陷汽车产品暂停进口的公告,海关停止办理缺陷汽车产品的进口报关手续。在缺陷汽车产品暂停进口公告发布前,已经运往我国尚在途中的,或业已到达我国尚未办结海关手续的缺陷汽车产品,应由进口商按海关有关规定办理退运手续。

主管部门根据缺陷的严重程度和消除缺陷的紧急程度,决定是否需要立即通报公众有关汽车产品存在的缺陷和避免发生损害的紧急处理方法及其他相关信息。

第三十一条 制造商应当在接到主管部门指令召回的通知书之日起 5 个工作日内,通知销售商停止销售该缺陷汽车产品,在 10 个工作日内向销售商、车主发出关于主管部门通知该汽车存在缺陷的信息。境外制造商还应在 5 个工作日内通知进口商停止进口该缺陷汽车产品。

制造商对主管部门的决定等具体行政行为有异议的,可依法申请行政复议或提起行政诉讼。在行政复议和行政诉讼期间,主管部门通知中关于制造商进行召回的内容暂不实施,但制造商仍须履行前款规定的义务。

第三十二条 制造商接到主管部门关于缺陷汽车产品指令召回通知书之日起 10 个工

作日内,应当向主管部门提交符合本规定第二十五条要求的有关文件。

第三十三条 主管部门应当在收到该缺陷汽车产品召回计划后 5 个工作日内将审查结果通知制造商。

主管部门批准召回计划的,制造商应当在接到批准通知之日起 1 个月内,依据批准的召回计划制定缺陷汽车产品召回通知书,向销售商、租赁商、修理商和车主发出该召回通知书,并报主管部门备案。召回通知书应当在主管部门指定的报刊上连续刊登 3 期,召回期间在主管部门指定网站上持续发布。

主管部门未批准召回计划的,制造商应按主管部门提出的意见进行修改,并在接到通知之日起 10 个工作日内再次向主管部门递交修改后的召回计划,直至主管部门批准为止。

第三十四条 制造商应在发出召回通知书之日起,开始实施召回,并在召回计划时限内完成。

制造商有合理原因未能在此期限内完成召回的,应向主管部门提出延长期限的申请,主管部门可根据制造商申请适当延长召回期限。

第三十五条 制造商应自发出召回通知书之日起,每 3 个月向主管部门提交符合本规定要求(见附件 7)的召回阶段性进展情况的报告;主管部门可根据召回的实际效果,决定制造商是否应采取更为有效的召回措施。

第三十六条 对每一辆完成召回的缺陷汽车,制造商应保存符合本规定要求(见附件 8)的召回记录单。召回记录单一式两份,一份交车主保存,一份由制造商保存。

第三十七条 制造商按计划完成召回后,应在 1 个月内向主管部门提交召回总结报告(见附件 9)。

第三十八条 主管部门应对制造商提交的召回总结报告进行审查,并在 15 个工作日内书面通知制造商审查结论。审查结论应向社会公布。

主管部门认为制造商所进行的召回未能取得预期的效果,可责令制造商采取补救措施,再次进行召回。

如制造商对审查结论有异议,可依法申请行政复议或提起行政诉讼。在行政复议或行政诉讼期间,主管部门的决定暂不执行。

第三十九条 主管部门应及时公布制造商在中国境内进行的缺陷汽车召回、召回效果审查结论等有关信息,通过指定网站公布,为查询者提供有关资料。

主管部门应向商务部和海关总署通报进口缺陷汽车的召回情况。

第七章 罚 则

第四十条 制造商违反本规定第十六条第一、二、三、四款规定,不承担相应义务的,质量监督检验检疫部门应当责令其改正,并予以警告。

第四十一条 销售商、租赁商、修理商违反本规定第十七条有关规定,不承担相应义务的,质量监督检验检疫部门可以酌情处以警告、责令改正等处罚;情节严重的,处以 1000 元以上 5000 元以下罚款。

第四十二条 有下列情形之一的,主管部门可责令制造商重新召回,通报批评,并由质量监督检验检疫部门处以 10 000 元以上 30 000 元以下罚款:

(一) 制造商故意隐瞒缺陷的严重性的。

(二) 试图利用本规定的缺陷汽车产品主动召回程序，规避主管部门监督的。

(三) 由于制造商的过错致使召回缺陷产品未达到预期目的，造成损害再度发生的。

第四十三条　从事缺陷汽车管理职能的管理机构及其工作人员和受其委托进行缺陷调查、检验和认定的工作人员徇私舞弊、违反保密规定的，给予行政处分；直接责任人徇私舞弊、贪赃枉法、构成犯罪的，依法追究刑事责任。

有关专家作伪证，检验人员出具虚假检验报告，或捏造散布虚假信息的，取消其相应资格；造成损害的，承担赔偿责任；构成犯罪的，依法追究刑事责任。

第八章　附　　则

第四十四条　制造商实施缺陷汽车产品召回，不免除车主及其他受害人因缺陷汽车产品所受损害，要求其承担的其他法律责任。

第四十五条　本规定由国家质量监督检验检疫总局、国家发展和改革委员会、商务部、海关总署在各自职责范围内负责解释。

第四十六条　本规定自 2004 年 10 月 1 日起实施。

七、汽车三包新规

2013 年 10 月 1 日起施行。

今日，国家质检总局发布了《家用汽车产品修理、更换、退货责任规定》。规章规定，保修期限是不低于 3 年、6 万公里，三包有效期限是不低于 2 年或者是行驶里程 5 万公里。规定自 2013 年 10 月 1 日起施行。以下为《家用汽车产品修理、更换、退货责任规定》全文。

《家用汽车产品修理、更换、退货责任规定》

第一章　总　　则

第一条　为了保护家用汽车产品消费者的合法权益，明确家用汽车产品修理、更换、退货(以下简称三包)责任，根据有关法律法规，制定本规定。

第二条　在中华人民共和国境内生产、销售的家用汽车产品的三包，适用本规定。

第三条　本规定是家用汽车产品三包责任的基本要求。鼓励家用汽车产品经营者做出更有利于维护消费者合法权益的严于本规定的三包责任承诺；承诺一经作出，应当依法履行。

第四条　本规定所称三包责任由销售者依法承担。销售者依照规定承担三包责任后，属于生产者的责任或者属于其他经营者的责任的，销售者有权向生产者、其他经营者追偿。

家用汽车产品经营者之间可以订立合同约定三包责任的承担，但不得侵害消费者的合法权益，不得免除本规定所规定的三包责任和质量义务。

第五条　家用汽车产品消费者、经营者行使权利、履行义务或承担责任，应当遵循诚实守信原则，不得恶意欺诈。

家用汽车产品经营者不得故意拖延或者无正当理由拒绝消费者提出的符合本规定的三包责任要求。

第六条　国家质量监督检验检疫总局(以下简称国家质检总局)负责本规定实施的协调指导和监督管理；组织建立家用汽车产品三包信息公开制度，并可以依法委托相关机构建立家用汽车产品三包信息系统，承担有关信息管理等工作。

地方各级质量技术监督部门负责本行政区域内本规定实施的协调指导和监督管理。

第七条　各有关部门、机构及其工作人员对履行规定职责所知悉的商业秘密和个人信息依法负有保密义务。

第二章　生产者义务

第八条　生产者应当严格执行出厂检验制度；未经检验合格的家用汽车产品，不得出厂销售。

第九条　生产者应当向国家质检总局备案生产者基本信息、车型信息、约定的销售和修理网点资料、产品使用说明书、三包凭证、维修保养手册、三包责任争议处理和退换车信息等家用汽车产品三包有关信息，并在信息发生变化时及时更新备案。

第十条　家用汽车产品应当具有中文的产品合格证或相关证明以及产品使用说明书、三包凭证、维修保养手册等随车文件。

产品使用说明书应当符合消费品使用说明等国家标准规定的要求。家用汽车产品所具有的使用性能、安全性能在相关标准中没有规定的，其性能指标、工作条件、工作环境等要求应当在产品使用说明书中明示。

三包凭证应当包括以下内容：产品品牌、型号、车辆类型规格、车辆识别代号(VIN)、生产日期；生产者名称、地址、邮政编码、客服电话；销售者名称、地址、邮政编码、电话等销售网点资料、销售日期；修理者名称、地址、邮政编码、电话等修理网点资料或者相关查询方式；家用汽车产品三包条款、包修期和三包有效期以及按照规定要求应当明示的其他内容。

维修保养手册应当格式规范、内容实用。

随车提供工具、备件等物品的，应附有随车物品清单。

第三章　销售者义务

第十一条　销售者应当建立并执行进货检查验收制度，验明家用汽车产品合格证等相关证明和其他标识。

第十二条　销售者销售家用汽车产品，应当符合下列要求：

(一) 向消费者交付合格的家用汽车产品以及发票。

(二) 按照随车物品清单等随车文件向消费者交付随车工具、备件等物品。

(三) 当面查验家用汽车产品的外观、内饰等现场可查验的质量状况。

(四) 明示并交付产品使用说明书、三包凭证、维修保养手册等随车文件。

(五) 明示家用汽车产品三包条款、保修期和三包有效期。

(六) 明示由生产者约定的修理者名称、地址和联系电话等修理网点资料，但不得限制消费者在上述修理网点中自主选择修理者。

(七) 在三包凭证上填写有关销售信息。

(八) 提醒消费者阅读安全注意事项，按产品使用说明书的要求进行使用和维护保养。

对于进口家用汽车产品，销售者还应当明示并交付海关出具的货物进口证明和出入境检验检疫机构出具的进口机动车辆检验证明等资料。

第四章　修理者义务

第十三条　修理者应当建立并执行修理记录存档制度。书面修理记录应当一式两份，一份存档，一份提供给消费者。

修理记录内容应当包括送修时间、行驶里程、送修问题、检查结果、修理项目、更换的零部件名称和编号、材料费、工时和工时费、拖运费、提供备用车的信息或者交通费用补偿金额、交车时间、修理者和消费者签名或盖章等。

修理记录应当便于消费者查阅或复制。

第十四条　修理者应当保证修理所需要的零部件的合理储备，确保修理工作的正常进行，避免因缺少零部件而延误修理时间。

第十五条　用于家用汽车产品修理的零部件应当是生产者提供或者认可的合格零部件，且其质量不低于家用汽车产品生产装配线上的产品。

第十六条　在家用汽车产品包修期和三包有效期内，家用汽车产品出现产品质量问题或严重安全性能故障而不能安全行驶或者无法行驶的，应当提供电话咨询修理服务；电话咨询服务无法解决的，应当开展现场修理服务，并承担合理的车辆拖运费。

第五章　三包责任

第十七条　家用汽车产品保修期限不低于3年或者行驶里程60 000公里，以先到者为准；家用汽车产品三包有效期限不低于2年或者行驶里程50 000公里，以先到者为准。家用汽车产品保修期和三包有效期自销售者开具购车发票之日起计算。

第十八条　在家用汽车产品保修期内，家用汽车产品出现产品质量问题，消费者凭三包凭证由修理者免费修理(包括工时费和材料费)。

家用汽车产品自销售者开具购车发票之日起60日内或者行驶里程3000公里之内(以先到者为准)，发动机、变速器的主要零件出现产品质量问题的，消费者可以选择免费更换发动机、变速器。发动机、变速器的主要零件的种类范围由生产者明示在三包凭证上，其种类范围应当符合国家相关标准或规定，具体要求由国家质检总局另行规定。

家用汽车产品的易损耗零部件在其质量保证期内出现产品质量问题的，消费者可以选择免费更换易损耗零部件。易损耗零部件的种类范围及其质量保证期由生产者明示在三包凭证上。生产者明示的易损耗零部件的种类范围应当符合国家相关标准或规定，具体要求由国家质检总局另行规定。

第十九条 在家用汽车产品保修期内，因产品质量问题每次修理时间(包括等待修理备用件时间)超过 5 日的，应当为消费者提供备用车，或者给予合理的交通费用补偿。

修理时间自消费者与修理者确定修理之时起，至完成修理之时止。一次修理占用时间不足 24 小时的，以 1 日计。

第二十条 在家用汽车产品三包有效期内，符合本规定更换、退货条件的，消费者凭三包凭证、购车发票等由销售者更换、退货。

家用汽车产品自销售者开具购车发票之日起 60 日内或者行驶里程 3000 公里之内(以先到者为准)，家用汽车产品出现转向系统失效、制动系统失效、车身开裂或燃油泄漏，消费者选择更换家用汽车产品或退货的，销售者应当负责免费更换或退货。

在家用汽车产品三包有效期内，发生下列情况之一，消费者选择更换或退货的，销售者应当负责更换或退货：

(一) 因严重安全性能故障累计进行了两次修理，严重安全性能故障仍未排除或者又出现新的严重安全性能故障的。

(二) 发动机、变速器累计更换两次后，或者发动机、变速器的同一主要零件因其质量问题，累计更换两次后，仍不能正常使用的，发动机、变速器与其主要零件更换次数不重复计算。

(三) 转向系统、制动系统、悬架系统、前/后桥、车身的同一主要零件因其质量问题，累计更换两次后，仍不能正常使用的。

转向系统、制动系统、悬架系统、前/后桥、车身的主要零件由生产者明示在三包凭证上，其种类范围应当符合国家相关标准或规定，具体要求由国家质检总局另行规定。

第二十一条 在家用汽车产品三包有效期内，因产品质量问题修理时间累计超过 35 日的，或者因同一产品质量问题累计修理超过五次的，消费者可以凭三包凭证、购车发票，由销售者负责更换。

下列情形所占用的时间不计入前款规定的修理时间：

(一) 需要根据车辆识别代号(VIN)等定制的防盗系统、全车线束等特殊零部件的运输时间；特殊零部件的种类范围由生产者明示在三包凭证上。

(二) 外出救援路途所占用的时间。

第二十二条 在家用汽车产品三包有效期内，符合更换条件的，销售者应当及时向消费者更换新的合格的同品牌同型号家用汽车产品；无同品牌同型号家用汽车产品更换的，销售者应当及时向消费者更换不低于原车配置的家用汽车产品。

第二十三条 在家用汽车产品三包有效期内，符合更换条件，销售者无同品牌同型号家用汽车产品，也无不低于原车配置的家用汽车产品向消费者更换的，消费者可以选择退货，销售者应当负责为消费者退货。

第二十四条 在家用汽车产品三包有效期内，符合更换条件的，销售者应当自消费者要求换货之日起 15 个工作日内向消费者出具更换家用汽车产品证明。

在家用汽车产品三包有效期内，符合退货条件的，销售者应当自消费者要求退货之日起 15 个工作日内向消费者出具退车证明，并负责为消费者按发票价格一次性退清货款。

家用汽车产品更换或退货的，应当按照有关法律法规规定办理车辆登记等相关手续。

第二十五条 按照本规定更换或者退货的，消费者应当支付因使用家用汽车产品所产生的合理使用补偿，销售者依照本规定应当免费更换、退货的除外。

合理使用补偿费用的计算公式为：[(车价款(元)×行驶里程(km))/1000]×n。使用补偿系数 n 由生产者根据家用汽车产品使用时间、使用状况等因素在 0.5%至 0.8%之间确定，并在三包凭证中明示。

家用汽车产品更换或者退货的，发生的税费按照国家有关规定执行。

第二十六条 在家用汽车产品三包有效期内，消费者书面要求更换、退货的，销售者应当自收到消费者书面要求更换、退货之日起 10 个工作日内，作出书面答复。逾期未答复或者未按本规定负责更换、退货的，视为故意拖延或者无正当理由拒绝。

第二十七条 消费者遗失家用汽车产品三包凭证的，销售者、生产者应当在接到消费者申请后 10 个工作日内予以补办。消费者向销售者、生产者申请补办三包凭证后，可以依照本规定继续享有相应权利。

按照本规定更换家用汽车产品后，销售者、生产者应当向消费者提供新的三包凭证，家用汽车产品保修期和三包有效期自更换之日起重新计算。

在家用汽车产品保修期和三包有效期内发生家用汽车产品所有权转移的，三包凭证应当随车转移，三包责任不因汽车所有权转移而改变。

第二十八条 经营者破产、合并、分立、变更的，其三包责任按照有关法律法规规定执行。

第六章 三包责任免除

第二十九条 易损耗零部件超出生产者明示的质量保证期出现产品质量问题的，经营者可以不承担本规定所规定的家用汽车产品三包责任。

第三十条 在家用汽车产品保修期和三包有效期内，存在下列情形之一的，经营者对所涉及产品质量问题，可以不承担本规定所规定的三包责任：

(一) 消费者所购家用汽车产品已被书面告知存在瑕疵的。

(二) 家用汽车产品用于出租或者其他营运目的的。

(三) 使用说明书中明示不得改装、调整、拆卸，但消费者自行改装、调整、拆卸而造成损坏的。

(四) 发生产品质量问题，消费者自行处置不当而造成损坏的。

(五) 因消费者未按照使用说明书要求正确使用、维护、修理产品而造成损坏的。

(六) 因不可抗力造成损坏的。

第三十一条 在家用汽车产品保修期和三包有效期内，无有效发票和三包凭证的，经营者可以不承担本规定所规定的三包责任。

第七章 争议的处理

第三十二条 家用汽车产品三包责任发生争议的，消费者可以与经营者协商解决；可以依法向各级消费者权益保护组织等第三方社会中介机构请求调解解决；可以依法向质量技术监督部门等有关行政部门申诉进行处理。

家用汽车产品三包责任争议双方不愿通过协商、调解解决或者协商、调解无法达成一致的，可以根据协议申请仲裁，也可以依法向人民法院起诉。

第三十三条 经营者应当妥善处理消费者对家用汽车产品三包问题的咨询、查询和投诉。

经营者和消费者应积极配合质量技术监督部门等有关行政部门、有关机构等对家用汽车产品三包责任争议的处理。

第三十四条 省级以上质量技术监督部门可以组织建立家用汽车产品三包责任争议处理技术咨询人员库，为争议处理提供技术咨询；经争议双方同意，可以选择技术咨询人员参与争议处理，技术咨询人员咨询费用由双方协商解决。

经营者和消费者应当配合质量技术监督部门家用汽车产品三包责任争议处理技术咨询人员库建设，推荐技术咨询人员，提供必要的技术咨询。

第三十五条 质量技术监督部门处理家用汽车产品三包责任争议，按照产品质量申诉处理有关规定执行。

第三十六条 处理家用汽车产品三包责任争议，需要对相关产品进行检验和鉴定的，按照产品质量仲裁检验和产品质量鉴定有关规定执行。

第八章 罚 则

第三十七条 违反本规定第九条规定的，予以警告，责令限期改正，处 1 万元以上 3 万元以下罚款。

第三十八条 违反本规定第十条规定，构成有关法律法规规定的违法行为的，依法予以处罚；未构成有关法律法规规定的违法行为的，予以警告，责令限期改正；情节严重的，处 1 万元以上 3 万元以下罚款。

第三十九条 违反本规定第十二条规定，构成有关法律法规规定的违法行为的，依法予以处罚；未构成有关法律法规规定的违法行为的，予以警告，责令限期改正；情节严重的，处 3 万元以下罚款。

第四十条 违反本规定第十三条、第十四条、第十五条或第十六条规定的，予以警告，责令限期改正；情节严重的，处 3 万元以下罚款。

第四十一条 未按本规定承担三包责任的，责令改正，并依法向社会公布。

第四十二条 本规定所规定的行政处罚，由县级以上质量技术监督部门等部门在职权范围内依法实施，并将违法行为记入质量信用档案。

第九章 附 则

第四十三条 本规定下列用语的含义：

家用汽车产品，是指消费者为生活消费需要而购买和使用的乘用车。

乘用车，是指相关国家标准规定的除专用乘用车之外的乘用车。

生产者，是指在中华人民共和国境内依法设立的生产家用汽车产品并以其名义颁发产品合格证的单位。从中华人民共和国境外进口家用汽车产品到境内销售的单位视同生产者。

销售者，是指以自己的名义向消费者直接销售、交付家用汽车产品并收取货款、开具发票的单位或者个人。

修理者，是指与生产者或销售者订立代理修理合同，依照约定为消费者提供家用汽车产品修理服务的单位或者个人。

经营者，包括生产者、销售者、向销售者提供产品的其他销售者、修理者等。

产品质量问题，是指家用汽车产品出现影响正常使用、无法正常使用或者产品质量与法规、标准、企业明示的质量状况不符合的情况。

严重安全性能故障，是指家用汽车产品存在危及人身、财产安全的产品质量问题，致使消费者无法安全使用家用汽车产品，包括出现安全装置不能起到应有的保护作用或者存在起火等危险情况。

第四十四条　按照本规定更换、退货的家用汽车产品再次销售的，应当经检验合格并明示该车是"三包换退车"以及更换、退货的原因。

"三包换退车"的三包责任按合同约定执行。

第四十五条　本规定涉及的有关信息系统以及信息公开和管理、生产者信息备案、三包责任争议处理技术咨询人员库管理等具体要求由国家质检总局另行规定。

第四十六条　有关法律、行政法规对家用汽车产品的修理、更换、退货等另有规定的，从其规定。

第四十七条　本规定由国家质量监督检验检疫总局负责解释。

第四十八条　本规定自 2013 年 10 月 1 日起施行。

参 考 文 献

[1] 彭俊松. 汽车行业客户关系管理系统：创建客户驱动的汽车企业. 北京：电子工业出版社，2007.

[2] 邹伟德，焦爽. 汽车服务企业管理——如何获取竞争优势. 山东：山东大学出版社，2007.

[3] 胡建军. 汽车维修企业创新管理. 北京：机械工业出版社，2011.

[4] 刘可湘. 汽车服务企业经营与管理. 北京：人民交通出版社，2004.

[5] 朱刚，王海林. 汽车服务企业管理. 北京：北京理工大学出版社，2008.

[6] 刘同福. 汽车维修企业 8 项管理. 北京：机械工业出版社，2008.

[7] 李保良. 汽车维修企业管理人员培训教材. 北京：人民交通出版社，2004.

[8] 庞远智. 汽车维修企业管理实务. 重庆：重庆大学出版社，2011.

[9] 王云生. 客户关系和人力资源管理. 北京：机械工业出版社，2004.

[10] 贾永轩. 汽车企业竞争地图. 北京：机械工业出版社，2006.

[11] 才延伸. 汽车行业客户关系管理. 上海：同济大学出版社，2011.

[12] 一汽丰田 SSP 销售流程.

[13] 田青久. 一汽丰田汽车销售有限公司渠道策略研究[D]. 哈尔滨：哈尔滨工业大学，2007.